工学基礎実験

日本工業大学 物理研究室 編

学術図書出版社

目次

まえがき **3**

第 1 編　総説 **5**

1　工学基礎実験の目的と基本事項 5
2　物理量と SI 単位系 6
3　物理量の測定 7
4　物理量の取り扱い 10
5　誤差の見積り 13
6　測定データの整理 16
7　測定器具を取り扱う際の注意 20
8　報告書（レポート）の書き方 20
9　グラフの書き方 21

第 2 編　基礎実験 **23**

§1　測定の基礎と基本的な物理現象 23
§1–1　角柱・円柱の密度測定 23
§1–2　力のつりあい実験 31
§1–3　落体の実験 39
§1–4　オームの法則 55

第 3 編　応用実験 **65**

§2　力学 65
§2–1　ばね振動による質量の測定 65
§2–2　ボルダの振り子による重力加速度の測定 72
§2–3　共振の実験 80
§3　連続体 89
§3–1　アルキメデスの原理 89
§3–2　金属線の伸びに対する電気抵抗変化の測定 — ひずみゲージの原理 — 92
§3–3　流体の実験（ベルヌーイの法則） 100
§4　波動と光学 107
§4–1　クントの実験 107
§4–2　手作り分光器（工作実験） 113
§4–3　光の強さ・明るさ 117
§5　熱 121
§5–1　熱電対の製作と温度測定（工作実験） 121
§5–2　熱気球の実験（工作実験） 125
§6　電気と磁気 129
§6–1　オシロスコープによる電圧波形の観測 129
§6–2　静電気の実験 140
§6–3　コンデンサーの放電と過渡現象 148
§6–4　荷電粒子に働く力と電磁推進（クリップモーターの製作） 154

付録 **159**

まえがき

工学を学ぶ学生にとって「ものづくり」は，机上の学習だけでなく，実験や実習を通じて制作物を具現化しなければなりません。その基礎となるのが測定と観察です。そこで実験，実習において，実際に対象に触れ観察，測定をする経験を通して，物理学の基本的な知識と考え方を学ぶとともに，工学分野で取り扱われる様々な物理量を正しく扱う方法を習得する必要があります。

高校と異なり，大学に入学すると時間割を自分で組まなくてはなりません。大学では，選択科目，必修科目の違いがありますが，講義科目のほかに演習科目，実験・実習科目が準備されています。高校でも授業の中で実験を行った学生は多いと思いますが，大学では，週2コマを使って実験だけを実施する授業があります。本学の1年生に開講する「工学基礎実験」は，工学を学ぶ上で基礎となる物理実験を実施します。

2年生以降になると，専門分野で必要な学生実験を履修しなければなりません。そのためにも1年生では，科学や工学の追求手段として実験が持つ正しい準備方法と過ちのない遂行方法などを理解し，種々の物理量の測定方法や測定値の取り扱い，誤差の評価法などデータの客観的処理および物理学的推論法とそれに基づいた報告書の作成方法などの基礎を習得しておく必要があります。

多くの大学は，様々な実験を実施し上記のことを学ぶような科目内容となっていますが，本学の実験では高校から大学の専門実験を行うための測定方法および測定値で得られた結果の測定評価方法，報告書の書き方などを学びます。その上でいくつかの実験テーマを取り上げ，基礎的な実験スキルを学びます。これらは，今後，大学で学ぶ専門学科の学生実験，卒業研究，さらには就職後の企業や研究所での開発・評価などで役立つことでしょう。

本書は，日本工業大学の1年生に実施される実験科目のテキストとして書かれたものです。この科目は全学科必修の「工学基礎実験」で1週2コマを7回実施します。実施するテーマは専門学科によらず，どの分野でも共通して必要となる基礎的な物理実験を取り上げました。実験で必要とする基礎知識は，高校で物理を学んできた学生にとってはすぐに理解できる内容です。高校で物理を学んでいない，良く理解していない学生にとっては，教科書を良く読み，さらに講義科目「物理I」「物理II」を履修することにより，実験原理を理解することができるでしょう。本書は，このまえがきと付録をのぞいて大きく3編から構成されています。第1編「総説」では，実験にあたっての測定器具の使い方，有効数字や誤差を考えた測定値の取り扱い，報告書のまとめ方などの必要な基礎事項について解説しています。第2編「基礎実験」では，全学科で実施する実験テーマが記載されています。第3編「応用実験」では，本学がこれまで実施してきた学生実験を記しています。それぞれの実験テーマごとに，目的，学習のポイント，基礎原理，実験手順，測定例などを具体的に丁寧に説明しています。学生実験を受ける前に，これらをよく読んでおくことが必要です。実験を進め，報告書を書くにあたり本書を熟読すればその解決策はかならず記載されています。実験の整理にも十分に役に立ちます。また，実験は数人のグループで実施する共同作業です。実験手順や測定がわからないことがあれば，グループで話し合ったり，他のグループに聞いたりと自分たちで解決するように努めてください。

(物理研究室)

第1編　総説

1 工学基礎実験の目的と基本事項

基礎実験の目的は，工学の分野で取り扱われるさまざまな「量」を正しく測る方法を学ぶことにある。諸君はこれから専門分野に進んで行くと，様々な量を測ったり，測った結果について考えたり，あるいは，それらをもとにしてさらに別の量を計算したりする機会が多くなるであろう。工学という分野がいかに多くのまた様々な量を扱うかは，諸君の先輩達の卒業研究をまとめた「卒業研究抄録集」* を開いてみればすぐわかる。多くの研究結果が多種多様の「量」の関係としてグラフ化されて示されているのが目に飛び込んでくる。工学ではこのように「量」を扱うことが基本であり，またその多くは「物理量」と呼ばれる。

物理量とは，時間，長さ，質量，電流，温度，物質量，光度，および，これらの量を組み合わせて定義される量のことである。基礎実験で測る量はすべて物理量である。物理量を測定するには次のことが基本になる。

(1) 測定は必ず測定器具を用いるので，測定器具が正常にはたらき，また測定器具を正しく扱うことが必要である。

(2) ある物理量を測定するには，ただ測定器をあてがえば良い場合もあるが，多くは物体を変形させたり，運動させたり，ある現象を起こさせたりして測る。そこで「測定原理」の理解が重要になる。

(3) 個々の測定値，即ちデータから目的とする物理量を導出する事が測定の重要な過程である。

(4) 測定には必ず誤差が伴う。誤差を見積もることも測定にとって重要なことである。

このような基本事項から，これから行おうとする「実験」が，機器の取扱いの習熟を目的とする「実習」とは異なることがわかるであろう。

基礎実験は，諸君が本学に入ってきて初めて受ける実験の授業である。ここで実験の基礎をしっかりと身につけるため，次の要領で実施する。

(1) 3人ぐらいでグループを作り，グループごとに実験を共同して行う。

(2) 毎回の実験が始まる前に本書をよく読んで，測定原理や測定についての注意をよく理解しておくこと。

(3) 測定器具は測定になくてはならないものであり，また共同して使用するものなので，使用法に注意して大切に扱い，もし破損したら速やかに教員に届けること。

(4) 測定したデータは，失敗と思われるものも含めて全て記録しておくこと。(報告書の余白か，別の用紙に記録する。) 失敗したと思ったデータも，チェックや検討を含め，再度，使用できるかもしれないからである。

(5) 測定は，測定方法に習熟するほど良いデータが得られる。一回の測定で終わりにせず，時間の許す限り何度も測定すること。

(6) 実験結果は，報告書の所定の頁に書き込み，一回毎に担当教員の判定を受ける。実験の意義や目的，測定原理などを，実験前に出来るだけ理解しておくこと。

(7) 本書には，「測定例」として，実際に測定したデータと計算過程を参考のために載せてある。これは諸君の実験作業の手助けとなるであろう。これらはあくまでも「例」であって，正しい解答ではないことに注意すること。

(8) 毎回その日にやるテーマはあらかじめわかっているのであるから，始まりの時間がきたら器具の用意や予備測定などを自主的に始めること。ただし，データを本格的にとるのは教員の指示に従う。実験終了の検印をもらったら後片付けをする。

以上，述べたように「基礎実験」は，工学において必要な正しい物理量の測定方法を学び身につけるための科目である。しかし，ただ訓練ばかりするわけではない。実験テーマの中には，測定を行いながら物理法則を理解しようとするもの，測定精度をあげるための工夫をしているもの，最新の測定技術を使っているもの，あるいは，おもしろい物理現象を取り扱ったものもある。諸君が真剣に実験に臨めば，それなりのおもしろさも味わうことができる。

---

*各学科の「卒業研究抄録集」は図書館で閲覧できる。

2 物理量とSI単位系

量には，大きい，小さい；堅い，やわらかい；速い，遅い；明るい，暗い；熱い，冷たいなど，人間の五感を刺激する程度を表したものから，人間の五感を離れて定義されたものまでいろいろあるが，工学において役立てることが出来るのは必ず測定に基づいた量である。物理量は前節「1. 工学基礎実験の目的と基本事項」で紹介したように，時間 (T)，長さ (L)，質量 (M)，電流 (I)，温度 (Θ)†，物質量 (N)，光度 (J) といった基本量，および，これらを組み合わせて定義された量であり，必ず「単位」を持っている。単位は，何を尺度にしてその量を表すかを示すと同時に，その量がどんな種類の量かも示すものである。

物理量の単位は，従来，工学や理学の各分野で共通ではなかったが，昨今，共通の単位を使用することが一般化してきている。これらをまとめた単位系は「SI 単位系」（フランス語 “Systeme International d’Unites” の略）と呼ばれる。上にあげた基本量には次の単位が使われる（従来の MKS 単位系と同じ)。

時間	(T)：秒（セカンド）(s)	長さ	(L)：メートル (m)
質量	(M)：キログラム (kg)	電流	(I)：アンペア (A)
温度	(Θ)：ケルビン (K)	物質量	(N)：モル (mol)
光度	(J)：カンデラ (cd)		

ここで，やや難しいところもあるが，上記の単位がどのように定義されているかまとめておこう。

- 1 s ：s^{-1} の単位で表したときの非摂動・基底状態にある ^{133}Cs 原子の超微細構造の値が 9192631770 となるように定める
- 1 m ：$m \cdot s^{-1}$ の単位で表したときの真空中の光の速さの値が 299792458 となるように定める
- 1 kg ：$kg \cdot m^2 \cdot s^{-1}$ の単位で表したときのプランク定数の値が $6.62607015 \times 10^{-34}$ となるように定める
- 1 A ：$A \cdot s$ の単位で表したときの電気素量の値が $1.602176634 \times 10^{-19}$ となるように定める
- 1 K ：$kg \cdot m^2 \cdot s^{-2} \cdot K^{-1}$ の単位で表したときのボルツマン定数の値が 1.380649×10^{-23} となるように定める
- 1 mol：$6.02214076 \times 10^{23}$ の要素粒子を含むように定める
- 1 cd ：$kg^{-1} \cdot m^{-2} \cdot s^3 \cdot cd \cdot sr$ の単位で表したときの単色光（周波数 $540 \times 10^{12}\ s^{-1}$）の発光効率の値が 683 となるように定める（sr は立体角の単位）

時間と物質量の単位以外は，他の基本量の単位の定義に依存することに注意しよう。いくつかの単位の定義に半端な数値が用いられているのは，これらの単位を定義するのに，できるだけ周りの状況に左右されず，変化しない事象を用いるように変更がなされてきたためである。また，センチメートル (cm, 1/100 m)，および，グラム (g, 1/1000 kg) も便宜上よく使われる。マイクロ (μ, 10^{-6})，ナノ (n, 10^{-9})，ピコ (p, 10^{-12})，メガ (M, 10^6)，および，ギガ (G, 10^9) などという略称も，非常に小さな数や大きな数の単位に付して使われる。

これらの基本量には「次元」が対応している。すべての物理量はこれらの基本量を組み合わせて定義されるので，次元的表現が可能である。代表的な物理量の次元を L, T, M, I, Θ で表す。括弧内は SI 単位での呼び名である。

位置，変位，距離	：L（m）	エネルギー，仕事，熱量	：$M L^2 T^{-2}$（ジュール，J）
速さ，速度	：$L T^{-1}$（m/s）	運動量	：$M L T^{-1}$（$kg \cdot m/s^2$）
加速度	：$L T^{-2}$（m/s^2）	仕事率	：$M L^2 T^{-3}$（ワット，W）
角度	：1（無次元，ラジアン，rad）	電荷	：I T（クーロン，C）
角速度	：T^{-1}（rad/s）	電圧	：$M L^2 T^{-3} I^{-1}$（ボルト，V）
振動数	：T^{-1}（ヘルツ，Hz）	電気抵抗	：$M L^2 T^{-3} I^{-2}$（オーム，Ω）
力	：$M L T^{-2}$（ニュートン，N）	熱容量	：$M L^2 T^{-2} \Theta^{-1}$（J/K）
圧力	：$M L^{-1} T^{-2}$（パスカル，Pa）		

※ なお，1 dyne = 10^{-5} N，1 erg = 10^{-7} J も使われる。

このように物理量ははっきりと定義されていて次元が決まっているので，混同して使ってはならない。特に，次元の違う量同士を加えたり引いたりしないように注意しよう。

† ギリシャ文字（大文字）でシータ (theta) と呼ぶ。小文字は θ。温度は英語で temperature でその頭文字は t だが，時間 (time) の頭文字と同じであるため，別の文字 Θ を用いている。

3 物理量の測定

ここでは上で挙げた基本量のうち，長さ，時間，質量の測定について述べる。

3–1 長さの測定

長さの測定には，物差し，ノギス，マイクロメータを使う。一般的にいえることは，長さというものはいきなり測れるものではなく，2つの位置を測ってその差をとることによって得られるということである。2つの位置は，「零点」と「読み取り値」あるいは試料の「左端」と「右端」である。

[1] 物差し

物差しは，プラスチック，ステンレススチール，または竹で出来たまっすぐな板に目盛が刻まれていて，試料にあてがってその長さを測るものである。比較的長いものを測るのに適する。通常，最小目盛は 1 mm であるが，必要に応じて目分量で 0.1 mm まで読む。次の注意が必要である。

a. 目盛を読むときは，必ず板面に垂直に視線を当てて読む。そうしないと視差が生じて読み取った目盛が正確でない。

b. 試料にあてがう時は，物差しの端（目盛ゼロ）を試料の端に合わせたりせず，図 1 のようにあてがい，試料の左端の読み x_1 と右端の読み x_2 を求めて $x_2 - x_1$ を長さとする。試料の端と物差しの端が無限の精度で合うわけはないからである。つまり物差しを使うときは，長さを測るというより位置（例えば試料の左端）を測るという意識を持つことである。

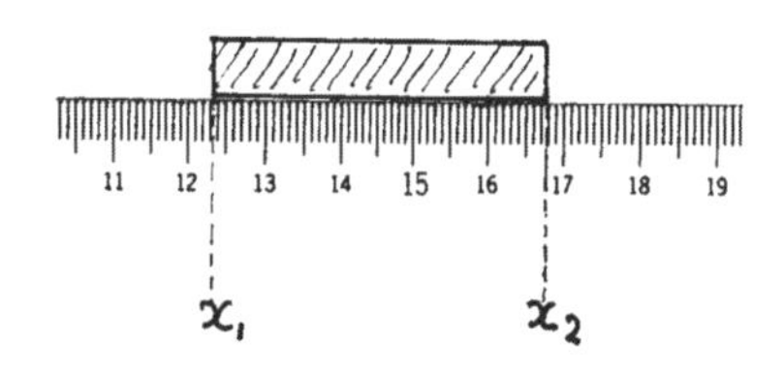

図 1: 物差しによる測定，零点と読み取り値

[2] ノギス

ノギスは図 2 のような形をしている。ノギスの特徴は副尺（バーニヤ）がついていることである。副尺を使って 0.05 mm の精度でいろいろな長さを測ることができる。図 2 に各部の名称，図 3 に測定の一例を示す。図 3 において，「主尺の読み (A)」と「主尺と副尺の目盛が一致する箇所の副尺の読み (B) の 2 倍 × 最小目盛 (0.05 mm)」の和が，読み取り値 (C) となる。

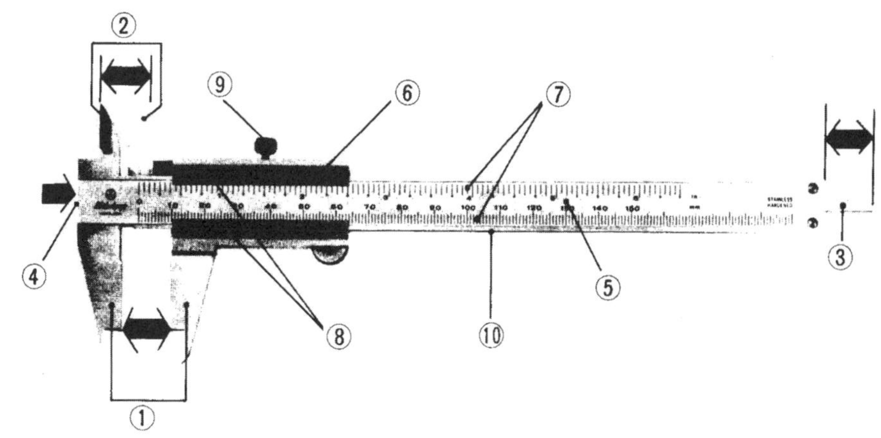

図 2: ノギスの各部の名称，① 外側ジョウ，② 内側クチバシ，③ デプスバー（深さを測る），④ 段差測定面，⑤ 主尺（本尺），⑥ スライダ，⑦ 主尺目盛，⑧ バーニヤ目盛，⑨ 止めねじ，⑩ 基準端面

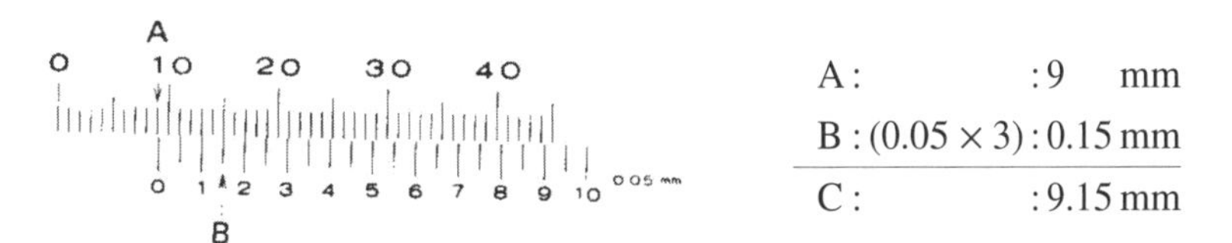

図 3: ノギスによる測定

ノギスの使用について次のことに注意する。

a. 何も挟まないで外側ジョウの固定棒と可動棒を接触させて（閉じて）副尺の読みを取る。これが零点の検査である。この場合，主尺と副尺の零が一致するにこしたことはないが，一致しなくても良い。長さ測定器としての第1条件は目盛の間隔が正確に出来ていることである。これさえ正確なら何も挟まないときの読みと物体を挟んだときの読みとの差を取れば目的の長さが測定できるからである。使用するときは，必ず零点を読んだ値と測定物を挟んだときの読みとを記録する。回数を重ねた測定の際も，毎回零点の読みは最小目盛まで（0.00 mm であっても）記録すること。記録は最小値まで読み取り，省略しないこと。

b. 測定する物体を挟むとき，軽く接触する程度にとどめること。少し重い物体を持ち上げられるほど強く挟んではいけない。被測定物を挟む棒が曲がって読みが小さくなるからである。

[3] マイクロメータ

マイクロメータは，ある長さの変化をねじの回転角と径によって拡大し，その拡大された長さに目盛をつけ，微小の長さの変化を読み取る測定器である。各部の名称を図4 (a) に，シンブルとスリーブの目盛を (b) に示す。標準マイクロメータはねじのピッチを 0.5 mm にし，シンブルの円周目盛を 50 等分してあるので，シンブルの1目盛分の回転によるスピンドルの移動量 M は

$$M = 0.5\,\mathrm{mm} \times \frac{1}{50} = \frac{1}{100}\,\mathrm{mm}$$

となり，0.01 mm の測定ができる。（シンブルの1目盛の10分の1まで読めば，0.001 mm の測定ができる。）

測定すべき物体をアンビルとスピンドルで挟み，ラチェットを回して空回りするまで締め付ける。シンブルによって直接締め付けてはいけない。図4 (b) の例では読み取り値は 7.373 mm である。マイクロメータで針金のような円柱の直径を測るには数カ所で測り，それらの平均をとる。それとともに同一箇所では直角な2つの方向について測り，平均をとる。それは，円であるべき断面は多少歪んでいるからである。マイクロメータ使用について次のことに注意する。

a. シンブルを回すときには，必ずクランプを緩めること。

b. 使用に際しては零点を検査する。（零点が一致することはほとんどないといってもよい。）零点が大きく狂っていても，1回まわすと円筒面上の1目盛進むことを考えて誤らないように注意する。

c. 被測定物体を挟む2つの平面は軸に直角な平行面に作られている。この面を傷つけないよう，ことに手を触れて錆びさせることのないように注意する。

d. ねじによって物体を密着させるのであるから，指でねじる力は小さくても物体を押す力は大きくなる。少し大きい力でねじると物体が押しつぶされたり，平行面が傷ついたりする。したがって必ず図4 (a) のラチェットをつまんでねじらなければならない。

e. 零点が円筒面上の零目盛より負になっていると見られる場合は，次のように零点を定める。例えばピッチが 0.5 mm の場合，円筒面上の目盛が0以下で円周上の目盛が 42.4 を示したとすると，$-0.5\,\mathrm{mm} + 0.424\,\mathrm{mm} = -0.076\,\mathrm{mm}$ が零点ということになる。（加える量が -1.0 mm 以上の場合もあるのでよく確かめる。）

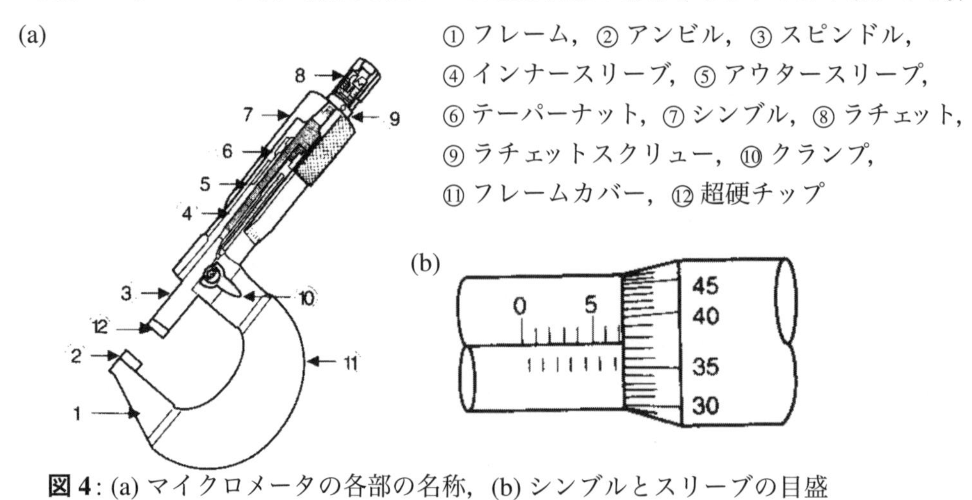

図4: (a) マイクロメータの各部の名称，(b) シンブルとスリーブの目盛

3–2 時間の測定

どんな時間測定器も時間を直接測ることはできない。時間に比例して変化する量を測ることにより時間を測るのである。時間に比例して変化する量とは，振り子が振れる回数（振り子時計），発振器の発振数（電気時計，ストップウォッチ，電子計数器），電子ビームの振れの運動（オシロスコープ）などがある。例えば電子計数器の場合，発振器がどれだけ「速い」信号を出すかで，時間測定器の精度が決まる。1 メガヘルツ (MHz) の発振器を持った時間測定器は 100 万分の 1 秒まで測ることが可能である。しかし，時間測定器には表示方法や計数装置の速さによる限界もある。針時計は 0.1 秒まで，文字で時間を表すデジタル時計や電子計数器でも 100 万分の 1 秒が限界である。オシロスコープは，電圧の時間変化をブラウン管上に表示する装置で，現在では 10 ナノ秒（10^{-8} 秒）程度の時間差まで表示できる。

長さと同じように時間の測定において実際に検出されるのは時間ではなくて「時刻」である。時間は 2 つの時刻の間隔である。（便宜上，時刻のことを時間と呼ぶこともある。）したがって時間測定にとって重要なことは，「時刻」をどのように特定するか，ということである。通常は，ある事象を目で捉え，次に時計を見て時刻を知る。動いている時計を目で読み取れない程度に速い事象の場合は，時計を止めて読み取らねばならない。これがストップウォッチである。これを使った測定でも，人間の目が事象を捉えてから時刻を止めるまでにある程度の時間がかかる。そこで，さらに速い事象になると，目で捉えるのではなく，電気的に捉えるという方法がとられる。この方法は，時間事象 P_1，P_2（例えば P_1 を通過するという事象と P_2 を通過するという事象）を電気的に検出し，この間の時間差を自動的に測定するやり方である。この場合には「感知」と「読み取り」の間には人間の判断は入らないので，時間差があったとしてもほぼ一定である。そのような測定の原理を図 5 に示す。装置は 2 つの検出器 D_1，D_2，発振器 O，ゲート付き計数器 S から成っている。O からは常に一定の周波数の周期信号が発せられていて S に入っているが，S はゲートが開かなければ計数しない。そこである瞬間，D_1 が事象 P_1 を検出すると検出信号が D_1 から発せられて S のゲートが開き，S は計数を始める。次に検出器 D_2 が事象 P_2 を検出して検出信号が S に送られるとゲートが閉じて計数が終わり，計数値が表示される。この計数値が 2 つの事象 P_1，P_2 間の時間を表す。検出器としては光検出トランジスタが使われることが多いが，これは，発光物質からの光を運動物体が遮断したり，運動体で反射した光を捉えることによって検出信号を発する。ところが，このような検出信号は有限の時間幅を持っている。このような信号から時間を特定するのに「トリガー」という機能を利用する。その原理を図 6 に示す。トリガーとは「引き金」という意味である。測定機器は，D_1 からの信号を電圧の変化としてとらえる。そして，信号電圧が設定された一定の電圧（トリガーレベル）を越えたとき，計数器がスタートして計数を始めるのである。D_2 からの信号に対しても同様である。この原理によると，D_1 および D_2 からの信号の形がいつも同じならば，測定する時間にとってこれらの信号の幅が無視できないほど大きくても測定可能である。このようなトリガー機能は，速い時間を測定する電子計数器や，オシロスコープには必ず備わっている。この方法は「§1–3. 落体の実験」(p.39) において使われる。

このように測定器の精度としては，手動測定より自動測定の方がはるかによいのだが，いつも自動測定をやる必要はない。測定対象によっては測定方法を工夫すれば手動測定でも十分に精度のよい測定ができるし，手動測定の方が自動測定より手軽である。一例として周期測定を挙げよう。2 s 程度の周期を 0.5 s 程度の精度を持った測定

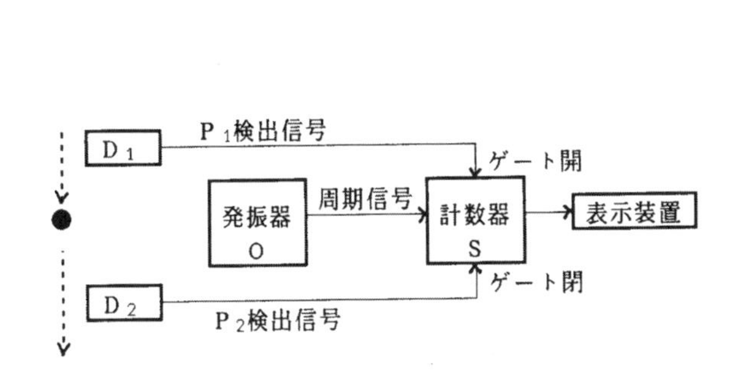

図 5: 時間測定の原理図

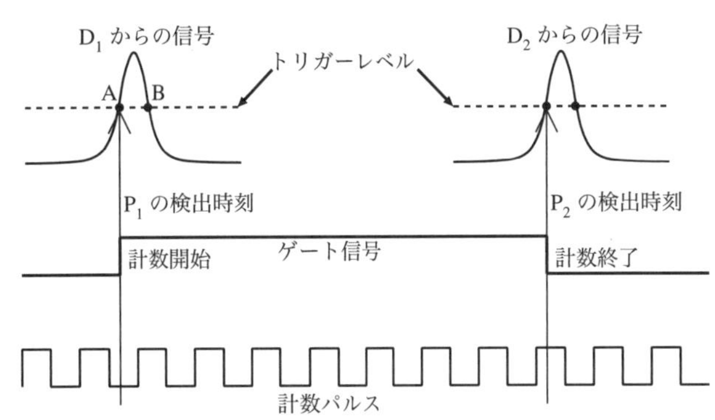

図 6: 時間測定におけるトリガー機能

器で測ろうとする場合，周期を 1 回だけ測ったのでは相対誤差は 25% だが，100 周期を測れば相対誤差は 0.25% と格段によくなる。さらに 100 周期づつ 10 回測って平均をとると更に精度はよくなる。この方法は「§2–2. ボルダの振り子による重力加速度の測定」(p.72) で使われる。一般に，周期測定のように繰り返し生起する現象の測定は何回も測定できるので精度のよい測定ができる。また大きな量を測る方が小さな量を測るより精度の良い測定が容易なので，同じ物理定数を測るのにも，周期運動や，長い時間を測るような測定方法を使った方が精度の上から有利である。

3–3 質量の測定

質量 m は，通常，重量という力 mg を測ることによって測る。それは，地球上ではあらゆる物体にほぼ等しい重力加速度 g がはたらくからである。重量の測り方はその大きさによって異なるが，精度よく測る方法として，従来，天秤が使われてきた。これは，質量がわかっている物体と直接つりあわせることにより，試験体の重量を測る方法である。だが現在では，力を測る方法の進歩に伴って，電気的に測る方法が一般化している。電気を使った重量測定器は「電子天秤」と呼ばれ，重量を電気量に変換し，測定値を kg や g 単位で表示するものである。この方法は「§1–1. 角柱・円柱の密度測定」(p.23) で使われる。精度よく質量を測定するには次のことに注意しなければならない。

(1) 測定器を正しく校正 (calibration) する。

(2) 振動や風の影響を少なくする。

なお，重力によらない質量の測り方として，振動体に取り付けて振動周期を測定するやり方がある。この方法は，重力加速度がわからないところ，例えば宇宙空間でも質量測定が可能である。基礎実験では，「§2–1. ばね振動による質量の測定」(p.65) でこの方法を試みる。

4 物理量の取り扱い

4–1 直接測定量と間接測定量

物理量には「直接測定量」と「間接測定量」がある。前者は直接測定器を使って測るものであり，後者は直接測ることは出来ず，いくつかの直接測定量から計算によって求めるものである。基本的には直接測定量は「2. 物理量と SI 単位系」の基本量だけであるが，実際には，これらの基本量以外の量も機器によって直接測られることもある。例えば，速度計，加速度計，電圧計，種々の力測定器などが挙げられる。このような測定器は，基本量を測り物理法則を利用して変換してその量を表示しているものが多い。

直接測定を行う際，重要なことは次の事項である。

(1) 対象とする被測定量はどの程度の値か。

(2) どの程度の精度で測ることが要請されているか。

(1) については，測定量の値によって適当な測定器を選ぶと同時に，レンジ（range，使用する目盛の範囲）も大きすぎたり小さすぎたりしないことが必要である。(2) については，必ずしもいつも精度がよいことが必要ではないということである。最終目的の測定量は通常いくつかの直接測定量を組み合わせて求められるわけだが，ある直接測定量の精度に限界があるときは，それをはるかに越えて他の測定量の精度をよくする必要はない。このことは「§1–1. 角柱・円柱の密度測定」(p.23) で実際に体験することができるだろう。

ある測定器を使って直接測定を行う際，何度か測ってみて全くばらつきがでないようなら，もっと最小目盛が小さい測定器を使うべきである。なお，測定器というものは全て「2. 物理量と SI 単位系」で述べた基本量の定義に照らして，正しい値を表示するように校正されていることを前提とする。

4–2 有効数字

ある直接測定量の測定結果が $x = 264.35 \pm 0.3$ mm であったとする。(このように誤差は 1 桁の数字で表せばよい。) このとき，264.35 のうち，小数点以下 1 桁目の "3" の位に誤差があるわけである。そこでまず小数点 2 桁以下を四捨五入して (この四捨五入はあまり意味がないが) 264.4 とする。そして上からこの誤差がある位までの数字を信頼できる数字と考え,「有効数字」という。今の場合，有効数字は "2", "6", "4", "4" であり，有効数字の桁数は 4 桁である。

前節でも述べたように，誤差は「どの程度か」ということがわかればよいのだから有効数字がきちっと示されていればそれだけで誤差も示されたことになる。有効数字の桁数が 4 桁であるということをはっきりと示す表示は

$$x = 2.644 \times 10^2 \text{ mm}$$

である。これを科学的記法と呼ぶ。

[問題] 次の量の有効数字の桁数は何桁か。

(1) 5389.45 ± 3 m (2) 0.00367 ± 0.00009 s (3) 3.4866 ± 0.0026 kg

物理量の値を表す場合，断らなくても有効数字を示すことになるので注意しなければならない。例えば 1000 V というと有効桁数は 4 桁ということになる。また不注意に "0" 等という数字を記録するのはよくない。例えば 0 mm という値を示したとすると，0.1 mm 以下は分からないということになるので有効数字の末位まで，例えば 0.00 mm と記すべきである。誤差は桁数を多くして細かく書いてもあまり意味がないので，左から見ていって初めて現れる「0」でない数字が 2〜9 の場合はその数字まで，1 の場合はその右隣の数字まで残すのが慣例である。

4–3 有効数字を考慮した計算

(1) 「測定値 × ただの数」の場合

計算結果の有効桁数は変わらない。例えば

$$12.4 \text{ mm} \div 3 = 4.13 \text{ mm},$$
$$12.4 \text{ mm} \times 1000 = 1.24 \times 10^4 \text{ mm}$$

である。

(2) 「測定値 × 測定値」または「測定値 ÷ 測定値」の場合

計算結果の有効桁数は，測定値の有効桁数の小さい方に揃える。例えば

$$21.1 \text{ cm} \times 15.0 \text{ cm} = 317 \text{ cm}^2,$$
$$1.2 \times 10^3 \text{ m} \div 4.15\text{min} = 1.2 \times 10^3 \text{ m} \div (4.15 \times 60 \text{ s}) = 4.8\text{m/s},$$
$$231 \text{ V} \div 12\text{mA} = 231 \text{ V} \div (12 \times 10^{-3}\text{A}) = 1.9 \times 10^4\Omega = 19\text{k}\Omega$$

である。このような計算が合理的な理由は，実際に「§ 1–1. 角柱・円柱の密度測定」(p.23) で誤差を考慮して計算してみればわかる。

(3) 「測定値 + 測定値」または「測定値 − 測定値」の場合

計算結果の末位は，測定値の末位の大きい方 (粗い方) に揃える。例えば

$$106.2 \text{ cm} + 19.9 \text{ mm} = 106.2 \text{ cm} + 2.0 \text{ cm} = 108.2 \text{ cm},$$
$$100.0 \text{ m} + 1.0 \text{ cm} = 100.0 \text{ m} + 0.01 \text{ m} = 100.0 \text{ m}$$

である。

4–4 誤差と精度

[1] 誤差

測定によって得た値，すなわち測定値は決して真の値ではない。測定値と真の値との差を「誤差」という。すなわち

誤差 = 測定値 − 真の値

である。誤差は小さいほど良いのはいうまでもないが，決して0になることはない。誤差には次の三種類がある。

(1) 系統誤差 (systematic error)

次のような原因によって生じる誤差である。

a. 測定器具の最小目盛に基づく誤差。
 ・例えば，物差しを使って0.1 mmまで読んで測った測定値には0.1 mm以上の誤差がある。
b. 測定器具が正常にはたらいていないことによるもの。
c. 外界の知られた変化によるもの。例えば以下のものがある。
 ・密度測定やヤング率の測定で試料が変形している。
 ・落体の実験において落体と管との間に摩擦がある。
 ・振り子の実験において支点の摩擦抵抗がある。
 ・振り子の振動が鉛直面内ではない。
 ・クントの実験で共鳴条件が満たされていない。
 ・その他運動や変形が正しく実現していない。
d. 測定者の固有の癖によるもの。
e. 理論による誤差。
 ・測定原理で仮定した式が実際の現象をよく近似していない。

(2) 偶然誤差 (accidental error)

不明の原因による誤差で，例えばダーツゲームでどんなに同じようにダーツを投げても同じところには刺さらないように，どんなに注意深く測定しても，測定行為あるいは現象自体の微妙な変化から，測定の度に異なる値，つまりばらつきがでてしまう。このばらつきによる誤差が偶然誤差である。

(3) 過失 (mistake)

測定者の過失による誤差。測定値の取り違い，目盛の読み間違い，計算の誤りなど。

これらの誤差の内，(3)は当然測り直して取り除かなければならない。(1)については取り除けないものがあるが，(1) aの測定器の最小目盛による誤差と(2)の偶然誤差はどうしても避けられない誤差であって，合理的に見積もって測定値に付記すべきものである。偶然誤差をいかに見積もるかは「5. 誤差の見積り」で述べる。

[2] 精度

精度は測定の詳しさの程度を示す用語である。したがって誤差が小さいほど精度はよいことになる。ただし，精度は誤差の大きさそのもので決まるのではなく，測定値xに対する誤差Δxの割合，すなわち**相対誤差** $\frac{\Delta x}{x}$ が小さいほど「精度が高い」，あるいは「精度がよい」という。

例えば，マイクロメータは0.01 mmまで読めて物差しは目分量まで読んでも0.1 mmまでなので，マイクロメータで測った測定値の方が誤差は小さい。しかし測定対象がマイクロメータは5 mm，物差しは20 cmのものとすると，相対誤差はそれぞれ約0.01/5 = 0.002，0.1/200 = 0.0005となるので，物差しで20 cmのものを測る方がマイクロメータで5 mmのものを測るより精度はよいことになる。

従来の測定においては，ここまでに説明したように「誤差 (error)」と「精度」という語が用いられ，本書でもこれらを使用する。しかしながら，1993年から1995年のGuide to Uncertainty of Measurement (GUM)の国際的な基準の指針（JCGM勧告，ISO TAG4）によって，計測データの表記の仕方等では「誤差 (error)」のかわりに「不確かさ (uncertainty)」[†]を用いることが推奨されている。今後，この「不確かさ」という語にも慣れていく必要はあるだろう。

[†]今井秀孝編著「測定 不確かさ評価の最前線—計量計測トレーサビリティと測定結果の信頼性」日本規格協会

5 誤差の見積り

5–1 直接測定値の誤差

「4–4. 誤差と精度」で偶然誤差は避けられない誤差であり，むしろ正しく見積もって測定値に付記するものだと述べたが，どのように見積もればよいかを考える。ところで誤差とは測定値と真の値との差であるわけだが，真の値というものはわからないものであるから，誤差もわからないということになる。しかし，測定値を調べることにより誤差は「どの程度か」ということを見積もることはできる。

測定値から偶然誤差を見積もるには，1個や2個のデータからでは駄目で，1個の測定量に対して数多くのデータが必要である。いま n 個のデータ $x_1, x_2, x_3, \cdots\cdots, x_n$ が得られたとする。まず最初にこれから最も確からしい値（最確値）x_M を推定しよう。誤差論によると，$x_1, x_2, x_3, \cdots\cdots, x_n$ という測定値が最確値 x_M に最も近くなるような分布が実現するというのである。すなわち，

$$P = (x_1 - x_M)^2 + (x_2 - x_M)^2 + \cdots\cdots + (x_n - x_M)^2 \tag{1}$$

が最小になるように分布する。ここで頭を切り換えて x_M を変数と考えると，式 (1) の P が最小になるのは

$$\frac{\mathrm{d}P}{\mathrm{d}x_M} = 0$$

が成り立つとき，すなわち，

$$-2(x_1 - x_M) - 2(x_2 - x_M) - \cdots\cdots - 2(x_n - x_M) = 0$$

が成り立つときである。この式より x_M について

$$x_M = \frac{x_1 + x_2 + x_3 + \cdots\cdots + x_n}{n} \tag{2}$$

を得る。これはよく知られているように，n 個のデータ $x_1, x_2, x_3, \cdots\cdots, x_n$ の平均値である。実は平均値というのは，このようにばらついている測定値に対して最も確からしい値だという理論的根拠があったのである。我々は真の値はわからないのだから，この最確値から個々のデータがどのようにずれて分布するかを求めることにする。だが理論の詳細は数学的にやや高度なので，文献[‡]を見てもらうことにしてここでは省略する。ただ次のような前提がおかれている。

(1) 多数の測定において，同一の大きさの誤差は同程度に生ずる。すなわち負の誤差の数と正の誤差の数は等しい。

(2) 小さい誤差の方が大きい誤差よりも起こりやすい。

(3) 全ての誤差は，等しい正負両極限の間にある。非常に大きい誤差は起こらない。

このような前提のもとで得られた，誤差 $x - x_M$ が生ずる確率は

$$f(x) = \frac{1}{\sqrt{2\pi}\,\sigma} \exp\left(-\frac{(x - x_M)^2}{2\sigma^2}\right) \tag{3}$$

で表される。式 (3) は，$x = x_M$ で最大となり，$x = x_M$ に関して対称な関数である。σ は「標準誤差」または「標準偏差」と呼ばれ，測定値のばらつきの程度を表す。いくつかの σ に対する $f(x)$ の形を図7に示した。σ が大きいほどばらつきは大きい。この分布形は「ガウス分布」あるいは「正規分布」と呼ばれる。理論的には，誤差はこれらの曲線のように分布するわけだが，もちろん実際の測定値はこのガウス分布の上にぴたりと乗るわけではない。だが上の3つの条件が満たされてると，測定値の数が大きくなるにつれて実際の分布はガウス分布に近づいていく。では σ はガウス分布の形が決まらなければ分からないかというとそうではなく，理論によると（導出は文献[†]を参照せよ）

$$\sigma = \sqrt{\frac{(x_1 - x_M)^2 + (x_2 - x_M)^2 + \cdots\cdots + (x_n - x_M)^2}{n - 1}} \tag{4}$$

[‡]一瀬正巳著「誤差論」培風館

によって求められる。なお，測定値は $x = x_M \pm \sigma$ の間に 68.3%，$x = x_M \pm 2\sigma$ の間に 95.4% 分布する。

では x の誤差を σ とするのがよいかというとそうではない。我々は n 個のデータから得られた最確値として平均値 x_M を求めたわけだが，測定誤差としてふさわしいのはこの平均値 x_M の不確定さである。σ は測定値そのもののばらつきの程度を表すもので，1 回だけ測定したときの誤差と考えることができる。これは n 回測定した測定値の誤差として不合理である。そこで平均値のばらつきの程度を表す「平均値の標準誤差」σ_M を求めてみる。平均値を計算する式 (2) から真の値 x_0 を引くと

$$x_M - x_0 = \frac{(x_1 - x_0) + (x_2 - x_0) + \cdots\cdots + (x_n - x_0)}{n}$$

を得る。この式の両辺を自乗すると

$$(x_M - x_0)^2 = \frac{(x_1 - x_0)^2 + (x_2 - x_0)^2 + \cdots\cdots + (x_n - x_0)^2 + Q}{n^2} \tag{5}$$

となる。ただし Q は残りの項である。ここでこの過程を k 回行い，式 (5) の各項の k 個のデータについての平均値を計算する。そうすると式 (4) によって式 (5) の左辺は求める平均値の標準誤差の自乗 ${\sigma_M}^2$ となる。右辺の分子の Q の平均値は 0 と仮定する。その他の各項の平均値は全て σ^2 となる。(n, k が大きな数であれば σ^2 は変わらない。) したがって

$${\sigma_M}^2 = \frac{n\sigma^2}{n^2} = \frac{\sigma^2}{n}$$

すなわち

$$\sigma_M = \frac{\sigma}{\sqrt{n}} = \sqrt{\frac{(x_1 - x_M)^2 + (x_2 - x_M)^2 + \cdots\cdots + (x_n - x_M)^2}{n(n-1)}} \tag{6}$$

を得る。これが直接測定量 x の誤差と考えられる。このように，平均値をとると誤差は $1/\sqrt{n}$ だけ小さくなる。このことは，100 個の平均を取ると 1 桁精度がよくなることを示している。以上の考察から，測定回数が多いほど測定精度はよくなる。そこで，n 個のデータが得られたらその平均値が最も確からしい値であると判断し，誤差は式 (6) で与えられる平均値の標準誤差とする。

このようにばらつきから誤差を見積もるには，それに便利なように表を使ったデータの整理をしなければならない。具体的には「§1–1. 角柱・円柱の密度測定」(p.23) および「§2–2. ボルダの振り子による重力加速度の測定」(p.72) で行う。

ところで測定においては，いつもばらつきがでるほど多くのデータが取れるとは限らない。そこでデータが 2 〜3 個しかなく，それらの間に差がないときは測定器の最小目盛を誤差とみなすのが合理的である。また，一般にデータにほとんどばらつきがないときは測定器の最小目盛を誤差とみなす。

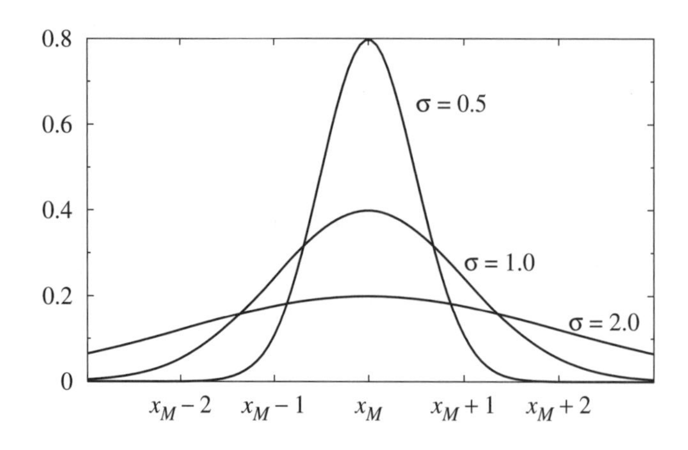

図 7: ガウス分布（面積を 1 に規格化）

5–2 間接測定値の誤差 —誤差の伝播—

次にやることは間接測定値の誤差を見積もることである。間接測定値の誤差は，直接測定値の誤差から一定の手続きに従って決まる。これを「誤差の伝播」という。いま，一例として図 8 に示すような直線の傾きの誤差を出して見よう。直線の傾き D は直線上の任意の 2 点 P (x_i, y_i), Q (x_j, y_j) から

$$D = \frac{Y}{X} = \frac{y_j - y_i}{x_j - x_i}$$

によって計算される。ここで x, y 座標の差 X, Y が直接測定量，傾き D が間接測定量と考えられる。傾き D の誤差 ΔD は，X, Y の誤差 $\Delta X, \Delta Y$ を使って

$$\Delta D = \frac{Y + \Delta Y}{X + \Delta X} - \frac{Y}{X} = \frac{X\Delta Y - Y\Delta X}{X(X + \Delta X)}$$

と表される。ここで $\Delta X, \Delta Y$ の 2 次以上の項を 0 とおいて整理し，両辺を $D = \frac{Y}{X}$ で割ると

$$\frac{\Delta D}{D} = -\frac{\Delta X}{X} + \frac{\Delta Y}{Y} \tag{7}$$

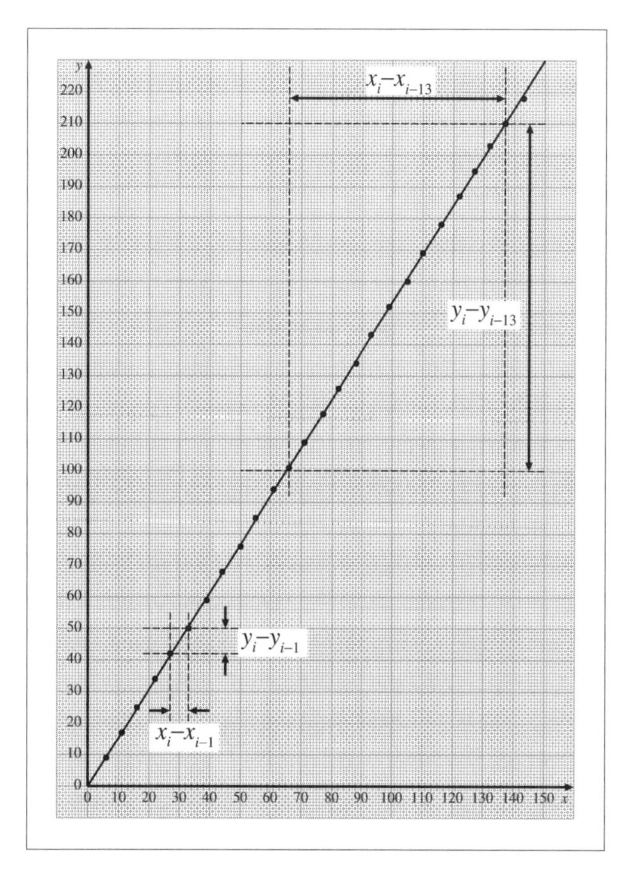

図 8: 直線の傾き

を得る。式 (7) の第 1 項のマイナス記号は誤差の大きさを考えるときは意味がない。誤差には必ず正負の量が同程度に含まれるからである。間接測定量の誤差としては，直接測定量の誤差から考えられる最も大きいものを考えるべきであることから，式 (7) の各項について絶対値をとり

$$\left|\frac{\Delta D}{D}\right| = \left|\frac{\Delta X}{X}\right| + \left|\frac{\Delta Y}{Y}\right| \tag{8}$$

とする。式 (8) は D の相対誤差（p.12 を参照せよ）を X, Y の相対誤差で表したもので，間接測定量の誤差の大小は，直接測定量の（誤差そのものではなく）相対誤差で決まることを示している。すなわち，$\Delta X, \Delta Y$ が決まっているときはできるだけ離れた点をとる方が傾きの計算の精度がよい。

表 1: x, y 座標のデータ

i	x_i	y_i	$x_i - x_{i-1}$	$y_i - y_{i-1}$	$\frac{y_i - y_{i-1}}{x_i - x_{i-1}}$	$x_i - x_{i-13}$	$y_i - y_{i-13}$	$\frac{y_i - y_{i-13}}{x_i - x_{i-13}}$
0	5.9	8.7						
1	11.1	17.0	5.2	8.3	1.596			
2	16.4	25.2	5.3	8.2	1.547			
3	22.4	33.9	6.0	8.7	1.450			
			⋮					
11	65.9	100.8	5.5	8.5	1.545			
12	71.4	109.2	5.5	8.4	1.527			
13	76.9	117.7	5.5	8.5	1.545	71.0	109.0	1.535
14	82.3	125.9	5.4	8.2	1.518	71.2	108.9	1.529
15	87.8	134.3	5.5	8.4	1.527	71.4	109.1	1.528
			⋮				⋮	
24	137.0	209.8	5.4	8.3	1.537	71.1	109.0	1.533
25	142.5	218.1	5.5	8.3	1.509	71.1	108.9	1.532
平均			5.464	8.376	1.5329	71.08	108.89	1.5319

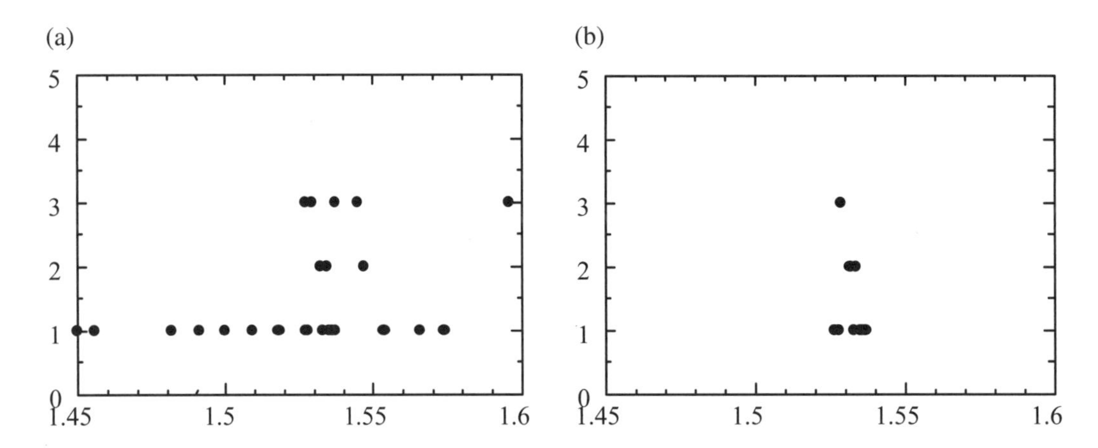

図 9: 直線の傾き，(a) 隣り合う 2 点から求めた傾き $D = \dfrac{y_i - y_{i-1}}{x_i - x_{i-1}}$ の分布，(b) 13 点離れた 2 点から求めた傾き $D = \dfrac{y_i - y_{i-13}}{x_i - x_{i-13}}$ の分布

「数式を使って示されても今一つピンと来ない。」と思う諸君のために，実地のテストを示すことにしよう。図 8 のように方眼紙を 1 枚用意し，まずこの図のように x, y 軸の目盛をつける。次に鉛筆と定規で直線を描き，その直線上に 1 cm 間隔で点を刻み付ける。各点の x, y 座標を 0.1 mm まで読み，記録したのが表 1 である。（すべては記録していない。）直線には太さがあるので，0.1 mm まで読むのは容易ではないが，あまり神経質にならず，どんどん読んでいく。表 1 には 26 個の点の座標を示し，さらに隣同士の座標の差，および 13 点離れた点の座標の差を記録した。この表のデータをもとにし，隣同士の点から，および 13 点離れた点から計算した傾きの分布をとったのが図 9 (a), (b) である。(a) では広い範囲にわたってばらつきがある。これは式 (8) で $\dfrac{\Delta X}{X}$ および $\dfrac{\Delta Y}{Y}$ が大きいためである。一方，(b) ではばらつきの範囲はきわめて狭い。これは式 (8) で $\dfrac{\Delta X}{X}$ および $\dfrac{\Delta Y}{Y}$ が小さいためである。

このように同じ直線の傾きでも，間隔が小さい 2 点から求めるよりも，大きな間隔の 2 点から求める方が精度がよいことがわかる。また，間接測定量の誤差は，直接測定量の相対誤差によって決まることが確かめられた。

6 測定データの整理

一連の直接測定量の測定データが得られた段階では，次のことに注意してデータを整理する。

(1) 測定の間違いはないか。

(2) せっかく取ったデータの一部でも無駄にしないように整理する。（意味あるデータの情報は全て結果に反映させる。）

データの数が少ないときはただ書き並べるだけでよいが，データの数が多いときは表を作ったり，グラフにデータ点をプロットしたりして整理する。

6–1 表を使った整理

棒の体積測定を行うために，ある長さを何度も測る場合を考える。実際に測る量は零点と読み取り値である。これらを組にして並べて記録する。（「§1–1. 角柱・円柱の密度測定」(p.23) を参照せよ。）個々の零点と読み取り値は違っていても，その差である測定値はある程度のばらつきはあっても大きな違いはないはずである。1 個だけ大きくずれていたり，ばらつきが大きすぎるようなら，測定に間違いがあるので原因を究明してから測定をやり直す。

一般に，理論的に等しいはずのデータ $d_1, d_2, \cdots\cdots, d_n$ が得られたとき，何も考えずに平均をとってはならない。これらのデータが平均をとる意味があるかどうか，つまり適当な範囲に納まっているかどうかチェックする。例外的に他のデータから大きくはずれているデータがあったら，測定をやり直すかこれを除いて平均をとる。

一直線上に等間隔に並んでいるものの間隔や，一定時間毎に生起する事象の周期を測定する場合は，それらの位置や時刻を連続的に測定して間隔を求めるわけだが，よく考えてやらないとせっかくとったデータの一部しか使わないことになる。「§4–1. クントの実験」(p.107) のデータを例にとって説明する。クントの実験では定常波の節の位置; $x_0, x_1, x_2, \cdots\cdots, x_7$ を測り，これから節間距離の平均値を求めるわけだが，最初から個々の間隔 $x_1 - x_0$, $x_2 - x_1, \cdots\cdots, x_7 - x_6$ を求めるのは良くない。何故ならこれから平均値を計算すると

$$l = \frac{(x_1 - x_0) + (x_2 - x_1) + \cdots\cdots + (x_7 - x_6)}{7} = \frac{x_7 - x_0}{7}$$

となり，結局，両端のデータ x_0, x_7 しか使わないことになるからである。そこで表 2 のように整理する。ここで得られた右端のコラムの値はほぼ $4l$ に等しい。これらの値同士があまり大きくずれていないことを確かめた上で平均をとる。

表 2: 節の位置と節間距離の平均

節の位置	読みとり値 x_n (cm)	節の位置	読みとり値 x_{n+4} (cm	$x_{n+4} \sim x_n$ $4l$ (cm)
x_0	19.3	x_4	52.6	33.3
x_1	25.4	x_5	58.7	33.3
x_2	33.2	x_6	66.4	33.2
x_3	42.0	x_7	75.5	33.5
			$4l$ の平均値	33.3 cm

6–2 グラフを使った整理

グラフは，ある物理量 x に対して別の物理量 y が決まった関係を持っていることが予想されるとき，横座標 x に対して縦座標 y をグラフ用紙上にプロットしたものである。最も大事なことは，**グラフはそこから x と y の特徴ある関係を発見するために描くもの**ということである。したがって，隣り合う点と点を線で結んでしまうのは全く意味がない。次の注意が必要である。

(1) グラフはデータを取ったらすぐに描く。描いたらすぐに検討する。

(2) グラフは原則としてグラフ用紙いっぱいに描く。したがって，x と y の値の範囲をまず調べ，どのように座標軸を引くか決める。(隅の方に小さく描くのは良くない。)

(3) プロットする点はできるだけ大きく描く。(丸とか三角といった記号をプロットする。)

2 つのデータ x と y の間の関係の中で最も簡単で発見し易い関係は直線関係である。a, b を定数として x と y との間に

$$y = ax + b \tag{9}$$

という関係があるとすると，測定点 $(x_1, y_1), (x_2, y_2), \cdots\cdots, (x_n, y_n)$ は直線の上に乗るはずであるが，実際にはばらつきがあってぴたりと直線に乗ることはありえない。そこで，データに最もよくあう直線を如何に求めるか，つまりデータから定数 a, b を如何に求めるかが問題となる。最も簡単な方法は，グラフをよく見て全てのデータに均等に近いと思われる位置に直線を引く方法である。この場合も極端に離れている点があったらそれは考慮からはずす。(またはデータを取り直す。) 普通はこの方法でよい。

やや面倒だが最も合理的な方法は**最小自乗法**である。この方法は，各データに対して式 (9) の左辺と右辺とのずれが最小になるように a, b を計算で求める方法である。すなわち

$$P = (y_1 - ax_1 - b)^2 + (y_2 - ax_2 - b)^2 + \cdots\cdots + (y_n - ax_n - b)^2$$

表 3: 7 点のデータと最小自乗法による計算

i	x_i	y_i	x_iy_i	x_i^2	$ax+b$
1	−3.0	2.4	−7.2	9.0	2.4
2	−2.0	1.9	−3.8	4.0	1.8
3	−1.0	1.1	−1.1	1.0	1.2
4	0.0	0.6	0.0	0.0	0.5
5	1.0	−0.1	−0.1	1.0	−0.1
6	2.0	−0.9	−1.8	4.0	−0.7
7	3.0	−1.2	−3.6	9.0	−1.4
Σ	0.0	3.8	−17.6	28.0	

式 (12) より $a = -0.63$, $b = 0.54$

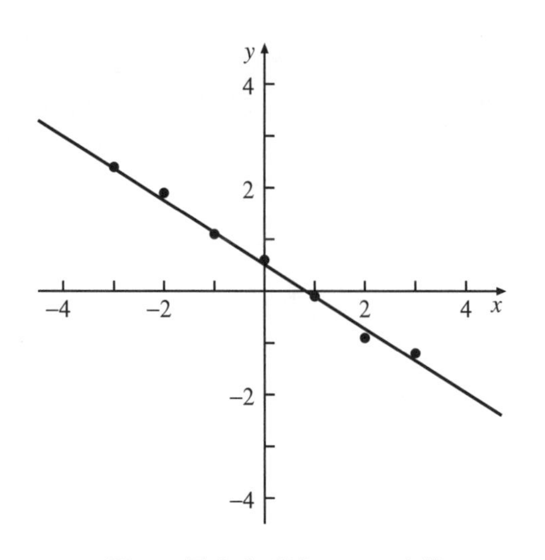

図 10: 最小自乗法による直線

が最小になるように a, b を決める。P を a, b の関数とみなしたとき，P が最小になるのは

$$\frac{\mathrm{d}P}{\mathrm{d}a} = 0, \quad \frac{\mathrm{d}P}{\mathrm{d}b} = 0$$

が成り立つときである。まず $\frac{\mathrm{d}P}{\mathrm{d}a} = 0$ より

$$-2x_1(y_1 - ax_1 - b) - 2x_2(y_2 - ax_2 - b) - \cdots\cdots - 2x_n(y_n - ax_n - b) = 0$$

が得られ，整理すると

$$-\sum_{i=1}^{n} x_iy_i + \left(\sum_{i=1}^{n} x_i^2\right)a + \left(\sum_{i=1}^{n} x_i\right)b = 0 \tag{10}$$

を得る。また $\frac{\mathrm{d}P}{\mathrm{d}b} = 0$ より

$$-2(y_1 - ax_1 - b) - 2(y_2 - ax_2 - b) - \cdots\cdots - 2(y_n - ax_n - b) = 0$$

が得られ，整理すると

$$-\sum_{i=1}^{n} y_i + \left(\sum_{i=1}^{n} x_i\right)a + nb = 0 \tag{11}$$

を得る。式 (10), (11) を a, b について解くと

$$a = \frac{-n\sum_{i=1}^{n} x_iy_i + \left(\sum_{i=1}^{n} x_i\right)\left(\sum_{i=1}^{n} y_i\right)}{\left(\sum_{i=1}^{n} x_i\right)^2 - n\left(\sum_{i=1}^{n} x_i^2\right)}, \quad b = \frac{-\left(\sum_{i=1}^{n} y_i\right)\left(\sum_{i=1}^{n} x_i^2\right) + \left(\sum_{i=1}^{n} x_i\right)\left(\sum_{i=1}^{n} x_iy_i\right)}{\left(\sum_{i=1}^{n} x_i\right)^2 - n\left(\sum_{i=1}^{n} x_i^2\right)} \tag{12}$$

が得られる。

例として 7 点 (−3.0, 2.4), (−2.0, 1.9), (−1.0, 1.1), (0.0, −0.1), (1.0, −0.1), (2.0, −0.9), (3.0, −1.2) に対してフィットした直線を図 10 に示す。直線は表 3 のデータから最小自乗法によって求めたものである。最小自乗法は，工学の各分野で広く使われている実験値解析方法である。

y と x が直線関係ではないとき，y が x の 2 次関数程度ならば，上記の方法で，直接，関数形を決めることは可能である。しかし，y が x の高次関数だったり指数関数だったりするときは対数をとるのがよい。例えば x と y の間に

$$y = b\,\mathrm{e}^{-ax} \tag{13}$$

という関係が予想されるときは，式 (13) の両辺について，e を底とする対数をとって[‡]

$$\ln y = -ax + \ln b$$

と書くことができる。よって x と $\ln y$ とをプロットすると直線に乗るはずである。このようなグラフを描くのに便利なのは**片対数目盛グラフ用紙**である。（「§6–2. 静電気の実験」(p.140) を参照せよ。）また x と y の間に

$$y = bx^a$$

という関係が予想されるときは，両辺について，e を底とする対数をとって

$$\ln y = a \ln x + \ln b$$

と書くことができる。したがって，$\ln x$ に対して $\ln y$ をプロットすると直線に乗る。このようなグラフを描くのに便利なのは**両対数目盛グラフ用紙**である。

6–3 近似計算

物理量の計算では次の省略算がよく使われる。

(1) $\delta \ll 1, \epsilon \ll 1$ のとき

$$(1+\delta)^m \fallingdotseq 1 + m\delta + \frac{m(m-1)}{2}\delta^2 + \cdots,$$
$$\frac{(1+\delta)^m}{(1+\epsilon)^n} \fallingdotseq 1 + m\delta - n\epsilon + \frac{m(m-1)}{2}\delta^2 + \frac{n(n+1)}{2}\epsilon^2 - mn\delta\epsilon + \cdots$$

である。省略算としては 1 次の項まででですませられなければ，あまり有難みはないのだが，2 次の項以下が本当に小さいかどうかチェックした方がよいときがある。

(2) $\theta \ll 1$ のとき（ただし θ は rad 単位で表している）

$$\sin\theta \fallingdotseq \theta - \frac{1}{6}\theta^3 + \cdots,$$
$$\cos\theta \fallingdotseq 1 - \frac{1}{2}\theta^2 + \cdots$$

である。小さな θ に対して $\sin\theta$ および $1-\cos\theta$ がどんな値を取るかを以下に示す。

θ (°)	θ (rad)	$\sin\theta$	$1-\cos\theta$
1	0.01745329	0.01745241	0.00015230
2	0.03490659	0.03489950	0.00060917
3	0.05235988	0.05233596	0.00137047
4	0.06981317	0.06975647	0.00243595
5	0.08726646	0.08715574	0.00380530

これによると有効桁数 4 桁の計算では $\theta < 3°$ で $\sin\theta = \theta$，$\theta < 2°$ で $\cos\theta = 1.000$ としてよいことがわかる。

6–4 電卓について

基礎実験においては，加減乗除，三角関数，平方根，指数関数および対数関数（log と ln）が計算できる関数電卓が必要なので必ず用意する。電卓の使い方は自分でよく習熟しておくこと。

[‡] e = 2.71828······ は Napier の数と呼ばれる定数。自然対数の底とも呼ばれ，$y = be^{ax}$ なる関数形は理工学の分野によく現れる。e を底とする y の対数は $\ln y$ と書く。また e^{ax} を $\exp(ax)$ と書くこともある。

7 測定器具を取り扱う際の注意

測定器具は実験には欠かせないものであり，また皆で共同して使うものであるから大切に扱う。次の注意を守ってもらいたい。

(1) 器具にはあまり大きな力をかけると壊れるものもある。床に落としたり，無理な力を加えない。
(2) 電圧電源，オシロスコープなど電気器具は，コンセント・プラグを入れる前にメイン・スイッチがオフになっていることを確かめる。また，メイン・スイッチをオフにしてからプラグを抜く。
(3) 出力電圧調整のつまみがついている電源のメイン・スイッチを切るときは，出力電圧を0にしてから電源を切る。また，メイン・スイッチを入れるときは，出力電圧が0になっていることを確かめる。
(4) 電気器具は，パワーを入れた直後は安定していないので，5分ぐらい待ってから使う。また一度パワーを入れたら，実験中，入れっぱなしにしておく。
(5) コンセント・プラグやコード端子を着脱するときは，プラグや端子の部分を持って行い，コードを持って行ってはならない。
(6) 壊れて使えないような器具があったら教員に申し出る。ただし，器具はいつも最良の状態であるとは限らない。多少，我慢して使わなければならないこともある。
(7) 器具が正常に動かなかったら，何故動かないか考えてみる。これも勉強である。

8 報告書（レポート）の書き方

レポートは，実験内容やその結果を他の人に分かりやすく報告するものであり単なる実験のメモ書きではない。実際に実験を行っていない他者もしくは自らも，後日，レポートを読み返すことで実験を再現できるようにできるだけていねいに書き，グラフや図を含め結果や考察をまとめる工夫を行うよう心がける必要がある。

実験の報告書は，おおよそ以下のような項目で構成されている。これは，将来諸君が接するであろう学術雑誌の研究論文や技術報告書も同様な形式によって書かれている。

1. 題名
2. 実験日
3. 実験者/共同実験者名
4. 実験の目的
   この実験ではどのような事を理解するために，どのような実験を行おうとしているのかを書く。
5. 実験の原理
   どのような物理法則を用いて現象を解明・確認しようとしているのかを書く。テキストを丸写しするのではなく，重要な要点を自分の言葉で書く。原理は，測定装置の使用方法ではない事を注意すること。
6. 実験方法
   実際に使用した測定器，実験器具，実験手法を簡潔に書く。
7. 実験結果
   測定した実験結果をそのまま書くこと。この測定データから導きだされた結果（計算など）を読み取り値の有効数字や単位に注意してまとめる。また，実験データはむやみに消しゴムで消さず書き残しておくこと。データを残しておけば，どの時点で測定が間違っていたのか後でわかる場合がある。
8. まとめ
   実験結果から導かれた結果をまとめる。
9. 考察
   実験結果からわかったこと，実験がうまくいった点，失敗した点やその原因などを書く。

（課題の解答）
   設問の多くは，実験内容をより深く理解させる内容を含んでいるため可能な限り解答すること。授業で未履修でも付録などが解答の手助けとなる。

9 グラフの書き方

グラフは，本文の文章内容や測定データの数字の羅列を助けて，実験結果を直感的に分かりやすくまとめる非常に有効な手段である。また，グラフから，数字の羅列からでは分からない発見や問題が明確になり，測定値の異常（実験値の大きなズレ）や予測されない結果を確認できる。そのため，できる限り実験中にグラフを書きながら進めていくことが望ましい。

グラフ用紙は，方眼紙，片対数紙，両対数紙などが主に使われるがここでは，方眼紙の書き方を図 11 に示す。他の用紙については，別途指示に従うこと。**グラフを書く時は，必ず定規を使用すること**。

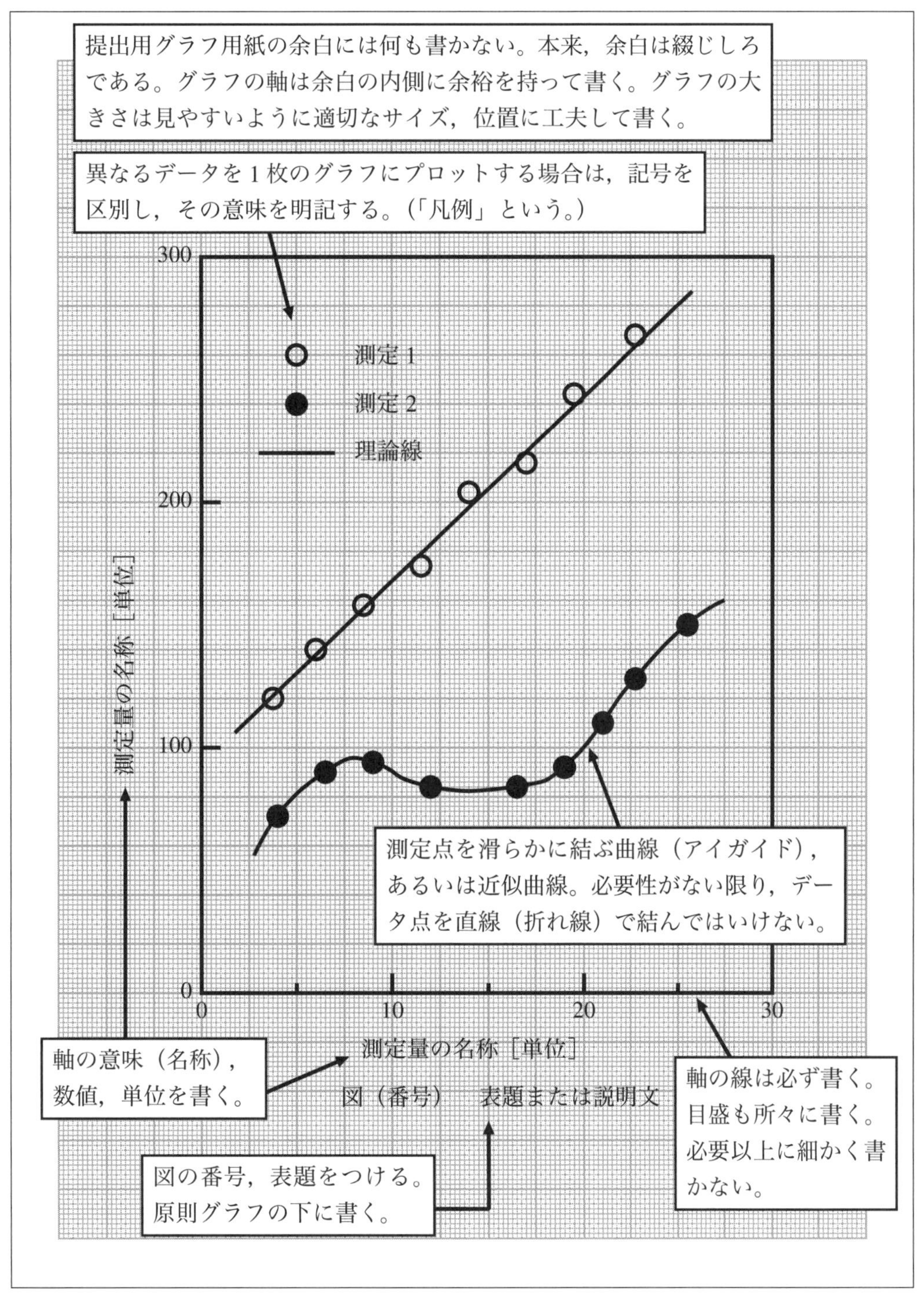

図 11: グラフの書き方

第2編　基礎実験

§1　測定の基礎と基本的な物理現象

§1–1　角柱・円柱の密度測定

1　はじめに

一般に**密度**とは，ある量が空間，面または線上に分布しているとき，その微小部分に含まれる量の，体積，面積，長さに対する比のことである。それぞれ体積密度，面密度，線密度と名づけられ，各種の物理量，例えば質量や電気量（電荷，電流，磁力線など）の分布の度合いを表すために用いられる。ここで扱うのは，質量の体積密度である。密度とよく似た量に**比重**がある。ある物体の比重は，4 °C, 1 気圧のもとでそれと同体積の水の質量との比のことである。比重には単位がないのに対して密度には単位がある。g/cm^3 単位の密度は，比重にほとんど等しいが，両者は意味が異なる量である。

工業の世界では様々な材料を扱う。密度は物質の種類はもとより，組成や精製方法の違いなどを反映し，材料を使用する上で重要な資料の 1 つである。密度を測るには，

(1) 体積と質量を測る
(2) 浮力を測る

といった方法があるが，本実験では前者 (1) の体積と質量を測ることによって密度を求める。測定の対象は 2 種類のステンレス・スティール材：SUS304 および SUS430F である。（SUS とは Steel Use Stainless，すなわち錆びない鉄のこと。）これらはともに我々の身のまわりでよく使われる材料であるが，わずかに組成と精製方法が異なるため，表 1 に示したように，前者には磁性がなく，後者には磁性があり，また密度がわずかに異なる。（または，わずかに密度が異なる 2 種類のアルミニウム合金（ジュラルミン）を用いる場合もある。）このわずかな密度の違いを測定によって明らかにすることができるかどうか試みる。

表 1: 測定試料の特性

名称		分類	磁性	密度	おもな用途
ステンレス スチール	SUS304	Fe-Cr-Ni 系	なし	7.93 g/cm^3	建築用品，家庭用品，自動車部品など
	SUS430F	Fe-Cr 系	あり	7.70 g/cm^3	自動盤用品，ボルト・ナットなど
アルミニウム合金 （ジュラルミン）	A5056	Al-Mg 系	なし	2.64 g/cm^3	カメラ鏡筒, 通信機器部品, ファスナなど
	A7075	Al-Zn-Mg 系	なし	2.81 g/cm^3	航空機，スポーツ用品など

2　実験の目的

わずかに組成が異なる 2 種類の金属棒の密度を測定し，その差を求める。それを通して，基本量の測定方法，データの取り扱い，および測定誤差について学ぶ。

学習のポイント

(1) 相対誤差
(2) 測定器具（物差し，ノギス，マイクロメータ）の使い方
(3) 測定器具の選定
(4) 繰り返し測定
(5) 誤差の見積り
(6) 有効数字を使った計算
(7) 誤差の伝播を表す式の導出

3 実験（測定）の基礎

3–1 密度を表す式

本実験では，よく使われる金属の角柱や円柱を測定対象として選び，体積および質量を測ることによって密度を求める。それを通して，長さ，質量といった基本量の測定方法，測定データを使った計算，および測定誤差の導出について学ぶ。密度を表記するのにギリシャ文字 ρ（ロー）を使うことが多い。質量を m，体積を V とすると，本実験で求める体積密度，すなわち単位体積当りの質量は

$$\rho = \frac{m}{V} \tag{1}$$

によって与えられる。図 1 左の角柱の体積は長さ a，幅 b，および厚さ c を使って $V = abc$ で表される。図 1 右の円柱の体積は直径 d，長さ h および円周率 π を使って $V = \pi\left(\frac{d}{2}\right)^2 h = \frac{\pi d^2 h}{4}$ で表される。したがって，角柱の密度は

$$\rho = \frac{m}{abc}, \tag{2}$$

円柱の密度は

$$\rho = \frac{4m}{\pi d^2 h} \tag{3}$$

となる。

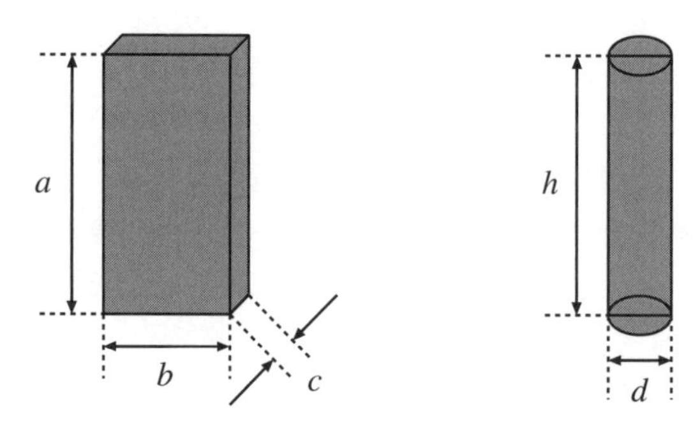

図 1: 角柱，円柱の直接測定量（長さ）

3–2 誤差を表す式

誤差を測定値で割った値を**相対誤差**と呼ぶ。密度の相対誤差を，直接測定量の相対誤差で表したい。（「第 1 編 総説」の「間接測定値の誤差–誤差の伝播–」(p.15) を参照せよ。）実際に必要なのはその上限値で，角柱の場合には

$$\left|\frac{\Delta\rho}{\rho}\right| \leq \left|\frac{\Delta m}{m}\right| + \left|\frac{\Delta a}{a}\right| + \left|\frac{\Delta b}{b}\right| + \left|\frac{\Delta c}{c}\right| \tag{4}$$

によって計算し，円柱の場合には

$$\left|\frac{\Delta\rho}{\rho}\right| \leq \left|\frac{\Delta m}{m}\right| + 2\left|\frac{\Delta d}{d}\right| + \left|\frac{\Delta h}{h}\right| \tag{5}$$

によって計算する。式 (4), (5) の導出は「解説」(p.30) を参照するとよい。密度の相対誤差 $\frac{\Delta\rho}{\rho}$ の上限値が小さいほど精度のよい測定と言うことができる。式 (4), (5) によると，密度の相対誤差を小さくするためには，各直接測定量の相対誤差が小さいほど良い。また，**直接測定量の相対誤差の中に一つでも大きいものがあるとそれで決まってしまい，一つだけ小さくてもあまり影響を与えないことが分かる。つまり，各直接測定量の相対誤差は同程度であってなるべく小さいことが望ましい。**

3–3 密度および誤差の計算

密度を表す式 (2), (3) に各直接測定量の平均値を代入して密度を計算する。**円柱に使う円周率 π は直接測定量の有効数字に対して十分大きな桁数までとる。（関数電卓が与える円周率の値を用いれば十分である。ほとんどの場合，3.14 では有効数字の桁数が足りないので注意する。）** 密度の単位は g/cm^3 とする。長さの測定では単位を mm としているので単位換算が必要である。

誤差については，まず式 (4), (5) により相対誤差の上限を計算する。右辺の分母には各直接測定量の平均値を用いる。誤差は平均値の標準誤差 σ_M（測定値にばらつきがない場合には測定器の最小目盛）を用いる。計算によっ

て密度 ρ と密度の相対誤差 $\dfrac{\Delta\rho}{\rho}$ が得られれば，これらから密度の誤差 $\Delta\rho$ を計算することができる。すなわち

$$\Delta\rho = \boxed{\frac{\Delta\rho}{\rho}} \times \boxed{\rho} \tag{6}$$

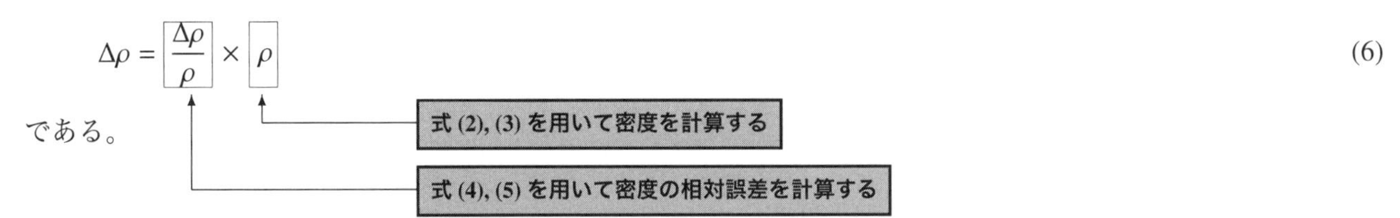

である。

密度測定を行った試料のうち，SUS304 は SUS430F より密度が約 2.5% 大きい。この差は有効桁数 3 桁の測定ができれば明らかになる差である。各班の測定で，誤差を考慮してもなお明白な差が出たかどうか，もし差がはっきりと出なかった場合どこに問題があるかを考える。

4 実験方法

（使用する実験器具）

(1) ステンレス鋼 (SUS304, SUS430F) の角柱（試料 1），円柱（試料 2）
（各班ごとにタイプの異なる試料を 1 個ずつ用意し，試料の区別は磁石によって行う）

(2) 物差し，(3) ノギス，(4) マイクロメータ，(5) 電子秤

4–1 測定器具の選定

(1) 各自選んだ測定対象について直接測定量および間接測定量は何かを調べる。

(2) 長さについては物差し，ノギス，マイクロメータの 3 種類があるのでどの長さをどれで測るべきかを選定する。

(3) 長さの測定器の選定基準としては，**各直接測定量の相対誤差がなるべく小さく，またお互いにほぼ等しくなる**ということである。ここでは誤差として，各測定器の最小目盛を用いる。物差し，マイクロメータは目分量まで読み，それぞれ 0.1 mm，0.001 mm を最小目盛とする。ノギスの最小目盛は 0.05 mm である。

(4) 質量を測定する電子秤は，最小目盛が 0.1 g のもの，0.01 g のもののどちらかが，実験を行う教室に備え付けられている。電子秤については選定を行わず，教室に備え付けられているものを使用する。

4–2 測定手順

(1) 直接測定量の数は角柱の場合は 4 つ，円柱の場合は 3 つで合計 7 つある。

(2) 長さの測定については選定した測定器具を使い，選定した測定条件通りに測定する。すなわち，**物差しは 0.1 mm，ノギスは 0.05 mm，マイクロメータは 0.001 mm まで読む。**

(3) 長さはそれぞれ授業で指示された回数ずつ測る。回ごとに測定器を当てる場所を変える。

(4) ゼロ点も測定条件通りに読む。ゼロ点とは，物差しの場合は小さい方の読み取り値，ノギスとマイクロメータの場合は何も挟まないときの読みである。「第 1 編 総説」の「長さの測定」(p.7) を確認せよ。

(5) 長さについては**指示された回数分の測定の平均値を測定値とし**，ばらつきから誤差を求める。ばらつきとは**残差 Δ = (測定値) − 平均値** である。**平均値の標準誤差** σ_m （「第 1 編 総説」の「直接測定値の誤差」(p.13) 参照）を誤差とする。**ただし本実験においては，ばらつきがない（全ての測定値が同じ値である）場合は測定器具の最小目盛を誤差とする。**（一般にデータにほとんどばらつきがない場合には測定器の最小目盛を誤差とみなす。）この誤差を考慮して各直接測定量の有効数字の桁数を出す。「第 1 編 総説」の「有効数字」(p.11) を確認せよ。

(6) 質量は電子秤を用いて測る。電子秤の最小目盛は 0.1 g のものと 0.01 g のものがある。**ゼロ点（何も載せてないときの値）を測ることを忘れてはならない。** 何回か測ってみてばらつきがなければその値を読み取り値とする。測定値にばらつきがある場合は，数回測って平均をとる。最小目盛を誤差として，有効数字の桁数を求める。

5 測定例および計算例

5–1 長さの測定 ※ここでは測定回数を 10 回とした。

残差の 2 乗の計算は，各回の残差をそれぞれ
1 回目：$\Delta_1 = -0.11\ \mathrm{mm} = (-11) \times 10^{-2}\ \mathrm{mm}$
2 回目：$\Delta_2 = \ \ 0.29\ \mathrm{mm} = \ \ 29 \times 10^{-2}\ \mathrm{mm}$
などのように書き直してから 2 乗している

［試料 1］ 角柱

測定量 (1) 高さ a　　測定器具 物差し（最小目盛 0.1 mm）

最小目盛がいくらかを書く

回数	ゼロ点	読み取り値	測定値	残差 Δ_i	Δ_i^2
1	12.8 mm	140.2 mm	127.4 mm	−0.11 mm	$121 \times 10^{-4}\ \mathrm{mm}^2$
2	37.1	164.9	127.8	0.29	841
3	52.3	180.0	127.7	0.19	361
4	87.7	215.2	127.5	−0.01	1
5	110.1	237.7	127.6	0.09	81
6	145.9	273.0	127.1	−0.41	1681
7	166.0	293.5	127.5	−0.01	1
8	213.2	340.8	127.6	0.09	81
9	261.0	388.5	127.5	−0.01	1
10	326.8	454.2	127.4	−0.11	121
Σ			1275.1 mm	0.00 mm	$3290 \times 10^{-4}\ \mathrm{mm}^2$

単位を書く（1 行目だけでよい）
残差の 2 乗の単位に注意

2 行目以降は省略してよい

残差の 2 乗は負の値にはならない

最後の行は各値について測定回数分の和をとる
残差の和は必ず 0 になる

測定値（測定回数分）の和

平均値：$a_M = \dfrac{1275.1\ \mathrm{mm}}{10} = 127.51\ \mathrm{mm}$

残差の 2 乗（測定回数分）の和

標準誤差：$\sigma = \sqrt{\dfrac{3290 \times 10^{-4}\ \mathrm{mm}^2}{10-1}} = 0.19\ \mathrm{mm} = 0.2\ \mathrm{mm}$

平均値の標準誤差：$\sigma_M = \sqrt{\dfrac{3290 \times 10^{-4}\ \mathrm{mm}^2}{10(10-1)}} = 0.060\ \mathrm{mm} = 0.06\ \mathrm{mm}$

最初に 0 でない数字が出たところまで
次の桁を四捨五入する

測定回数

測定値 ± 誤差：$a \pm \Delta a = 127.51 \pm 0.06\ \mathrm{mm}$（有効数字の桁数：5 桁）

測定値に平均値を入れる
誤差に平均値の標準誤差を入れる

小数点以下の桁数を誤差にあわせる
いまの場合は平均値と誤差の小数点以下の桁数がもともとあっている

測定値に並んでいる数字の個数でいまの場合は 127.51 なので 5 となる
（0.00443 のような場合は，左側の 0 は個数に数えないので 3 となる）

相対誤差：$\dfrac{\Delta a}{a} = \dfrac{0.06\ \mathrm{mm}}{127.51\ \mathrm{mm}} = 0.00047805$

少し多めに桁を取っておく
相対誤差には単位はつかない

測定量 (2) 幅 b　　測定器具 ノギス（最小目盛 0.05 mm）

同じ値でも省略せずに書く

回数	ゼロ点	読み取り値	測定値	残差 Δ_i	Δ_i^2
1	0.00 mm	60.20 mm	60.20 mm	0.000 mm	$0\ \mathrm{mm}^2$
2	0.00	60.20	60.20	0.000	0
3	0.00	60.20	60.20	0.000	0
4	0.00	60.20	60.20	0.000	0
5	0.00	60.20	60.20	0.000	0
6	0.00	60.20	60.20	0.000	0
7	0.00	60.20	60.20	0.000	0
8	0.00	60.20	60.20	0.000	0
9	0.00	60.20	60.20	0.000	0
10	0.00	60.20	60.20	0.000	0
Σ			602.00 mm	0.000 mm	$0\ \mathrm{mm}^2$

ばらつきがない場合は値が 0 となる

測定器具の最小目盛にあわせる

平均値：$b_M = \dfrac{602.00\,\text{mm}}{10} = 60.200\,\text{mm}$

標準誤差：$\sigma = 0\,\text{mm}$

平均値の標準誤差：$\sigma_M = 0\,\text{mm}$

ばらつきがない場合は値が 0 となる

測定値 ± 誤差：$b \pm \Delta b = 60.20 \pm 0.05\,\text{mm}$ （有効数字の桁数：4 桁）

測定値にばらつきがないので測定器具の最小目盛を誤差とする

小数点以下の桁数を誤差にあわせ，平均値 60.200 mm の最後の 0 を四捨五入して 60.20 mm とする

相対誤差：$\dfrac{\Delta b}{b} = \dfrac{0.05\,\text{mm}}{60.20\,\text{mm}} = 0.00083056$

測定量 (3) 厚さ c　　測定器具 マイクロメータ（最小目盛 0.001 mm）

回数	ゼロ点	読み取り値	測定値	残差 Δ_i	Δ_i^2
1	−0.011 mm	4.954 mm	4.965 mm	−0.0007 mm	$49 \times 10^{-8}\,\text{mm}^2$
2	−0.011	4.957	4.968	0.0023	529
3	−0.011	4.957	4.968	0.0023	529
4	−0.011	4.956	4.967	0.0013	169
5	−0.010	4.961	4.971	0.0053	2809
6	−0.011	4.952	4.963	−0.0027	729
7	−0.011	4.953	4.964	−0.0017	289
8	−0.012	4.953	4.965	−0.0007	49
9	−0.011	4.949	4.960	−0.0057	3249
10	−0.010	4.956	4.966	0.0003	9
Σ			49.657 mm	0.0000 mm	$8410 \times 10^{-8}\,\text{mm}^2$

何も挟まないときの読みが 0.000 mm とは限らないので 1 回ごとにきちんと測定する
同じ値でも省略せずに書く

平均値：$c_M = \dfrac{49.657\,\text{mm}}{10} = 4.9657\,\text{mm}$

標準誤差：$\sigma = \sqrt{\dfrac{8410 \times 10^{-8}\,\text{mm}^2}{10-1}} = 0.0030\,\text{mm} = 0.003\,\text{mm}$

平均値の標準誤差：$\sigma_M = \sqrt{\dfrac{8410 \times 10^{-8}\,\text{mm}^2}{10(10-1)}} = 0.00096\,\text{mm} = 0.001\,\text{mm}$

測定値 ± 誤差：$c \pm \Delta c = 4.966 \pm 0.001\,\text{mm}$ （有効数字の桁数：4 桁）

小数点以下の桁数を誤差にあわせ，平均値 4.9657 mm の最後の 7 を四捨五入して 4.966 mm とする

相対誤差：$\dfrac{\Delta c}{c} = \dfrac{0.001\,\text{mm}}{4.966\,\text{mm}} = 0.00020137$

［試料 2］ 円柱

測定量 (1) 高さ h　　測定器具 ノギス（最小目盛 0.05 mm）

回数	ゼロ点	読み取り値	測定値	残差 Δ_i	Δ_i^2
1	0.00 mm	160.35 mm	160.35 mm	0.005 mm	$25 \times 10^{-6}\ \mathrm{mm}^2$
2	0.00	160.30	160.30	−0.045	2025
3	0.00	160.40	160.40	0.055	3025
4	0.00	160.40	160.40	0.055	3025
5	0.00	160.30	160.30	−0.045	2025
6	0.00	160.30	160.30	−0.045	2025
7	0.00	160.30	160.30	−0.045	2025
8	0.00	160.40	160.40	0.055	3025
9	0.00	160.35	160.35	0.005	25
10	0.00	160.35	160.35	0.005	25
Σ			1603.45 mm	0.000 mm	$17250 \times 10^{-6}\ \mathrm{mm}^2$

平均値：$h_M = \dfrac{1603.45\ \mathrm{mm}}{10} = 160.345\ \mathrm{mm}$

標準誤差：$\sigma = \sqrt{\dfrac{17250 \times 10^{-6}\ \mathrm{mm}^2}{10-1}} = 0.043\ \mathrm{mm} = 0.04\ \mathrm{mm}$

平均値の標準誤差：$\sigma_M = \sqrt{\dfrac{17250 \times 10^{-6}\ \mathrm{mm}^2}{10(10-1)}} = 0.013\ \mathrm{mm} = 0.01\ \mathrm{mm}$

測定値 ± 誤差：$h \pm \Delta h = 160.35 \pm 0.01\ \mathrm{mm}$　（有効数字の桁数：5 桁）

相対誤差：$\dfrac{\Delta h}{h} = \dfrac{0.01\ \mathrm{mm}}{160.35\ \mathrm{mm}} = 0.00006236$

測定量 (2) 直径 d　　測定器具 マイクロメータ（最小目盛 0.001 mm）

回数	ゼロ点	読み取り値	測定値	残差 Δ_i	Δ_i^2
1	−0.008 mm	4.991 mm	4.999 mm	0.0022 mm	$484 \times 10^{-8}\ \mathrm{mm}^2$
2	−0.007	4.985	4.992	−0.0048	2304
3	−0.008	4.989	4.997	0.0002	4
4	−0.007	4.983	4.990	−0.0068	4624
5	−0.010	4.994	5.004	0.0072	5184
6	−0.007	4.994	5.001	0.0042	1764
7	−0.009	4.994	5.003	0.0062	3844
8	−0.006	4.988	4.994	−0.0028	784
9	−0.008	4.985	4.993	−0.0038	1444
10	−0.007	4.988	4.995	−0.0018	324
Σ			49.968 mm	0.0000 mm	$20760 \times 10^{-8}\ \mathrm{mm}^2$

平均値：$d_M = \dfrac{49.968\ \mathrm{mm}}{10} = 4.9968\ \mathrm{mm}$

標準誤差：$\sigma = \sqrt{\dfrac{20760 \times 10^{-8}\ \mathrm{mm}^2}{10-1}} = 0.0048\ \mathrm{mm} = 0.005\ \mathrm{mm}$

平均値の標準誤差：$\sigma_M = \sqrt{\dfrac{20760 \times 10^{-8}\ \mathrm{mm}^2}{10(10-1)}} = 0.0015\ \mathrm{mm} = 0.002\ \mathrm{mm}$

測定値 ± 誤差：$d \pm \Delta d = 4.997 \pm 0.002\ \mathrm{mm}$　（有効数字の桁数：4 桁）

相対誤差：$\dfrac{\Delta d}{d} = \dfrac{0.002\ \mathrm{mm}}{4.997\ \mathrm{mm}} = 0.00040024$

5–2 質量の測定

測定量 質量 m　　測定器具 電子秤（最小目盛 0.1 g）

> 実験で用いた電子秤の最小目盛がいくつなのかをよく考えて書く

試料	ゼロ点	読み取り値	測定値	誤差
1	−0.4 g	291.8 g	292.2 g	0.1 g
2	−0.4	24.7	25.1	0.1

> 何も載せていないときの読みが 0.0 g とは限らないので，1 回ごとに測定する

［試料 1］ 測定値 ± 誤差：$m \pm \Delta m = 292.2 \pm 0.1\,\mathrm{g}$（有効数字の桁数：4 桁）

相対誤差：$\dfrac{\Delta m}{m} = \dfrac{0.1\,\mathrm{g}}{292.2\,\mathrm{g}} = 0.00034223$

> 質量については，測定器具の最小目盛を誤差とする

［試料 2］ 測定値 ± 誤差：$m \pm \Delta m = 25.1 \pm 0.1\,\mathrm{g}$（有効数字の桁数：3 桁）

相対誤差：$\dfrac{\Delta m}{m} = \dfrac{0.1\,\mathrm{g}}{25.1\,\mathrm{g}} = 0.00398406$

5–3 密度および誤差の計算

試料 1 密度：

$$\rho = \frac{m}{abc} = \frac{292.2\,\mathrm{g}}{12.751\,\mathrm{cm} \times 6.020\,\mathrm{cm} \times 0.4966\,\mathrm{cm}} = 7.66536\,\mathrm{g/cm^3} = 7.6654\,\mathrm{g/cm^3}$$

> 式 (2) にそれぞれの値を代入する
> 長さについては単位を cm に直して代入する
> 各直接測定量の中で有効桁数が最も小さいものよりも 1 桁多く出しておく
> いまの場合，m, b, c が 4 桁，a が 5 桁の有効桁数なので，有効桁数が 4 + 1 = 5 桁になるように出した

相対誤差：

$$\left|\frac{\Delta\rho}{\rho}\right| = \left|\frac{\Delta m}{m}\right| + \left|\frac{\Delta a}{a}\right| + \left|\frac{\Delta b}{b}\right| + \left|\frac{\Delta c}{c}\right| = 0.00047805 + 0.00083056 + 0.00020137 + 0.00034223 = 0.00185221$$

> 式 (4) にそれぞれの値を代入する

> 各直接測定量の相対誤差が同程度なので妥当な測定といえる

誤差：

$$\Delta\rho = \rho \times \frac{\Delta\rho}{\rho} = 7.6654\,\mathrm{g/cm^3} \times 0.00185221 = 0.014\,\mathrm{g/cm^3} = 0.01\,\mathrm{g/cm^3}$$

> 式 (6) に上で得られた値を代入する
> 最初に 0 でない数字が出たところまで

よって $\rho \pm \Delta\rho = 7.67 \pm 0.01\,\mathrm{g/cm^3}$

> 密度の小数点以下の桁数を誤差にあわせる
> 有効桁数は 3 桁となった

試料 2 密度：

$$\rho = \frac{4m}{\pi d^2 h} = \frac{4 \times 25.1\,\mathrm{g}}{\pi \times (0.4997\,\mathrm{cm})^2 \times 16.035\,\mathrm{cm}} = 7.9817\,\mathrm{g/cm^3} = 7.982\,\mathrm{g/cm^3}$$

> 式 (3) にそれぞれの値を代入する
> 長さについては単位を cm に直して代入する
> 各直接測定量の中で有効桁数が最も小さいものよりも 1 桁多く出しておく
> いまの場合，m が 3 桁，h が 5 桁，d が 4 桁の有効桁数なので，有効桁数が 3 + 1 = 4 桁になるように出した

相対誤差：

$$\left|\frac{\Delta\rho}{\rho}\right| = \left|\frac{\Delta m}{m}\right| + 2\left|\frac{\Delta d}{d}\right| + \left|\frac{\Delta h}{h}\right| = 0.00398406 + 2 \times 0.00040024 + 0.00006236 = 0.00484690$$

> 式 (5) にそれぞれの値を代入する
> 質量 m の相対誤差が大きく，これが密度の相対誤差を悪くしている

誤差：

$$\Delta\rho = \rho \times \frac{\Delta\rho}{\rho} = 7.982\,\mathrm{g/cm^3} \times 0.00484690 = 0.038\,\mathrm{g/cm^3} = 0.04\,\mathrm{g/cm^3}$$

> 式 (6) に上で得られた値を代入する
> 最初に 0 でない数字が出たところまで

よって $\rho \pm \Delta\rho = 7.98 \pm 0.04\,\mathrm{g/cm^3}$

> 密度の小数点以下の桁数を誤差にあわせる
> 有効桁数は 3 桁となった

> 試料 1 と試料 2 の測定した密度の値を比べると，誤差範囲を超えた差が見られる

6 解説

ここでは,「誤差を表す式」(p.24) の密度の相対誤差を表す式 (4), (5) のうち，円柱に対する式 (5) の証明を行う。直接測定量 m, d, h の誤差をそれぞれ $\Delta m, \Delta d, \Delta h$ とし，それによって生じる密度の誤差を $\Delta\rho$ とすると，円柱の場合 $\Delta\rho$ は式 (2) より

$$\Delta\rho = \frac{4\,(m+\Delta m)}{\pi\,(d+\Delta d)^2\,(h+\Delta h)} - \frac{4m}{\pi d^2 h} \tag{7}$$

によって求められる。$\Delta m, \Delta d, \Delta h$ は微小量なので，通分したあと分子で 2 次以上の（2 つ以上掛け合わされている）項を省略すると

$$\begin{aligned}
\Delta\rho &= \frac{4\,(m+\Delta m)\,d^2 h}{\pi\,(d+\Delta d)^2\,(h+\Delta h)\,d^2 h} - \frac{4m\,(d+\Delta d)^2\,(h+\Delta h)}{\pi\,(d+\Delta d)^2\,(h+\Delta h)\,d^2 h} \\
&= \frac{4md^2h + 4(\Delta m)d^2h}{\pi\,(d+\Delta d)^2\,(h+\Delta h)\,d^2 h} \\
&\quad - \frac{4md^2h + 8md(\Delta d)h + 4m(\Delta d)^2h + 4md^2(\Delta h) + 8md(\Delta d)(\Delta h) + 4m(\Delta d)^2(\Delta h)}{\pi\,(d+\Delta d)^2\,(h+\Delta h)\,d^2 h} \\
&= \frac{4(\Delta m)d^2h - 8md(\Delta d)h + 4m(\Delta d)^2h - 4md^2(\Delta h) + 8md(\Delta d)(\Delta h) - 4m(\Delta d)^2(\Delta h)}{\pi\,(d+\Delta d)^2\,(h+\Delta h)\,d^2 h} \\
&= \frac{4(\Delta m)d^2h - 8md(\Delta d)h - 4md^2(\Delta h)}{\pi\,(d+\Delta d)^2\,(h+\Delta h)\,d^2 h}
\end{aligned} \tag{8}$$

を得る。ここで分子は 1 次の微少量となるので，分母の微小量は省略すると

$$\Delta\rho = \frac{4}{\pi d^2 h}\,\Delta m - \frac{8}{\pi d^3 h}\,\Delta d - \frac{4}{\pi d^2 h^2}\,\Delta h \tag{9}$$

を得る。この式の両辺を $\rho = \dfrac{4m}{\pi d^2 h}$ で割ると

$$\frac{\Delta\rho}{\rho} = \frac{\Delta m}{m} - 2\,\frac{\Delta d}{d} - \frac{\Delta h}{h} \tag{10}$$

ときれいな形になる。式 (10) は**「間接測定量の相対誤差は直接測定量の相対誤差の 1 次結合で表される」**ということを示している。実際に必要なのは密度の相対誤差の上限であるので，$|x+y| \le |a| + |b|$ を使うと，上限値として式 (5) が導出される。角柱に対する式 (4) の導出も同様である。

7 演習問題

問題 1. 角柱に対する密度の相対誤差の式 (4) を導出せよ。

問題 2. 標準誤差 σ と平均値の標準誤差 σ_M との間にはどんな関係があるか。また σ はデータの数が大きくなっても変わらないが，σ_M はデータ数が大きくなると小さくなることを示せ。

問題 3. 計算例で示した密度の有効数字は,「第 1 編 総説」の「有効数字を考慮した計算」(p.11) に基づいて出した有効数字と一致するかどうか検討せよ。

§1–2 力のつりあい実験

1 はじめに

工学の世界では，力，速度，加速度などは，大きさだけでなく，方向，向きを持った量，すなわちベクトル (vector) として扱われる。これらの基本概念を駆使できることは，電気，機械，建築などの分野によらず，技術者が持っているべき基本的能力と見なされている。この実験では，ばねの性質を理解するとともに，ばねの力を利用してベクトルの扱い方を学習，または再確認する。

2 実験の目的

3 本のばねで力のつりあいの状態を作り，それぞれのばねの力を測定して，図示することによって，ばねの性質を理解するとともに，ベクトルの扱い方を学習する。具体的には，重力を利用してばねがもとの長さ（自然の長さ，自然長）に戻ろうとする力の性質を調べる。すなわち，**ばね定数** k を測定する。あとの実験に利用するため，3 本のばね定数を測定する。この結果をもとに 3 本のばねの一端を連結リングを介してつなぎ，適当な位置に立てた 3 個の支柱のリングにばねの反対側の一端をそれぞれ固定し，同一平面上で 3 本のばねの力がつりあった状態をつくる。そして,「力のつりあい」を実験的に確認する。

学習のポイント

(1) ベクトルの合成を理解する
(2) 力のつりあいを理解する
(3) フックの法則を理解する
(4) グラフや作図によるデータ解析を行う

3 実験（測定）の基礎

3–1 力の表し方

静止した物体に力を加えると，物体は力が加わった方向に動き出そうとする。どこに，どの方向に，どのくらいの大きさの力を加えたかで，物体の動き出し方は変わるであろう。力は図 1 のように図示される。黒丸を**作用点**(着力点（ちゃくりょくてん）)といい，力が加わった点を表す。力の向きは矢印の向きで示し，矢印の方向の直線を**作用線**という。作用点は必ず作用線上にある。力の大きさは矢印の長さで表す。力の大きさを数値で表すときには単位 N（ニュートン）が用いられる。複数の力を考えるときには，力の大きさの比と矢印の長さの比が揃うように図示する。あらかじめ「1 N の大きさの力を 1 cm の長さの矢印で表す」や,「5 mm の長さの矢印で表す」などのように，基準を作っておくと図示しやすい。力は大きさと向きを持つので，力を数式で表すときには $\vec{F}$ のようにベクトルの表記を用いる。数学で学ぶ「ベクトル」を良く理解しておく必要がある。

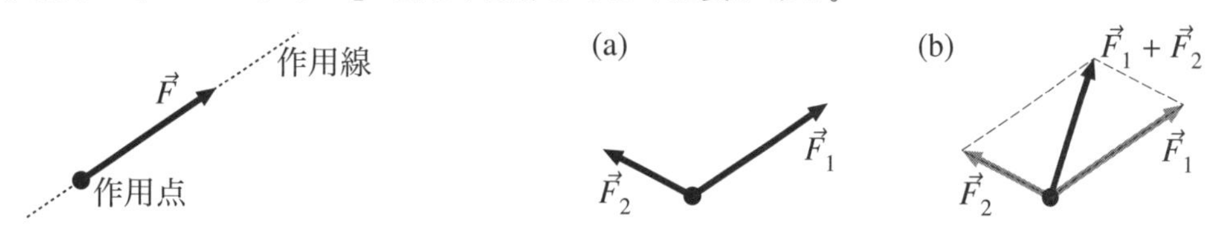

図 1: 力ベクトル　　**図 2**: 力の合成

3–2 力の合成

図 2 (a) のように 2 力 $\vec{F}_1, \vec{F}_2$ が静止した物体に加わったとき，物体はどちらにどのくらい動き出そうとするだろうか。これを考えるには力の合成を行えばよい。ここでは図 2 (a) のように 2 力の作用点が同じ場合を考える。この 2 力を合成して得られる力は，図 2 (b) のように，$\vec{F}_1, \vec{F}_2$ を表す矢印を辺に持つ平行四辺形の対角線（$\vec{F}_1, \vec{F}_2$ の作用点を含む方）となる。物体が 2 力 $\vec{F}_1, \vec{F}_2$ を受けたとき，物体はこの対角線の位置にある矢印の示す向きに，矢印の長さに相当する力を受けたものとして，動き出そうとする。合成された力を**合力**（ごうりょく）と呼び，$\vec{F}_1 + \vec{F}_2$ のように表す。数学でいうと合力はベクトルの和で表されるということである。

3 力以上を合成する場合には，もととなる力を 1 つ選んで，そこに 1 つずつ力を合成していけばよい。例えば，3 力 $\vec{F}_1, \vec{F}_2, \vec{F}_3$ の合成を考える。まず，$\vec{F}_1$ をもととして，そこに $\vec{F}_2$ を合成し，得られた力を $\vec{F}_{12} = \vec{F}_1 + \vec{F}_2$ とする。これに残った力 $\vec{F}_3$ を合成すれば，$\vec{F}_{12} + \vec{F}_3$ が 3 力の合力となる。このとき，どの力をもとにして，どの力から合成していっても，3 力の合力は同じものとなる。物体に様々な力が加わったとき，全ての力の合力を**正味の力**と呼ぶ。物体に与えられた様々な力に対して，合成の仕方に関わらず，正味の力は一つに決まる。

3–3 力のつりあい

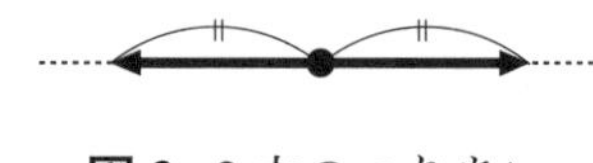

図 3: 2 力のつりあい

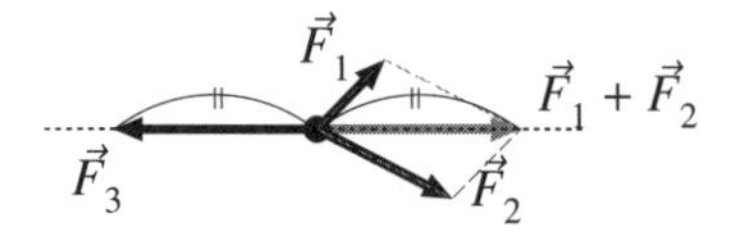

図 4: 3 力のつりあい

静止した物体に加わっている複数の力がつりあっているとき，物体は静止し続ける。このとき，複数の力は互いに打ち消しあい，物体に加わる正味の力の大きさが 0 N になっている。

2 力が加わっている場合を考えよう。図 3 のように，2 力が同一作用線上にあり，互いに逆向きで大きさが等しいとき，力がつりあっているという。綱引きにおいて，引き合う力が拮抗している（同じ大きさになっている）ときには，綱が動かないことを思い出せばわかりやすいだろう。

3 力のつりあいは次のように考えればよい。3 力を $\vec{F}_1, \vec{F}_2, \vec{F}_3$ とする。ここから 2 力 $\vec{F}_1, \vec{F}_2$ を選んで合成し，得られた合力を $\vec{F}_{12}$ とすると，3 力 $\vec{F}_1, \vec{F}_2, \vec{F}_3$ のつりあいは，$\vec{F}_{12}$ と残りの $\vec{F}_3$ との 2 力のつりあいと考えることができる。3 力がつりあっている場合には，図 4 のように，$\vec{F}_1$ と $\vec{F}_2$ の合力 $\vec{F}_{12}$ は，$\vec{F}_3$ と同じ作用線上にあり，$\vec{F}_3$ とは逆向きで，$\vec{F}_3$ と同じ大きさ（矢印でいうと同じ長さ）になっているのである。

3–4 フックの法則とばね定数

ばねを自然長から x だけ伸ばしたとき，元に戻ろうとする力の大きさ F は x に比例し，

$$F = kx \tag{1}$$

で与えられる。これはフック（Robert Hooke, 1635–1703, 英）の法則と呼ばれ，比例定数 k が**ばね定数**である。力を単位 N で表し，伸びを単位 m で表したときには，ばね定数の単位は N/m である。伸びを単位が mm の場合には，ばね定数の単位は N/mm である。詳しくは「§2–1. ばね振動による質量の測定」(p.65) を参照せよ。このフックの法則の関係を用いて，ばねの引く力の大きさを見積もる。

4 実験方法および結果

この実験では，図 5 の写真に示された「ばね実験台」（写真左）と，「ばね実験台付属部品および実験用材料（ばね 3 本）」（写真右）を使用する。実験を始める前に付属部品を確認する。

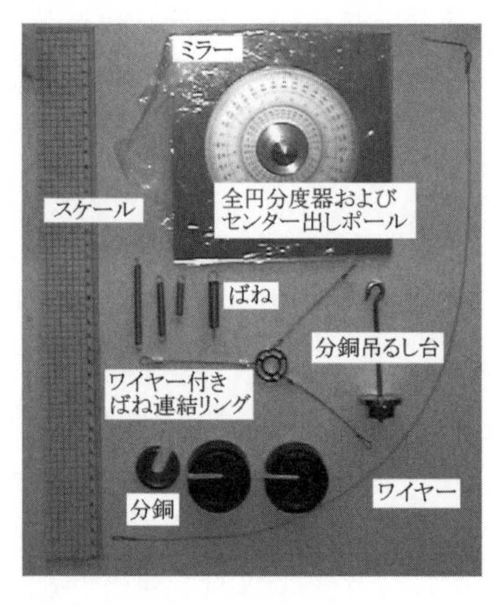

図 5: ばね実験台（左）と，ばね実験台付属部品および実験用材料（右）

4–1 フックの法則によるばね定数の測定

（使用する実験器具）

ばね（3本），スケール（物差し），ミラー，分銅吊るし台（おもり台），分銅，ワイヤー

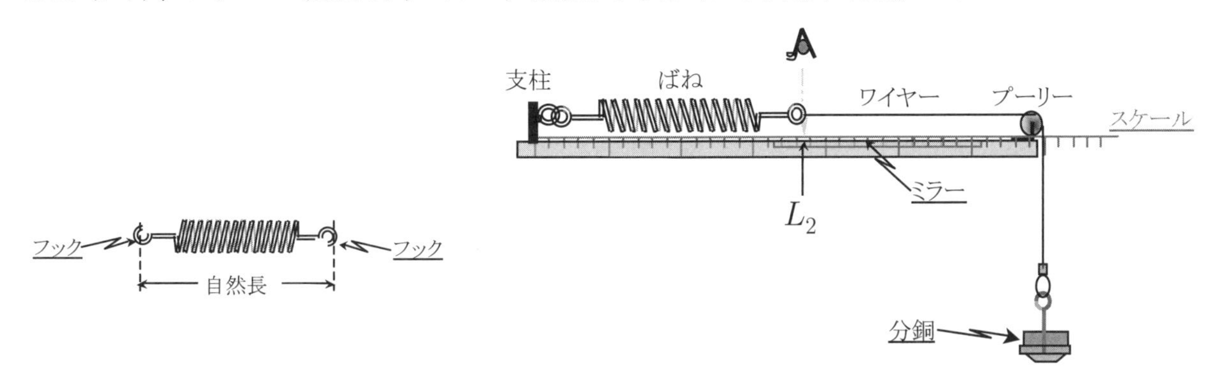

図 6: ばねの自然長　　**図 7**: ばねの伸びの読み取り

(1) 色分けされた，それぞれのばねの自然長を測定する。ばねの自然長は図6のようにフックの内側からフックの内側までの長さと定義されている。ノギスを用いてばねの自然長 l_0 を測定し，これを報告書の表1に記録する。測定の際，ばねを伸ばさないように注意する。

(2) 図7のように，ばね実験台に支柱を立て，ワイヤーを取り付けたばねを支柱に固定し，プーリーを介しワイヤーにおもり台をつるす。

(3) ばね実験台の上にミラーを置き，その上にワイヤーと平行にスケールを置く。測定中にスケールが移動しないよう注意する。

(4) おもり台に分銅を1個，2個，3個と試しに載せ，ばねがおもりの数に応じて自然に伸び縮みすることを確かめる。

(5) 分銅の質量 m を分銅の刻印（刻印が 1 kg 1/5 なら $m = 200\,\mathrm{g}$）から確認し，おもり台の質量 m_0 は電子秤で測定して，それぞれ報告書の表2に記録する。

(6) おもり台に分銅2個を静かに乗せ，力のつり合い状態を作る。**ばねのおもり側フックの内側を真上から見て，フック内側がミラーに写った像と一致するように視線を定め，おもり側フックの内側の位置 L_2 をスケールから読み取り，表3（ばねの色に応じて 3-1, 3-2, 3-3 がある）に記録する。**（L の添字「2」は乗せたおもりの個数を表している。）L はスケールの読みであって，ばねの長さでも，ばねの伸びでもないことに注意する。

(7) 続いて，3個，4個，5個，6個と分銅を加えてゆき，それぞれ力のつりあい状態を作り，おもり側フック内側の位置 L_3, L_4, L_5, L_6 を読み取り，報告書の表3に記録する。（増加順のデータ）

(8) 分銅6個目の測定が終わった後，分銅をさらに1個だけ追加し，そこから分銅を1個ずつ取り除いていく。分銅が6個，5個，4個，3個，2個のときのおもり側フック内側の位置 $L'_6, L'_5, L'_4, L'_3, L'_2$ を読み取り，報告書の表3に記録する。（減少順のデータ）

(9) 増加順と減少順のデータの平均を取り，報告書の表3に記録する。

(10) 分銅の数 n に対応する質量 nm とおもり台の質量 m_0 の和から重力の大きさ F を式

$$F = (nm + m_0)\,g \tag{2}$$

に代入して求め，ばねに加わる力として表3に書き込む。ここで g は重力加速度の大きさである。

(11) 3本のばねに対してそれぞれ測定を行う。

4–2 ばね定数の測定結果の整理

(1) ばねに加わる力の大きさ F を縦軸に，ばねのおもり側フックの内側の位置の平均を横軸にとって，表をグラフで表す。プロットした点の分布に最も合う近似曲線を1本だけ引く。（プロットした点を結んだ折れ線グラフは書かないこと。）

(2) (1) で引いた直線の傾きを求め，ばね定数を計算する。

(3) 同様に，他の2本のばねのばね定数を測定し，報告書に記録する。

4–3 ばね定数の測定例

表 1

ばねの色	ばねの自然長 l_0
赤	75 mm
緑	69 mm
青	71 mm

表 2

分銅 1 個の（平均）質量 m	おもり台の質量 m_0
0.20 kg	0.062 kg

表 3-1 赤

分銅の個数	ばねに加わる力	フック内側の位置		フック内側の平均位置
		増加順	減少順	
n	$F = (nm + m_0)\,g$	L_n	L'_n	$\bar{L}_n$
2	4.53　N	98.0　mm	98.0　mm	98.0　mm
3	6.49	105.0	105.0	105.0
4	8.45	112.5	112.0	112.3
5	10.41	118.0	119.0	118.5
6	12.37	125.0	125.0	125.0

グラフ（赤のばね）

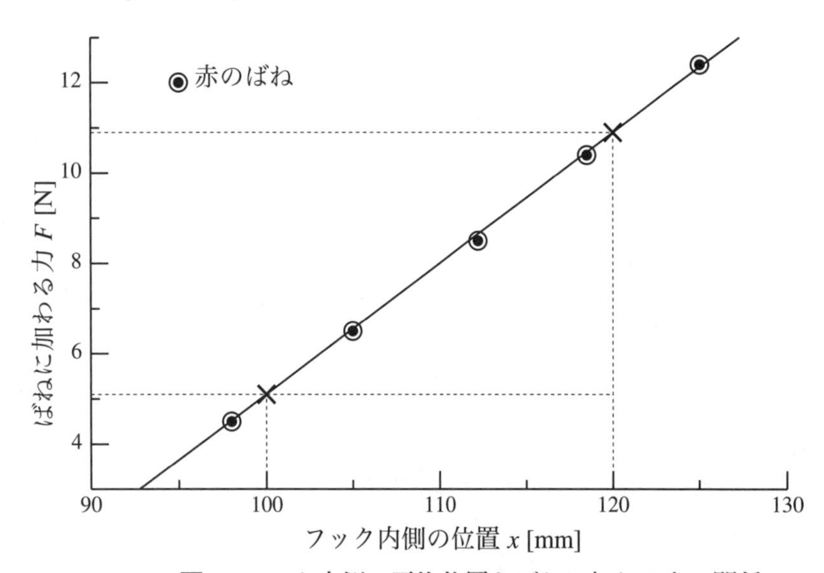

図 8: フック内側の平均位置とばねに加わる力の関係

ばね定数（赤のばね）の計算

直線上の任意の 2 点 (100 mm, 5.1 N) と (120 mm, 10.9 N) より，ばね定数 $k_{赤}$ は

$$k_{赤} = \frac{\Delta F}{\Delta x} = \frac{10.9\,\mathrm{N} - 5.1\,\mathrm{N}}{120\,\mathrm{mm} - 100\,\mathrm{mm}} = \frac{5.8\,\mathrm{N}}{20\,\mathrm{mm}} = 0.29\,\mathrm{N/mm}$$

となる。

※ グラフの作成とばね定数の計算は，残りの 2 本のばねについても同様に行う。

4–4 力のつりあい実験

(使用する実験器具)

ばね（3 本）, ばね連結リング（ワイヤー付き）, センター出しポール付き全円分度器，ミラー

(1) 使用する 3 本のばねの自然長，および，ばね定数を確認する。

(2) ばね実験台に 3 本の支柱を立て，ばね連結リングを介し，図 9 (a) のように，3 本のばねの力がつりあった状態を作る。このとき位置 OA, OB, OC にどのばねを取り付けたかを記録する。

(3) ばね実験台にミラーを乗せ，その上に「センター出しポール付き全円分度器」を乗せ，分度器の中心をばね連結リングの中心に合わせる。

(4) 3 本のばねが付けられたワイヤー間の角度 ∠COA, ∠COB を測定し，報告書の表 4 に記録する。

(5) 位置 OA，位置 OB，位置 OC のばねの伸びている状態の長さ（図 9 参照）をそれぞれ l_{OA}, l_{OB}, l_{OC} として，これらの長さをノギス（ただし主尺を目分量で読めば十分）を用いて測定し，表 4 に記録する。

(6) 3 本のばねの「伸び x」は

$$x = (\text{伸びた状態の長さ}) - (\text{自然長})$$

を用いてそれぞれ計算できる。これを用いてそれぞれのばねの伸びを計算し，表 4 に記録する。

(7) ばねが元の長さに戻ろうとする力（復元力）は，フックの法則

$$F = kx$$

を用いて計算できる。これを用いて，それぞれのばねの復元力の大きさ F_{OA}, F_{OB}, F_{OC} を計算し，表 4 に記録する。

(8) 報告書の「ベクトル方向図」と書かれたページの中央付近にばね連結リングの中心位置 O を決め，中心位置 O から 3 本のワイヤー方向に点線を引く。図 9 (b) を参照せよ。この図を「ベクトル方向図」と呼ぶことにする。

(9) 計算したばねの復元力の大きさ F_{OA}, F_{OB}, F_{OC} に向きをつけて矢印とし，これらをそれぞれ力 $\vec{F}_{OA}, \vec{F}_{OB}, \vec{F}_{OC}$ とする。ベクトル方向図に力 $\vec{F}_{OA}, \vec{F}_{OB}, \vec{F}_{OC}$ を矢印として適切な縮尺で描き込む。矢印 $\vec{F}_{OA}, \vec{F}_{OB}, \vec{F}_{OC}$ の先端をあらためて，それぞれ A, B, C とする。図 9 (b) を参照せよ。

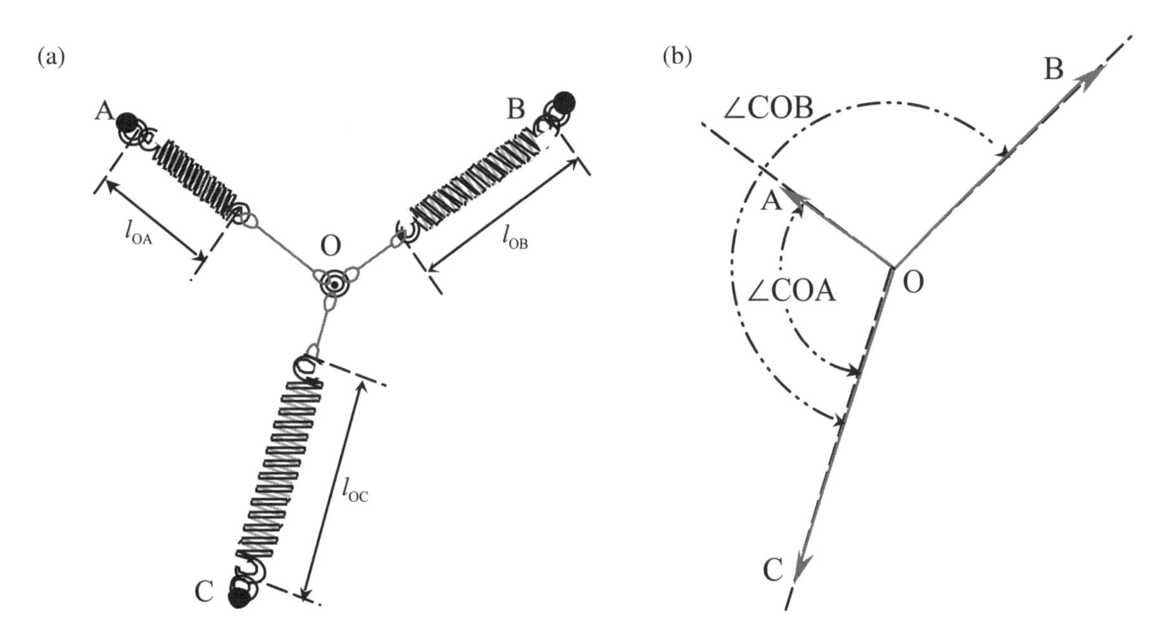

図 9: (a) ばねのつりあい，(b) ベクトル方向図

4–5 力のつりあいの検証

(1) ばねの力を書き込んだベクトル方向図を利用して，力 $\vec{F}_{\mathrm{OA}}, \vec{F}_{\mathrm{OB}}$ を 2 辺とする平行四辺形を描いて O 点から対角線を引き，その先端を B′ とする。この対角線に向きをつけ，O から B′ へ向いた矢印を $\overrightarrow{\mathrm{OB'}} = \vec{F}_{\mathrm{OB'}}$ と書く。$\vec{F}_{\mathrm{OB'}}$ は力 $\vec{F}_{\mathrm{OA}}$ と $\vec{F}_{\mathrm{OB}}$ の合力，すなわち $\vec{F}_{\mathrm{OB'}} = \vec{F}_{\mathrm{OA}} + \vec{F}_{\mathrm{OB}}$ である。図 10 (a) を参照せよ。

(2) 次に，力 $\vec{F}_{\mathrm{OC}}$ の向きを反対にした力 $-\vec{F}_{\mathrm{OC}}$ の始点を点 O に合わせ，ベクトル方向図に書き込む。このベクトルの終点を C′ とする。すなわち $\overrightarrow{\mathrm{OC'}} = -\vec{F}_{\mathrm{OC}}$ とする。図 10 (b) を参照せよ。

(3) 3 本のばねの力はつりあっているから，(1) で求めた合力 $\vec{F}_{\mathrm{OB'}} = \vec{F}_{\mathrm{OA}} + \vec{F}_{\mathrm{OB}}$ と (2) で作った $\overrightarrow{\mathrm{OC'}} = -\vec{F}_{\mathrm{OC}}$ が一致して点 B′ と点 C′ は重なるはずである。したがって，

$$\vec{F}_{\mathrm{OA}} + \vec{F}_{\mathrm{OB}} = -\vec{F}_{\mathrm{OC}}$$

となる。以上の手順により，測定で得られた 3 力の大きさと向きの結果が，つりあいを示しているかどうかを測定精度の範囲で検証する。

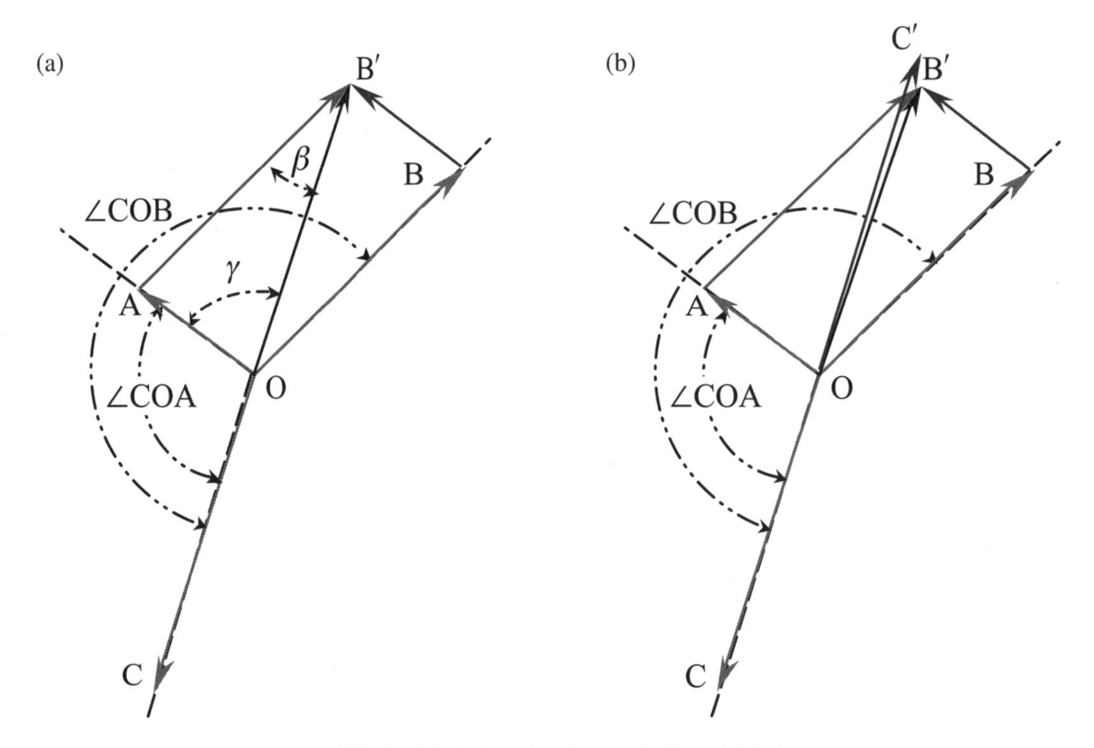

図 10: (a) 合力，(b) 力のつりあいの検証

4–6 力のつりあい実験の測定例

表 4

ばねの位置	ばねの色	自然長	伸びた状態の長さ l	伸び x	ばね定数 k	ばねの力 F	角度
OA	赤	75 mm	$l_{\mathrm{OA}} = 104$ mm	29 mm	0.29 N/mm	$F_{\mathrm{OA}} = 8.41$ N	108°
OB	緑	69	$l_{\mathrm{OB}} = 132$	63	0.29	$F_{\mathrm{OB}} = 18.3$	209°
OC	青	71	$l_{\mathrm{OC}} = 131$	60	0.28	$F_{\mathrm{OC}} = 16.8$	0°

5 結果の検討

検討 1. 図 9 の力 $\vec{F}_{\mathrm{OA}}, \vec{F}_{\mathrm{OB}}$ から $\vec{F}_{\mathrm{OA}}+\vec{F}_{\mathrm{OB}}$ の大きさ $|\vec{F}_{\mathrm{OA}}+\vec{F}_{\mathrm{OB}}|$ を以下の方法で求めよ。
（それぞれの力の向きが異なるときは，$|\vec{F}_{\mathrm{OA}}+\vec{F}_{\mathrm{OB}}|$ はそれぞれの力の大きさ $|\vec{F}_{\mathrm{OA}}|, |\vec{F}_{\mathrm{OB}}|$ を足したものではない，すなわち，$|\vec{F}_{\mathrm{OA}}|+|\vec{F}_{\mathrm{OB}}| \neq |\vec{F}_{\mathrm{OA}}+\vec{F}_{\mathrm{OB}}|$ であることに注意せよ。）

(1) **図形的方法** スケールを用いて，図 10 の矢印 $\vec{F}_{\mathrm{OB'}}$ の長さを測定し，図 9 を描いたときの縮尺を用いて $\vec{F}_{\mathrm{OB'}}$ の大きさ $|\vec{F}_{\mathrm{OB'}}|$ を計算せよ。

(2) **余弦定理による方法** 図 10 の三角形 △OAB′ において ∠OAB′ $= \alpha$ とすれば，余弦定理によって

$$|\vec{F}_{\mathrm{OB'}}|^2 = |\vec{F}_{\mathrm{OA}}|^2 + |\vec{F}_{\mathrm{OB}}|^2 - 2\,|\vec{F}_{\mathrm{OA}}| \cdot |\vec{F}_{\mathrm{OB}}| \cos\alpha$$

が成り立つ。これを用いて $\vec{F}_{\mathrm{OA}}+\vec{F}_{\mathrm{OB}}$ の大きさ $|\vec{F}_{\mathrm{OA}}+\vec{F}_{\mathrm{OB}}|$ を求めよ。

(3) **成分による方法** 図 10 の三角形 △OAB′ において ∠AOB′ $= \gamma$, ∠OB′A $= \beta$ として，力 $\vec{F}_{\mathrm{OA}}$ の OB′ 方向の成分，および力 $\vec{F}_{\mathrm{OB}}$ の OB′ 方向の成分は，それぞれ $|\vec{F}_{\mathrm{OA}}|\cos\gamma, |\vec{F}_{\mathrm{OB}}|\cos\beta$ と書ける。よって $\vec{F}_{\mathrm{OA}}+\vec{F}_{\mathrm{OB}}$ の大きさは

$$|\vec{F}_{\mathrm{OA}}+\vec{F}_{\mathrm{OB}}| = |\vec{F}_{\mathrm{OA}}|\cos\gamma + |\vec{F}_{\mathrm{OB}}|\cos\beta$$

と書ける。これを用いて $\vec{F}_{\mathrm{OA}}+\vec{F}_{\mathrm{OB}}$ の大きさ $|\vec{F}_{\mathrm{OA}}+\vec{F}_{\mathrm{OB}}|$ を求めよ。また $|\vec{F}_{\mathrm{OA}}|\sin\gamma = |\vec{F}_{\mathrm{OB}}|\sin\beta$ となっていることを確かめよ。

検討 2. 図 9 の力 $\vec{F}_{\mathrm{OA}}, \vec{F}_{\mathrm{OB}}$ から $\vec{F}_{\mathrm{OA}}+\vec{F}_{\mathrm{OB}}$ の大きさ $|\vec{F}_{\mathrm{OA}}+\vec{F}_{\mathrm{OB}}|$ を求め，その大きさと $\vec{F}_{\mathrm{OC}}$ の大きさを比較せよ。また方向，向きの一致の程度を調べよ。

検討 3. 図 9 の力 $\vec{F}_{\mathrm{OA}}, \vec{F}_{\mathrm{OC}}$ から $\vec{F}_{\mathrm{OA}}+\vec{F}_{\mathrm{OC}}$ の大きさ $|\vec{F}_{\mathrm{OA}}+\vec{F}_{\mathrm{OC}}|$ を求め，その大きさと $\vec{F}_{\mathrm{OB}}$ の大きさを比較せよ。また方向，向きの一致の程度を調べよ。

検討 4. 図 9 の力 $\vec{F}_{\mathrm{OB}}, \vec{F}_{\mathrm{OC}}$ から $\vec{F}_{\mathrm{OB}}+\vec{F}_{\mathrm{OC}}$ の大きさ $|\vec{F}_{\mathrm{OB}}+\vec{F}_{\mathrm{OC}}|$ を求め，その大きさと $\vec{F}_{\mathrm{OA}}$ の大きさを比較せよ。また方向，向きの一致の程度を調べよ。

6 解説

ここでは力を成分で表して考えてみよう。平面上の力を考え，図 11 のように横軸を x 軸に，縦軸を y 軸にとり，それぞれの方向の単位ベクトルを $\vec{i}, \vec{j}$ とする。これらのベクトルは直交する。さて，力のベクトル $\vec{F}$ は

$$\vec{F} = F_x\vec{i} + F_y\vec{j} \tag{3}$$

と書くことができる。ここで F_x, F_y をそれぞれ $\vec{F}$ の x 成分，y 成分という。力の大きさは $|\vec{F}|$ のように書き表すが，力の成分がそれぞれいくつであるのかがわかれば，

$$|\vec{F}| = \sqrt{F_x^2 + F_y^2} \tag{4}$$

のように計算することができる。

力のベクトルの合成を考えよう。式 (3) の力と

$$\vec{G} = G_x\vec{i} + G_y\vec{j} \tag{5}$$

で表される力を合成する。図 12 のように考えると，合力 $\vec{F}+\vec{G}$ は

$$\vec{F}+\vec{G} = (F_x+G_x)\vec{i} + (F_y+G_y)\vec{j} \tag{6}$$

のように成分ごとに和をとればよいことがわかる。

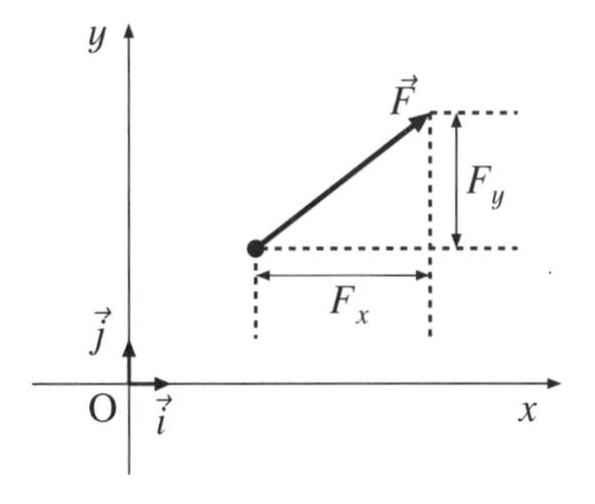

図 11: ベクトルの成分

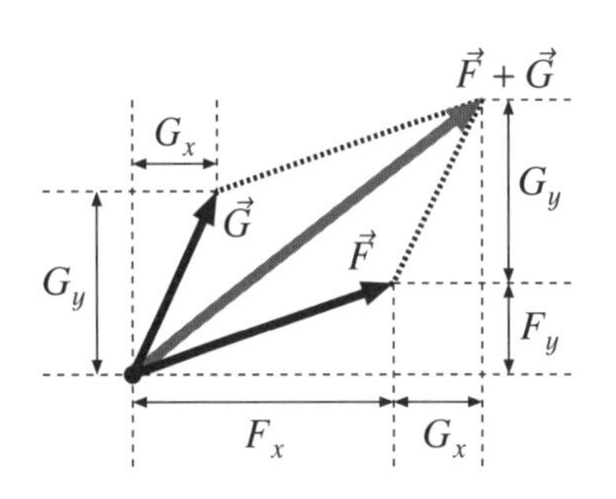

図 12: ベクトルの成分

2 力がつりあうためには，これらの力が同一作用線上で互いに逆向きで同じ大きさであればよい。式 (3) の力と大きさが等しく逆向きの力は，x 成分，y 成分の符号を反転させればよい。これを

$$-\vec{F} = -F_x\vec{i} - F_y\vec{j} \tag{7}$$

と表す。力 $\vec{F}$ と力 $\vec{G}$ がつりあっているときには

$$\vec{G} = -\vec{F} \tag{8}$$

が成り立つ。この式の右辺を左辺に移項すると

$$\vec{F} + \vec{G} = \vec{0} \tag{9}$$

を得る。ここで $\vec{0}$ は x 成分，y 成分がともに 0 のベクトルで，零ベクトルと呼ばれる。2 力がつりあっているときには，これらの合力の各成分が 0 N となる。したがって，合力の大きさも 0 N である。

3 力 $\vec{F}, \vec{G}, \vec{H}$ がつりあっているときには，$\vec{F} + \vec{G}$ と $\vec{H}$ とがつりあっていると考え，

$$\vec{F} + \vec{G} = -\vec{H} \tag{10}$$

を得る。ここから，つりあいの条件として

$$\vec{F} + \vec{G} + \vec{H} = \vec{0} \tag{11}$$

が得られる。

7 演習問題

問題 1. ばね定数 k_1, k_2 の 2 本のばねを直列につなぎ，1 本のばねとして使うとき，そのばね定数を k_1, k_2 で表せ。

問題 2. ばね定数 k_1, k_2 の 2 本のばねを並列にし，同じ伸びを与え，1 本のばねとして使うとき，そのばね定数を k_1, k_2 で表せ。

問題 3. 質量 100 kg の物体を図 13 のように 2 本のロープ A, B によってつるしたとき，各ロープの張力を求めよ。

問題 4. 質量 200 kg の物体を図 14 のように 2 本のロープ A, B によってつるしたとき，各ロープの張力を求めよ。

問題 5. 質量 200 kg の物体を図 15 のように 2 本のロープ A, B によってつるしたとき，各ロープの張力を求めよ。

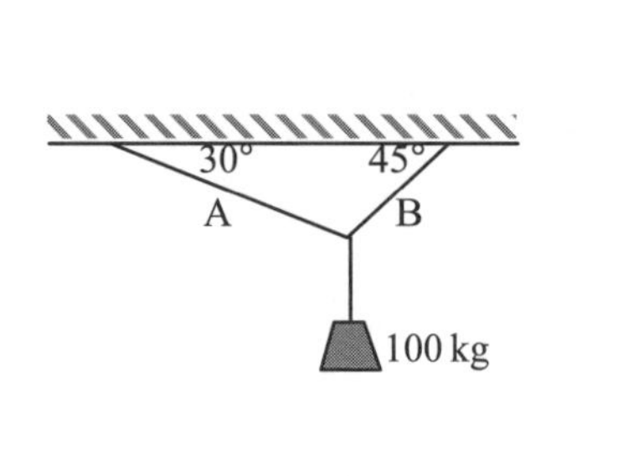

図 13: 問題 3

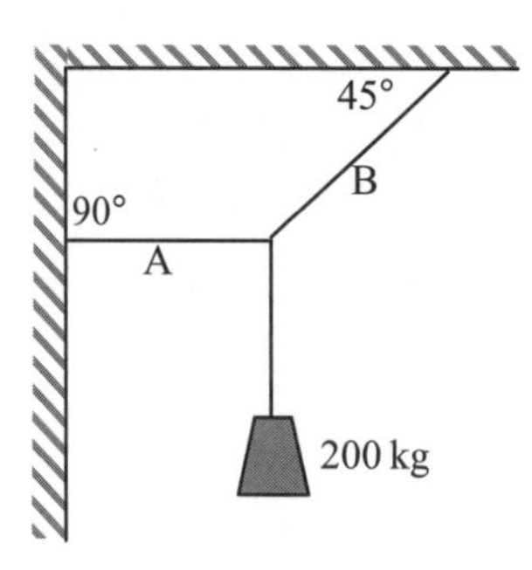

図 14: 問題 4

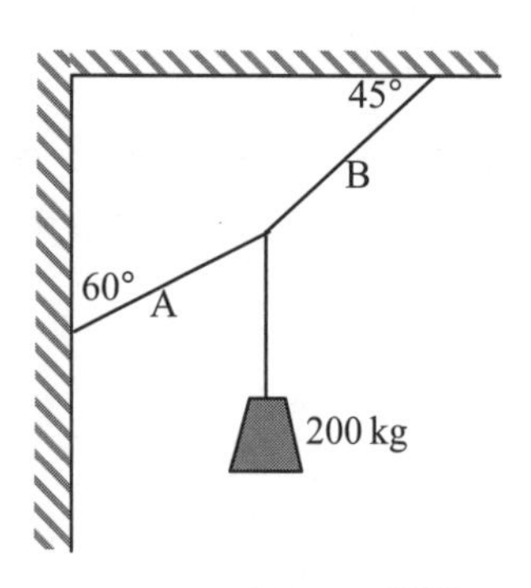

図 15: 問題 5

§1–3 落体の実験

1 はじめに

ガリレオ・ガリレイ（Galileo Galilei，イタリア，1564 年–1642 年）はピサの斜塔で行った（といわれている）実験で，鉄の球と木の球を同時に落下させて「重いものも軽いものも同じように落ちる」という「**運動の法則**」を示した。それは 400 年前までの千年以上続いた一般常識をくつがえすものだった。一方，確かに身の回りでは鳥の羽根は鉄の球よりゆっくり落ちる。運動の法則は間違っているのか？ 私たちも実験で確かめよう。そして空気抵抗など，現実の世界の条件が，理論の予測と実験結果との違いとしてどのように現れてくるのかを調べよう。

2 実験の目的

異なった材質の小球を落下させたときの時間と位置（測定 C1 ），および，2 点間を小球が通過する時間差（測定 C2 ）を測る。これらのデータから速度と加速度を求めて，運動の法則との一致または違いを検討する。

学習のポイント

(1) 時間と位置のデータから速度や加速度が求められることを体験し，速度や加速度とは何かを理解する。
(2) 落体の運動法則を確かめる。また，地球の重力加速度のおおよその大きさを知る。
(3) 表とグラフを用いてデータ整理をする方法を学ぶ。
(4) 差分の極限が微分の考え方になることを納得する。
(5) 実際の現象と理想的な法則との違いの意味を検討する例を学ぶ。

3 実験の原理

3–1 速度の測定

ある物体の時刻 t_a のときの位置 x_a と，時刻 t_b のときの位置 x_b がわかっていれば，この物体が時刻 t_a から t_b の間に運動したときの平均速度 v は，

$$v = \frac{\Delta x}{\Delta t} = \frac{x_b - x_a}{t_b - t_a}$$

によって求めることができる。もし，時間間隔 $\Delta t = t_b - t_a$ が小さければ，ここで求める平均速度は，瞬間速度に近いものとなる。詳しくは「8. 解説」を読むこと。

本実験では，装置のセンサ位置を動かし，スタート位置から近い順に $x_1, x_2, x_3, \cdots$ というように通し番号をつけて表す。C1 装置ではセンサ位置 x_n で測定された通過時間を t_n として記録し，C2 装置ではセンサ位置 x_n で測定された通過時間間隔を Δt_n として記録している。これらのデータを利用して，ある位置 x_n の速度 v_n を，x_n の少し前の点と少し後の点の間を移動するときの平均速度として求める。C1 装置では少し前の点として x_{n-1} を，少し後の点として x_{n+1} を選び，

$$v_n = \frac{x_{n+1} - x_{n-1}}{t_{n+1} - t_{n-1}}$$

によって速度を求める。C2 装置では前後 1 cm（位置センサーの間隔）だけ離れた 2 点を選び，

$$v_n = \frac{(x_n + 1\,\mathrm{cm}) - (x_n - 1\,\mathrm{cm})}{\Delta t_n} = \frac{2\,\mathrm{cm}}{\Delta t_n}$$

によって速度を求める。

3–2 加速度の測定

ある物体の時刻 t_a のときの速度 v_a と，時刻 t_b のときの速度 v_b がわかっていれば，この物体が時刻 t_a から t_b の間に運動したときの平均加速度 a は，

$$a = \frac{\Delta v}{\Delta t} = \frac{v_b - v_a}{t_b - t_a}$$

によって求めることができる。もし，時間間隔 $\Delta t = t_b - t_a$ が小さければ，ここで求める平均加速度は，瞬間加速度に近いものとなる。詳しくは「8. 解説」を読むこと。

C1 装置では位置 x_n における加速度 a_n は，少し前の点での速度として v_{n-1} を，少し後の点での速度として v_{n+1} を選び，

$$a_n = \frac{v_{n+1} - v_{n-1}}{t_{n+1} - t_{n-1}}$$

によって求める。C2 装置では t_{n-1}, t_{n+1} がわからないので，C1 装置と同じ方法では加速度が求まらない。そこで，加速度が一定のときに成り立つ

$$v_{n+1}{}^2 - v_{n-1}{}^2 = 2\,a_n\,(x_{n+1} - x_{n-1}) \tag{1}$$

を用いて加速度 a_n を求める。詳しくは「8. 解説」を読むこと。

4 実験方法

本実験では，図 1 の装置を用いて，設定した落下位置を通過するときの落下時間を測定（直接測定量）し，速度および加速度は計算によって求める（間接測定量）。

4–1 実験装置の説明

ガラス管の中で小球を落下させ，センサ（検出器）からのパルス信号を用いて落下にかかった時間を測定する。小球をガラス管の上にある電磁石式の支えに乗せて，スタート信号で電磁石を作動させると小球が落下する。センサはガラス管の任意の測定位置に固定することができる。ガラス管の背後には位置を読み取るための目盛りがある。実験装置は，小球を保持してスタート・スイッチにより落下させる電磁石（ソレノイド）部，センサ部，カウンタ部から成り，測定 C1 の結果**（初期位置（一番上）から測定位置（センサ位置）までの落下時間 t）**と測定 C2 の結果**（測定位置の前後の狭い区間（2 つのセンサの間）の通過時間 Δt）**がカウンタの液晶表示器（図 1 写真）にいずれも μs（マイクロ秒）単位で表示されるので測定位置と時間を記録する。

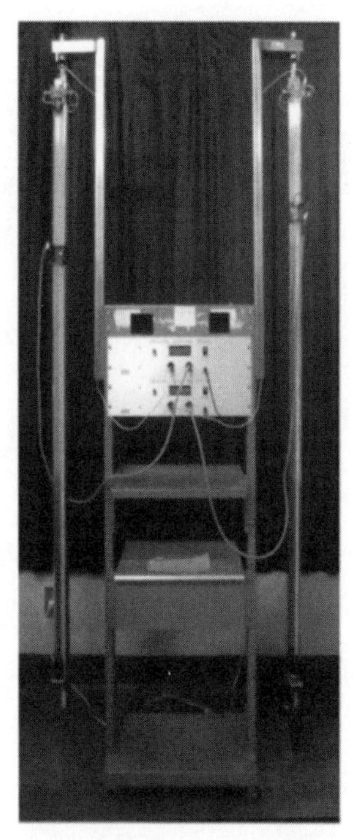

架台の左右に吊るされた装置は同じ物で、
向かって左側は上段のカウンタ、右側は
下段のカウンタに接続されている

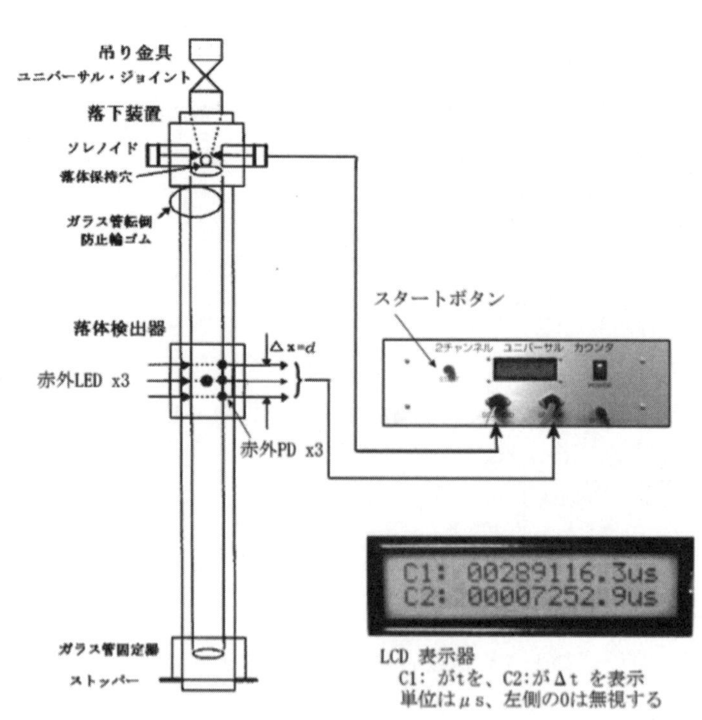

図 1: 実験装置の概略

(時間測定の原理)

時間を正確に測定するために，赤外発光LEDからの赤外光を赤外フォト・ダイオード(PD)で検出するセンサを使う。赤外フォト・ダイオードの前を小球が横切ると，その出力信号がパルス的に変化する。パルス信号は0.1 μsまで計測できる専用時間測定カウンタに送られて結果が液晶表示器(LCD)に表示される。

スタート・スイッチからもパルス信号が発生されるので，スタート時とセンサ通過時の2個のパルスの時間間隔（落下時間t）がC1に表示される（測定C1）。一方，$d = 2$ cmだけ離れた上下2個のセンサ間を通過するときに発生する2個のパルスがカウンタ内のもう一組の回路によってとらえられ，通過時間間隔ΔtがC2に表示される（測定C2）。この測定条件でのカウンタの分解能は10^{-7}秒だが，赤外フォト・ダイオードが落体の影（パルス発生）を識別する時刻は誤差を含むため10^{-5}秒程度が限界となる。

4–2 測定手順

- 始める前に以下を確認する。
  - □ ガラス管が固定されているか？
  - □ 配線がはずれたり切れたりしていないか？(特にコネクタ部)
  - □ センサのLEDが点灯しているか？
  - □ 落下させたときに小球がガラス管にあたらないか？(数回，落下テストをする。)
- うまく動作しないときは…
  - □ (a) スタート・スイッチを押しても落下しない場合，(b) 押さないのに落下してしまう場合は，スタート用ソレノイドの差込み位置調整が必要となる。落下装置の正面の穴より先端の尖った棒（鉛筆，シャーペンなど）を差込んで落下小球を保持し，ソレノイドのナットを回して落下小球との「当り面」を調整する。
  - □ (c) 小球がセンサ部を通過しているのにカウンタが動作しない場合は，配線がはずれていないか，断線していないか確かめる。カウンタにはリセット・スイッチがないので，不具合が生じていたら電源スイッチを入れ直す。
- それぞれの測定位置で3回測定する。
- 実験が終わったら，センサ部を上の方（スタート位置から20 cmくらい下）に戻す。
- 落体の直径をノギスまたはマイクロメータで，質量を電子秤で測って記録する。

1回の測定は以下の流れ図の手順で行う。

センサ部を測定位置に固定する。
裏のネジ（4本）をゆるめて移動させる。
位置はセンサ内に張ってある金属線で合わせる。

小球を静かに乗せる。
金属球は重いのでペンなどで保持して乗せる。押し込まないよう注意。

スタート・スイッチを押す。
スタート・スイッチを押すと，電磁石がはたらいて，ストッパが解除され，小球が落ちる。

経過時間を記録する。
カウンタの表示器のC1, C2の数値を記録する。

次の測定へ

5 データ整理（表の計算）

測定データから速度と加速度を計算して表を埋める。整理した表を元にデータのグラフ化を行い，グラフを使った速度，加速度の決定や理論との比較検討をする。（※ 実際の例は「7. データ表とグラフの例」に示すので参考にすること。また，以下の説明で不明な点は「8. 解説」の内容も参考にすること。）

5–1 記号の説明

以下の説明では，測定データと計算で得られる値は以下の記号で表す。

t　時間
x　位置（または距離）
v　速度
a　加速度
g　地球の重力による加速度（標準重力加速度は $9.80\,\mathrm{m/s^2}$）
δ　重力加速度と測定した加速度の差（デルタ，小文字）

測定値はいくつもあるので，上から 1, 2, 3, ... の番号を右下に添えて表す（添字）。例えば，

x_2　⟶　上から 2 番目の測定位置，すなわち $x = 20\,\mathrm{cm}$ を示す
v_5　⟶　上から 5 番目の測定位置での計算された速度

などである。とくに何番目と決めないで一般的に示す場合は数字の代わりに n を使って

t_n　⟶　上から n 番目の測定位置で測られた時間
t_{n-1}　⟶　上から $n-1$ 番目の測定位置で測られた時間

と書く。実際には，10 cm から 130 cm まで 10 cm おきに測定したとすると，n は 1 から 13 までのどれかということになる。これらの差（差分）は Δ（デルタ，大文字）記号をつけて表す。例えば，

$$\Delta t_n = t_{n+1} - t_{n-1}$$

のように使う。（なお δ, Δ 記号は一般に小さい差分を表すときによく使われる。）

5–2 実験データを使った速度と加速度の計算（表の計算）

以下に示すやりかた（計算手順）で，データを記録した表を埋める。

5–2–1 測定 C1

装置 C1 では，各測定位置 x_n で 3 つの「スタート位置からの時間 t」のデータが記録されている。

＜平均時間＞ 3 つの時間データを平均する。これを x_n での時間データ t_n とする。

＜時間差＞ 前後の 2 点の通過時間を計算する。すなわち，時間差

$$\Delta t_n = t_{n+1} - t_{n-1}$$

を計算する。（一番上と一番下では前または後の値がないので計算しない。）

＜速度＞ 前後の 2 点の距離（位置の差）$\Delta x_n = x_{n+1} - x_{n-1}$ と，時間差 Δt_n を使い

$$速度\ v_n = \frac{位置の差\Delta x_n}{時間差\Delta t_n} = \frac{x_{n+1} - x_{n-1}}{t_{n+1} - t_{n-1}}$$

として，**前後 2 点間の平均の速度**を速度 v_n とする。実際は，測定間隔は一定（10 cm）で，常に $\Delta x_n = 20\,\mathrm{cm} = 0.2\,\mathrm{m}$ だから，

$$v_n\,[\mathrm{m/s}] = \frac{0.2\,[\mathrm{m}]}{\Delta t_n\,[\mathrm{s}]}$$

を計算すればよい。（一番上と一番下は時間差のデータがないので計算しない。）

＜加速度＞ 速度と同じ考え方で，前後の点の速度の差 $\Delta v_n = v_{n+1} - v_{n-1}$ を使い，

$$\text{加速度}\ a_n = \frac{\text{速度の差}\Delta v_n}{\text{時間差}\Delta t_n} = \frac{v_{n+1} - v_{n-1}}{t_{n+1} - t_{n-1}}$$

として，**前後 2 点間の平均の加速度**を加速度 a_n とする。速度の差 Δv_n の計算欄は表にないので注意すること。（前後の速度データを使うので，上下の 2 つずつは計算しない。）

＜加速度差＞ 理論とのずれを検討するために，標準重力加速度との差 δ_n を計算する。

$$\delta_n\,[\mathrm{m/s^2}] = (g - a_n)\,[\mathrm{m/s^2}] = (9.80 - a_n)\,[\mathrm{m/s^2}]$$

＜平均加速度＞ 得られた加速度 a_n の平均値を計算する。

5–2–2 測定 C2

装置 C2 では，各測定位置 x_n でそれぞれ 3 つの時間差 Δt のデータが記録されている。

＜平均時間差＞ 3 つの時間差データを平均し，これを x_n での時間差データ Δt_n とする。

＜速度＞ 装置 C2 では直接時間差を測っているので，センサ間の距離を d とすると，

$$\text{速度}\ v_n = \frac{\text{位置の差}\ d}{\text{時間差}\Delta t_n}$$

として，**2 つのセンサ間の平均速度**を速度 v_n としてすぐに計算できる。センサ間隔は一定で d = 2 cm (= 20 mm = 0.02 m) である。ただし，速度を [m/s] 単位で計算するためには，時間差が [ms]（ミリ秒，1/1000 s = 10^{-3} s）単位で記録されていることに注意する。実際には d を [mm]（10^{-3} m）単位で表せば，分子と分母で 10^{-3} が打ち消しあうので表の数値をそのまま使える。すなわち，次式の最右辺の計算をすればよい。

$$v_n\,[\mathrm{m/s}] = \frac{d}{\Delta t_n\,[\mathrm{ms}]} = \frac{20\,\mathrm{mm}}{\Delta t_n\,[\mathrm{ms}]}$$

（この計算の考え方は装置 C1 と同じだが，より狭い範囲を考えて，ある点での瞬間の速度に近づけた場合を調べていることになる。）

＜速度の自乗＞ 加速度を計算するために，速度の自乗 $v_n^{\,2} = v_n \times v_n$ を計算しておく。

＜加速度＞ 装置 C2 では，測定位置間の時間差のデータはないので装置 C1 と同じ式では計算できない。そこで「解説」の説明に従い，**前後の測定点の間では加速度が一定とみなして**，加速度 a_n を次の式で計算する。

$$a_n = \frac{(\Delta v^2)_n}{2\,\Delta x_n} = \frac{v_{n+1}{}^2 - v_{n-1}{}^2}{2\,(x_{n+1} - x_{n-1})}$$

結果的に，ここでも前後のデータ点を使って計算することになる。実際の測定間隔は一定（10 cm）で常に Δx_n = 0.2 m だから，分母は装置 C1 の速度の計算と同様に簡単になる。

＜加速度差＞ 測定 C1 と同様の方法で計算する。

＜平均加速度＞ 測定 C1 と同様の方法で計算する。

5–3 実験データのグラフ化

完成したデータ表から，いろいろな変数を組み合わせてグラフを書くことで，数値だけからではわからない情報が得られる。以下に，この実験で扱う組み合わせを挙げる。指示された課題に従って必要なグラフを作成すること。なお，ここでは t–x グラフという場合は t（時間）を横軸に，x（位置）を縦軸にとったグラフを指す。

(1) t–x **（時間と位置の）グラフ**（装置 C1 のデータを使う）

- まず直接測定量同士のグラフを書くのは基本。時間と共に落下距離がどのように変化するか。それが材質によってどう違うかを目で見て判断出来る。
- 空気抵抗のない理論的な（加速度が一定のときの）落体の運動は放物線（2 次曲線）になる。それと実際との比較を行う。

(2) t–v **（時間と速度の）グラフ**（装置 C1 のデータを使う）

- 加速度が一定なら直線になる。逆に直線とみなして線を引き，その傾きから平均の加速度を求めることができる。加速度が変化するならば，直線からのずれとして表れる。

(3) x–v^2 **（位置と速度自乗の）グラフ**（装置 C2 のデータを使う）

- 上で述べた装置 C2 での加速度の求め方から，加速度が一定ならグラフ全体が直線になる。これから t–v グラフと同様に直線を引いて加速度を求めることができる。

(4) v–δ **（速度と加速度差の）グラフ**（おもに装置 C2 のデータを使う）

- 加速度が変化するとき，速度とどのような関係があるかみる。直線とみなせれば，速度に比例した抵抗があることになる。

6 まとめと検討

(1) 実験結果のデータ表を完成し，平均加速度を求めよ。

(2) 測定 C1 の 2 種のデータを用いて t–x グラフを作成せよ。グラフがどのような図形になるか読み取り，落体の位置（落下距離）の変化の様子がどうなるか述べよ。また，材質による違いを検討せよ。

(3) (2) のグラフの上に，加速度が一定のときの理論式 $x = \dfrac{1}{2}gt^2$ のグラフをプロットし，実際の測定と比較せよ。
※ グラフを作成するには，$g = 9.80\,\mathrm{m/s^2}$ とし，(2) のグラフの t の範囲内で適当な間隔（0.02 s, 0.05 s など）で t をとって x を計算した表を作り，その組み合わせをプロットすればよい。このプロットは小さめにし，それに合わせて滑らかな曲線を引く。

(4) 測定 C1 の 2 種のデータを用いて t–v グラフを作成せよ。グラフがどのような図形になるか読み取り，落体の速度変化について述べよ。また，材質による違いを検討せよ。

(5) (4) のグラフの上に，加速度が一定のときの理論式 $v = gt$ のグラフを書き込み，実際の測定と比較せよ。

(6) (4) のグラフの上に，データ点を最も良く通る近似直線（データ点からの差の合計がもっとも小さくなるような直線）を引き，その直線の傾きとして加速度を求めよ。それを表から求めた平均加速度と比較せよ。

(7) 測定 C2 の 2 種のデータを用いて x–v^2 グラフを作成せよ。グラフに近似直線を引き，その傾きから加速度を求めよ。それを表から求めた平均加速度と比較せよ。また，装置 C1 の同じ材質の結果と比較し，どちらの実験の結果が信頼できるか検討せよ。

(8) 実験結果のデータとグラフから，加速度の変化に直接関係している要因を考えよ。

(9) 加速度の変化が見られるデータを選び，v–δ グラフを作成せよ。グラフに近似直線を引き，その傾きから抵抗係数 k を求めよ。時間があれば素材によってどのような違いがあるか検討せよ。（※ グラフ例を参照。）

(10) (9) のデータの t–v グラフまたは x–v^2 グラフから，最終的に一定になる速度を予測し，抵抗係数から求めた終端速度（加速度が $a = 0\,\mathrm{m/s^2}$ となる速度）と比較せよ。

(11) 実験を通じて落体の運動について理解したことをまとめよ。

7 データ表とグラフの例

＜表の例 1：測定 C1 の実験データ＞

装置セット番号	測定者
PI-A-1	ガリレイ，ケプラー，ニュートン

測定 C1 ①		落体の材質・形状 ナイロン球		落体の外径 R 19.15 mm		落体の質量 m 4.13 g		
位置 x [cm]	落下時間 (t [s]) 1 回目	2 回目	3 回目	平均時間 t [s]	時間差 Δt [s]	速度 v [m/s]	加速度 a [m/s^2]	加速度差 δ [m/s^2]
10	0.1433	0.1438	0.1441	0.1437				
20	0.2041	0.2029	0.2030	0.2033	0.1066	1.876		
30	0.2502	0.2509	0.2499	0.2503	0.0864	2.315	9.83	−0.03
40	0.2499	0.2890	0.2901	0.2897	0.0734	2.725	10.00	−0.20
50	0.3255	0.3232	0.3225	0.3237	0.0656	3.049	8.20	1.60
60	0.3558	0.3551	0.3551	0.3553	0.0613	3.263	8.84	0.96
70	0.3851	0.3850	0.3850	① 0.3850	② 0.0557	③ 3.591	④ 9.17	⑤ 0.63
80	0.4110	0.4112	0.4109	0.4110	0.0530	3.774	6.68	3.12
90	0.4378	0.4379	0.4382	0.4380	0.0507	3.945	8.95	0.85
100	0.4615	0.4622	0.4613	0.4617	0.0473	4.228	9.32	0.48
110	0.4858	0.4842	0.4860	0.4853	0.0456	4.386	8.33	1.47
120	0.5064	0.5078	0.5078	0.5073	0.0434	4.608		
130	0.5288	0.5281	0.5291	0.5287				
						平均加速度	⑥ 8.81	

（計算例）$x = 70$ cm の行（7 番目の測定，$n = 7$）の具体的な計算を示す。

① $t_7 = \dfrac{0.3851\,\mathrm{s} + 0.3850\,\mathrm{s} + 0.3850\,\mathrm{s}}{3} = 0.3850\,\mathrm{s}$

小数点以下 4 桁目まで

② $\Delta t_7 = t_8 - t_6 = 0.4110\,\mathrm{s} - 0.3553\,\mathrm{s} = 0.0557\,\mathrm{s}$

小数点以下 4 桁目まで

③ $v_7 = \dfrac{\Delta x_7}{\Delta t_7} = \dfrac{0.200\,\mathrm{m}}{0.0557\,\mathrm{s}} = 3.591\,\mathrm{m/s}$

小数点以下 3 桁目まで
常に $\Delta x = 20\,\mathrm{cm} = 0.2\,\mathrm{m}$ に注意

④ $a_7 = \dfrac{\Delta v_7}{\Delta t_7} = \dfrac{v_8 - v_6}{\Delta t_7} = \dfrac{3.774\,\mathrm{m/s} - 3.263\,\mathrm{m/s}}{0.0557\,\mathrm{s}} = 9.17\,\mathrm{m/s^2}$

小数点以下 2 桁目まで
Δv の欄は表にはない

⑤ $\delta_7 = g - a_7 = 9.80\,\mathrm{m/s^2} - 9.17\,\mathrm{m/s^2} = 0.63\,\mathrm{m/s^2}$

小数点以下 2 桁目まで

⑥ 平均加速度 $= \dfrac{(9.83 + 10.00 + \cdots + 9.32 + 8.33)\ \mathrm{m/s^2}}{9} = 8.81\,\mathrm{m/s^2}$

小数点以下 2 桁目まで

<表の例 2：測定 C2 の実験データ>

装置セット番号	測定者
PI-B-1	M. 斎藤，R．斎藤，榊

測定 C2 ①		落体の材質・形状 鉄球		落体の外径 R 19.05 mm		落体の質量 m 28.31 g		
位置 x [cm]	通過時間（Δt [ms]） 1 回目	2 回目	3 回目	平均時間差 Δt [ms]	速度 v [m/s]	速度自乗 v^2 [m^2/s^2]	加速度 a [m/s^2]	加速度差 δ [m/s^2]
10	13.706	13.751	14.266	13.908	1.438	2.068		
20	9.864	9.894	9.926	9.895	2.021	4.084	10.06	−0.26
30	8.103	8.113	8.092	8.103	2.468	6.091	10.04	−0.24
40	7.030	7.020	7.032	7.027	2.846	8.100	9.75	0.05
50	6.340	6.300	6.340	① 6.327	② 3.161	③ 9.992	④ 9.85	⑤ −0.05
60	5.762	5.776	5.750	5.763	3.470	12.041	9.99	−0.19
70	5.356	5.349	5.335	5.347	3.740	13.988	9.68	0.12
80	5.031	5.011	5.001	5.014	3.989	15.912	9.81	−0.01
90	4.726	4.723	4.730	4.726	4.232	17.910	9.50	0.30
100	4.522	4.491	4.502	4.505	4.440	19.714	9.89	−0.09
110	4.275	4.278	4.278	4.277	4.676	21.865	10.52	−0.72
120	4.086	4.093	4.087	4.089	4.891	23.922	9.75	0.05
130	3.937	3.947	3.937	3.940	5.076	25.766		
						平均加速度	⑥ 9.89	

（計算例）$x = 50$ cm の行（5 番目の測定，$n = 5$）の具体的な計算を示す。

① $\Delta t_5 = \dfrac{6.340\,\text{ms} + 6.300\,\text{ms} + 6.340\,\text{ms}}{3} = 6.327\,\text{ms}$ 　**小数点以下 3 桁目まで**

② $v_5 = \dfrac{d}{\Delta t_5} = \dfrac{20.00\,\text{mm}}{6.327\,\text{ms}} = \dfrac{20.00 \times 10^{-3}\,\text{m}}{6.327 \times 10^{-3}\,\text{s}} = \dfrac{20}{6.327}\,\text{m/s} = 3.161\,\text{m/s}$ 　**小数点以下 3 桁目まで**

③ ${v_5}^2 = v_5 \times v_5 = 3.161\,\text{m/s} \times 3.161\,\text{m/s} = 9.992\,\text{m}^2/\text{s}^2$ 　**小数点以下 3 桁目まで**

④ $a_5 = \dfrac{(\Delta v^2)_5}{2\,\Delta x_5} = \dfrac{{v_6}^2 - {v_4}^2}{2 \times 0.200\,\text{m}} = \dfrac{12.041 - 8.100}{0.400}\,\text{m/s}^2 = 9.85\,\text{m/s}^2$ 　**小数点以下 2 桁目まで　常に $\Delta x = 20\,\text{cm} = 0.2\,\text{m}$ に注意　$(\Delta v^2)_n$ の欄は表にはない**

⑤ $\delta_5 = g - a_5 = 9.80\,\text{m/s}^2 - 9.85\,\text{m/s}^2 = -0.05\,\text{m/s}^2$ 　**小数点以下 2 桁目まで**

⑥ 平均加速度 $= \dfrac{(10.06 + 10.04 + \cdots + 10.52 + 9.75)\ \text{m/s}^2}{11} = 9.89\,\text{m/s}^2$ 　**小数点以下 2 桁目まで**

＜グラフ例 1： t–x グラフ＞

装置 C1 の測定結果から，時間 t（平均時間）に対して位置 x のデータをグラフ化する。同じグラフに理論式をプロットして，実験結果と比較する。ただし，$x_0 = 0\,\mathrm{m}$, $g = 9.80\,\mathrm{m/s^2}$ とする。このグラフには例示のために 3 種類の材質をすべてプロットしてある。(実際には 2 種類の材質に対して実験する。)

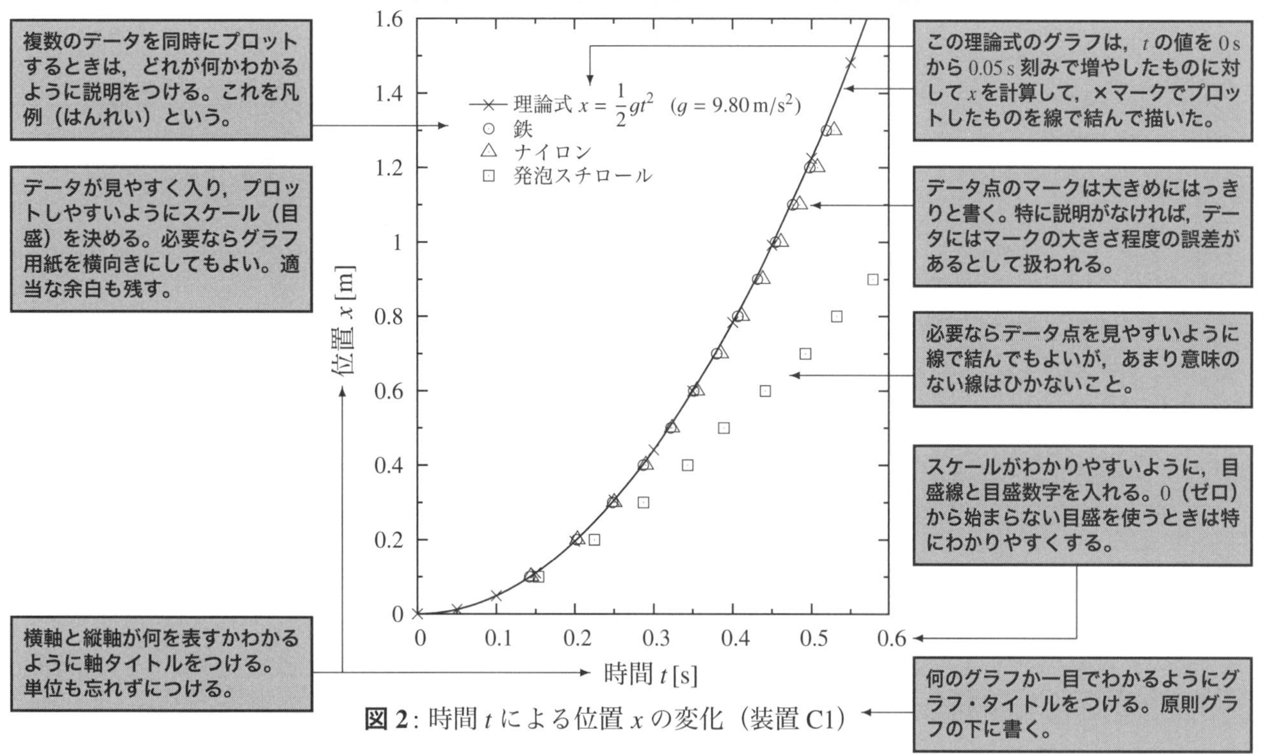

図 2: 時間 t による位置 x の変化（装置 C1）

＜グラフ例 2： t–v グラフ＞

装置 C1 の測定結果から，時間 t（平均時間）に対して速度 v のデータをグラフ化する。加速度が一定の場合は $v = at$ であるから，理想的には傾きが a の直線になるはずである。このことを利用して，**データ点に対してずれが最も少ない直線を引き，その傾きから加速度 a を求める。** このグラフでは例示のためにナイロンについてのみ直線を引いてある。また $a = g = 9.80\,\mathrm{m/s^2}$ の場合の理論直線も描いて実験結果と比較する。

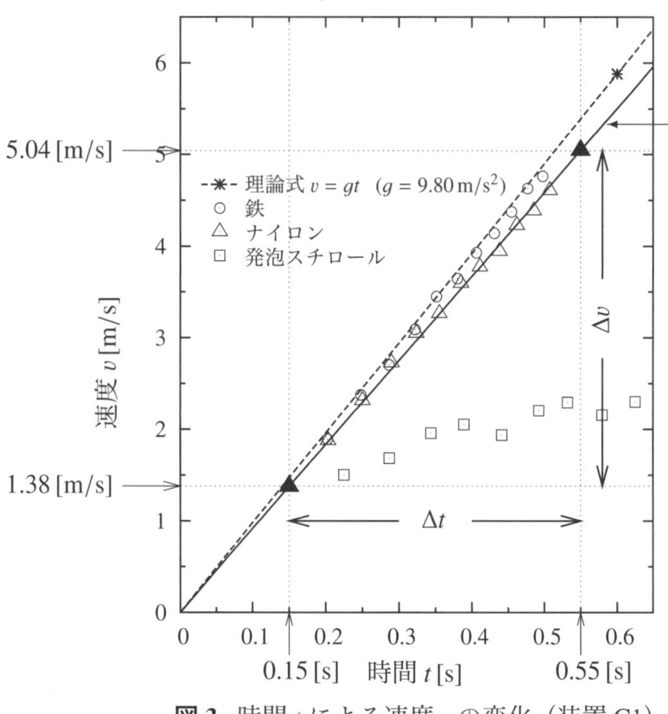

図 3: 時間 t による速度 v の変化（装置 C1）

実線 — がナイロンのデータに最も合うように引いた直線。測定点（▲）は直線上の適当に離れた 2 点を取る。もとのデータ点は気にしないようにする。2 点が近いと精度が失われるので注意。

例：ナイロン（△）のデータ点に対して直線を引き，直線上の 2 点（▲）をとって傾きを測ると，

$$傾き\ a = \frac{\Delta v}{\Delta t} = \frac{(5.04 - 1.38)\ \mathrm{m/s}}{(0.55 - 0.15)\ \mathrm{s}} = 9.15\,\mathrm{m/s^2}$$

を得る。

<グラフ例 3： x–v^2 グラフ>

装置 C2 の測定結果から，位置 x に対して速度の自乗 v^2 のデータをグラフ化する。加速度が一定の場合は $v^2 = 2ax$ であるから，理想的には傾きが $2a$ の直線になるはずである。このことを利用して，**データ点に対してずれが最も少ない直線を引き，その傾きから加速度 a を求める。**また $a = g = 9.80\,\mathrm{m/s^2}$ の場合の理論直線も描いて実験結果と比較する。

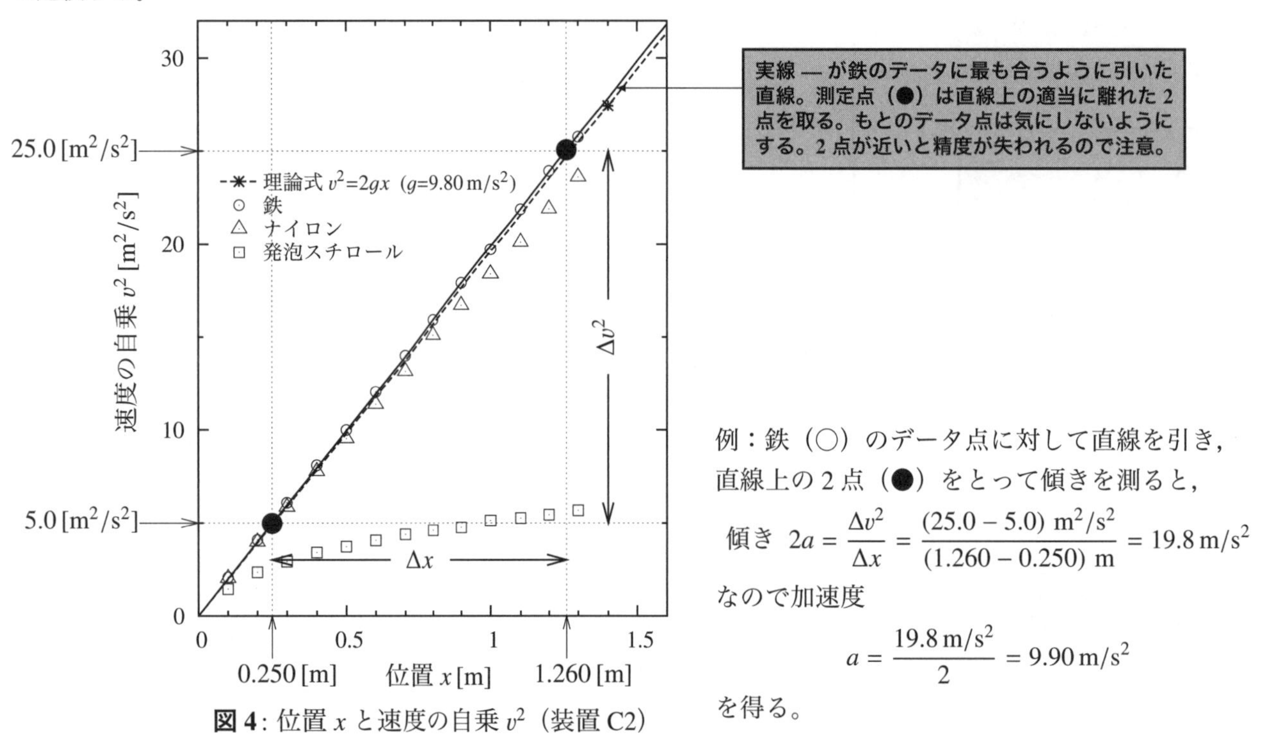

図 4: 位置 x と速度の自乗 v^2（装置 C2）

例：鉄（○）のデータ点に対して直線を引き，直線上の 2 点（●）をとって傾きを測ると，

$$\text{傾き}\ \ 2a = \frac{\Delta v^2}{\Delta x} = \frac{(25.0 - 5.0)\ \mathrm{m^2/s^2}}{(1.260 - 0.250)\ \mathrm{m}} = 19.8\,\mathrm{m/s^2}$$

なので加速度

$$a = \frac{19.8\,\mathrm{m/s^2}}{2} = 9.90\,\mathrm{m/s^2}$$

を得る。

<グラフ例 4： v–δ グラフ>

密度の小さい物体は，空気の抵抗が大きくはたらき，落下中の加速度は重力加速度 $g = 9.80\,\mathrm{m/s^2}$ から大きくずれる。（表での計算からも，t–x, t–v, x–v^2 のグラフからも知ることができる。）空気抵抗は物体の速度に比例すると言われているが，その大きさを実験結果から求める。この比例定数（**抵抗係数**と呼ばれる）を k とすると，

$$a = g - kv \quad \text{より} \quad k = \frac{g - a}{v} = \frac{\delta}{v} \quad \text{よって} \quad \delta = kv$$

となる。すなわち，k は加速度の差 $\delta = g - a$ と速度 v のグラフの傾きとして，x–v^2 グラフの場合と同じ方法で求められる。また，k の単位は［加速度の単位］／［速度の単位］なので，$[\mathrm{m/s^2}]/[\mathrm{m/s}] = [1/\mathrm{s}] = [\mathrm{s^{-1}}]$ となる。

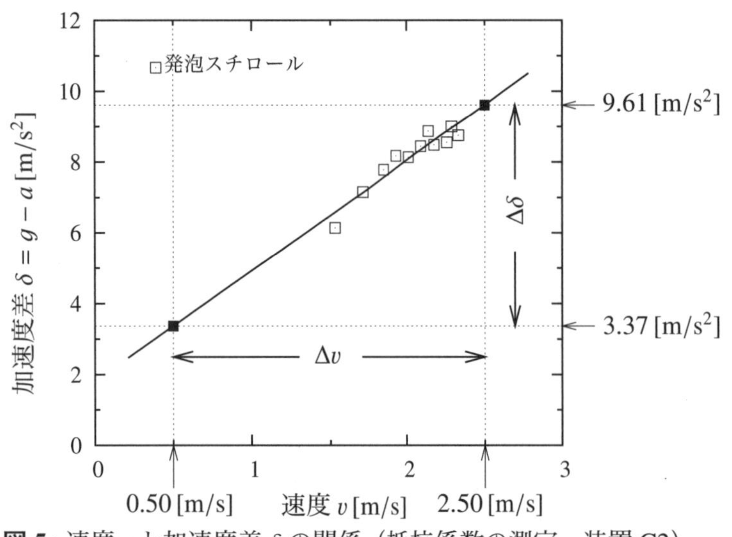

図 5: 速度 v と加速度差 δ の関係（抵抗係数の測定，装置 C2）

発泡スチロール（□）のデータ点に対して直線を引き，直線上の 2 点（■）をとって傾きを測ると，その傾きが抵抗係数であるので，

$$\text{抵抗係数}\ \ k = \frac{\Delta\delta}{\Delta v} = \frac{(9.61 - 3.37)\ \mathrm{m/s^2}}{(2.50 - 0.50)\ \mathrm{m/s}} = \frac{6.24\,\mathrm{m/s^2}}{2.00\,\mathrm{m/s}} = 3.12\,\mathrm{s^{-1}}$$

を得る。

8 解説

8–1 運動の表わしかた

物体が運動するということは，位置 x が時間 t の変化とともに変化すること，ひらたく言えば動くことである。時間を決めれば位置が決まるので，位置 x は時間 t の関数 $x(t)$ として表せる。（ただし，いつも簡単な関数や一本の式で表せるとは限らない。実際の現象を調べるときには，とびとびに時間と位置を記録して数値の組で表を作り，どのような関係にあるかを考える。）

8–2 位置と速度

位置 $x(t)$ がわかれば，次のようにして速度 v がわかる。

$$v = \frac{\Delta x}{\Delta t} = \frac{x_2 - x_1}{t_2 - t_1} = \frac{x(t_2) - x(t_1)}{t_2 - t_1}$$

分数は比率を表す計算なので，これは「時間が 1 変わる毎の位置の変化量」である。**「速度は位置の変化率」**といってもよい。速度が一定ならば，

距離（位置の変化量）= 速さ × 時間

という，日常でもおなじみの計算が成り立つ。速度一定 ($v = v_0$) のときの t–x グラフと t–v グラフを見てみよう (図 6)。（ただし，時刻 $t = 0\,\mathrm{s}$ での位置を $x(0) = x_0$ とする。）

速度一定のとき，t–x グラフは直線になる（図 6 左）。そして直線の傾きが速度 v_0 を表していることがわかる。この直線を式で表せば，$x(t) = x_0 + v_0 t$ となり，位置は時間の 1 次関数で表されることになる。t–v グラフも直線（図 6 右）だが，速度一定なので傾きは 0（すなわち傾いていない）で，直線の式は $v = v_0$ である。そして，t–v グラフの中では距離 Δx が図 6 の灰色の長方形部分（t–v 直線と t 軸および時刻 $t = t_1$ と $t = t_2$ を示す直線で囲まれた図形）の面積で表されることがわかる。実際の場合においても，t–x グラフの A, B のような 2 点を測定すれば，それらの差分から速度が求められる。落体の実験ではこの測定を多くの点について行い，速度を求めている。

8–3 速度と加速度

速度が一定でない場合はどうだろうか？ このとき位置 $x(t)$ は一定の割合では変化しないことになり，t–x グラフは直線ではなくなる。速度の変わり方を知るためには，位置と時間と速度の関係と同じように，「時間が 1 変わる毎の速度の変化量」として加速度 a を考えると便利である。すなわち，**「加速度は速度の変化率」**ということになる。速度も時間の関数 $v(t)$ として表されるので，加速度を求めるためには

$$a = \frac{\Delta v}{\Delta t} = \frac{v_2 - v_1}{t_2 - t_1} = \frac{v(t_2) - v(t_1)}{t_2 - t_1}$$

を計算すればよい。

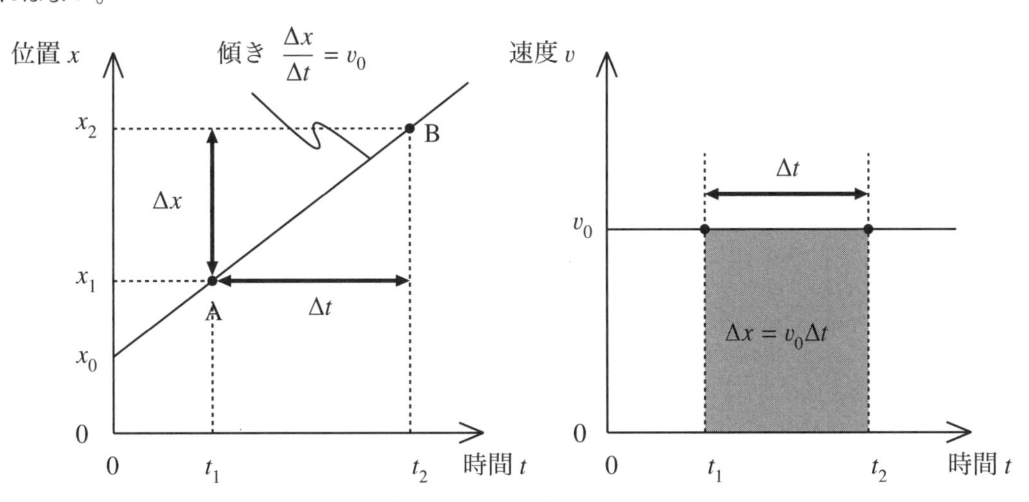

図 6: 時間 t による位置 x（左）と速度 v（右）（速度一定の場合）

8–4 加速度が一定の場合の運動

加速度が一定 $(a = a_0)$ の場合のグラフをみてみよう（図 7）。今度は t–v グラフ（図 7 右）が一般の直線になる。図 7 右の直線の式（すなわち速度を表す関数）は

$$v(t) = v_0 + a_0 t$$

である。ただし，時刻 $t = 0\,\mathrm{s}$ での速度を $v(0) = v_0$ とした。この場合も，距離 Δx は t–v グラフと t 軸とで挟まれた部分の面積になる。今度は台形になるが，$v = v_1$ より下の長方形と，その上の三角形に分けて考える。長方形の部分の面積は $v_1 \Delta t$ である。$v_2 = v_1 + a_0 \Delta t$ なので，

$$\Delta v = v_2 - v_1 = a_0 \Delta t$$

より，三角形の部分の面積は

$$\frac{1}{2}\Delta v\,\Delta t = \frac{1}{2}(v_2 - v_1)\,\Delta t = \frac{1}{2}a_0\,(\Delta t)^2$$

となる。よって距離 Δx は

$$\Delta x = v_1 \Delta t + \frac{1}{2}a_0\,(\Delta t)^2$$

と表せる。これと t–x グラフ（図 7 左）を見れば，一般に

$$x(t) = x_0 + v_0 \Delta t + \frac{1}{2}a_0\,(\Delta t)^2$$

となることがわかる。すなわち，$x(t)$ は時間の 2 次関数で，t–x グラフは 2 次関数のグラフ，すなわち放物線になる。

また，Δv の式と Δx の式から Δt を消去すれば，

$$a_0 = \frac{{v_2}^2 - {v_1}^2}{2\,\Delta x}$$

という関係が得られる。装置 C2 で加速度を求める場合はこの関係を使う。

まとめると，加速度が一定値 a_0 であるときの運動は，$t = 0\,\mathrm{s}$ での位置を x_0（初期位置），速度を v_0（初速度）として，

加速度： $a = a_0$（一定） (2)

速度： $v = v_0 + a_0 t$ (3)

位置： $x = x_0 + v_0 t + \frac{1}{2}a_0 t^2$ (4)

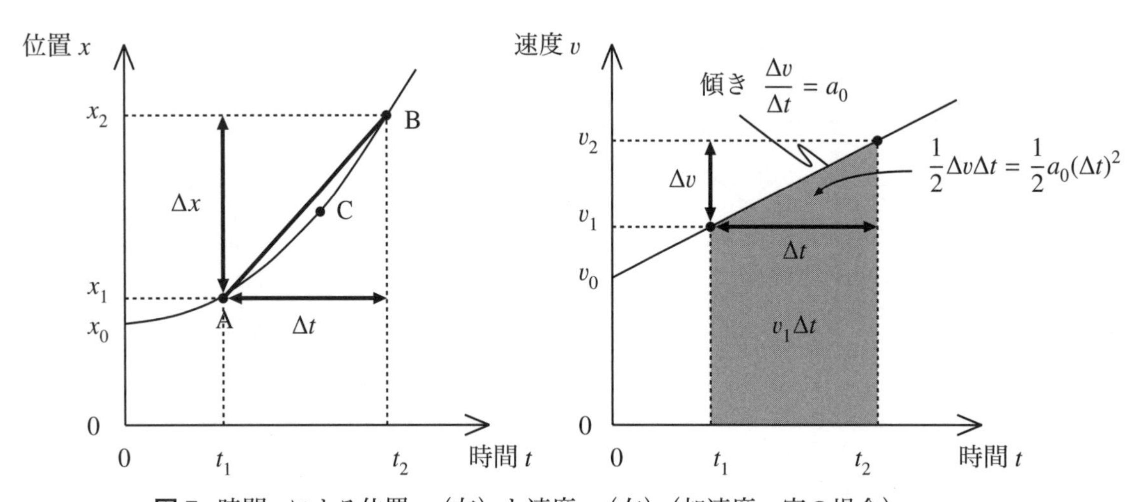

図 7: 時間 t による位置 x（左）と速度 v（右）（加速度一定の場合）

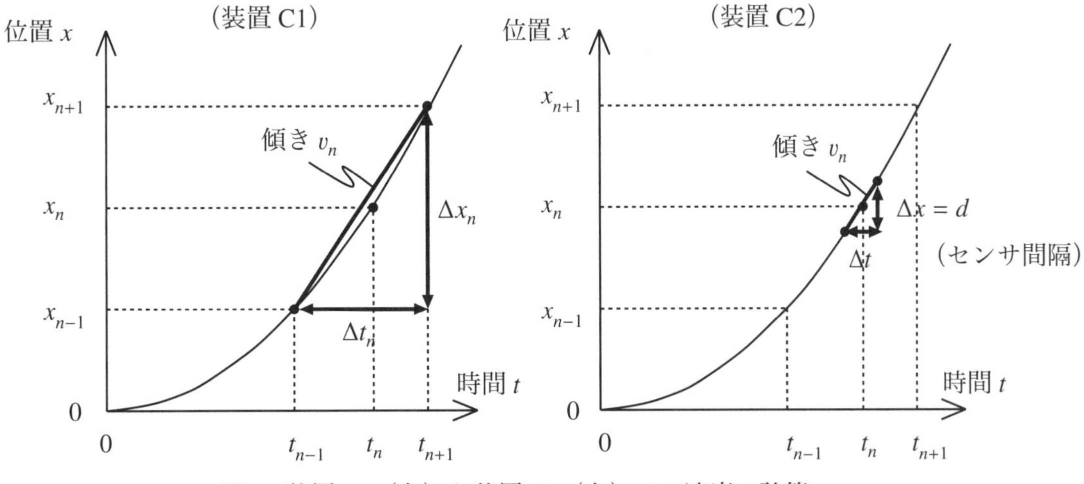

図 8: 装置 C1（左）と装置 C2（右）での速度の計算

で表されることがわかった。また式 (3), (4) から t を消去すると，

$$v^2 - {v_0}^2 = 2\,a_0\,(x - x_0) \tag{5}$$

という便利な関係が得られる。「8–2. 位置と速度」の速度一定の場合とは，加速度 $a_0 = 0\,\mathrm{m/s^2}$ の場合にあたる。

8–5 平均速度と瞬間速度

図 7 の t–x グラフで，点 A, B の 2 点しかデータがないとしたらどうだろうか？ 2 点のデータから差分をとって計算すれば速度が求まるが，それは図の線分 AB の傾きに相当する。しかし，t–v グラフからもわかるように，点 A での速度より点 B での速度の方が大きい。さらに言えば，点 A から点 B に向かうにつれて，速度は刻々と変化している。すなわち，2 点のデータだけを用いた差分計算で得られる速度は，2 点の間の変化を無視した平均的なものである。よってこれを**平均速度**と呼ぶ。では，さらに点 C のデータがあったらどうだろうか？ 線分 AC を考えればその傾きは線分 AB より小さく，線分 CB を考えればその傾きは線分 AB より大きい。すなわち，速度が変化する（今の場合は時間が経つにつれて大きくなる）ことがわかってくる。点を増やして間隔を小さくすれば，より変化の詳細が明らかになる。落体の実験では，決まった間隔で何点も測定して速度の変化を測ろうとしたのである。装置 C1 と装置 C2 との違いは，図 8 のようになる。

装置 C2 は装置 C1 よりも間隔を狭めただけで，速度について同じ考えで計算している。装置 C1 でも測定点を工夫すれば同じことができる。装置 C2 がある理由は，同じ回数の測定で，簡単により正確に速度の変化を知るためである。

では，間隔をもっと小さくしていくとどうなるか？ 図 7（左）の点 C を点 A に近づける，または，図 8（右）で装置 C2 のセンサ間隔 d を小さくしていくと，やがて 2 点が 1 点に重なってしまうだろう。1 点になってしまえば途中はないのだから，平均のような曖昧さはなくなる。時間的にも幅がなくなり，ある一瞬の速度になる。これを点 A または位置 x_n での**瞬間速度**という。

装置 C1 は平均速度，装置 C2 はそれを瞬間速度に近づけた場合の測定を模擬している。

8–6 瞬間速度と微分

実際には $d = 0\,\mathrm{m}$ にすると速度の計算ができない。なぜならば $\Delta t = 0\,\mathrm{s}$ となって割り算の結果が不定になるからである。では，瞬間速度は想像上のものにすぎないのだろうか？ あらためて平均速度を次のように定義して考えよう。「平均」を表すために上に横棒をつける。

$$\text{平均速度：}\quad \bar{v} = \frac{\Delta x}{\Delta t}$$

前に述べたように，平均速度は日常では「車で 10 km を 30 分で行ったら速度は 20 km/h」というときの速度と同じである。途中で信号があっても，高速道路を通ってもおかまいなしである。しかし，車のスピードメーターを見ていれば，出発のときは速度がゼロで，だんだん速くなって再びゆっくりとなり，止る。このとき，時々刻々，スピードメーターに表示されている速度は瞬間速度と言えるだろう。瞬間速度は確かに存在するし，測ることもできる。

式の上では，Δt を無限に 0 に近づける（しかし 0 にはならない）という操作を考えれば瞬間速度を表せる。この操作を**極限操作**という。極限操作の記号を使えば，平均速度の $\Delta t \to 0$ の極限をとって瞬間速度を次のように書ける。

$$\text{瞬間速度：}\quad v = \lim_{\Delta t \to 0} \frac{\Delta x}{\Delta t}$$

lim は limit（限界，**極限**）の意味である。そして，この操作は頻繁に使われるので，特別に**微分**と呼ばれ，次の記号を使う。（極限操作は微分のためだけに使うとは限らない。）

$$\lim_{\Delta t \to 0} \frac{\Delta x}{\Delta t} = \frac{\mathrm{d}x}{\mathrm{d}t}$$

簡単に表記するためにこう決めただけで，形だけみれば Δ が d に変わっただけである。右辺の微分のことを，「x を t で微分する」，あるいは「x を時間微分する」という。ある式（関数）を微分して得られるのは，やはり式（関数）である。すなわち，（瞬間の）**速度は位置の時間微分**である。（かなり大雑把な話だが，極限や微分の詳細は他のテキストを当たって欲しい。）

具体的にはどうするか？ 任意の時刻 t での速度（微分）が知りたければ，時刻 t での位置 $x(t)$ と，それから Δt だけ過ぎた時刻 $t + \Delta t$ での位置 $x(t + \Delta t)$ を考えればよい。すなわち，

$$v = \frac{\mathrm{d}x}{\mathrm{d}t} = \lim_{\Delta t \to 0} \frac{\Delta x}{\Delta t} = \lim_{\Delta t \to 0} \frac{x(t + \Delta t) - x(t)}{\Delta t} \tag{6}$$

である。具体例として加速度一定の場合を考える。このときは式 (4) を使えばよいから，

$$\begin{aligned} v(t) &= \lim_{\Delta t \to 0} \frac{\left\{x_0 + v_0 (t + \Delta t) + \frac{1}{2} a_0 (t + \Delta t)^2\right\} - \left\{x_0 + v_0 t + \frac{1}{2} a_0 t^2\right\}}{\Delta t} \\ &= \lim_{\Delta t \to 0} \frac{v_0 \Delta t + a_0 t \Delta t + \frac{1}{2} a_0 (\Delta t)^2}{\Delta t} \\ &= \lim_{\Delta t \to 0} \left(v_0 + a_0 t + \frac{1}{2} a_0 \Delta t\right) \\ &= v_0 + a_0 t \end{aligned}$$

（3 行目の括弧内の第 3 項は $\Delta t \to 0$ で 0 になる）となり，式 (3) と同じ結果が得られる。

微分はグラフ上では何を表すだろうか？ 2 点を無限に近づけるという操作をグラフ上で考えると，ある点での微分の値（微分して得られた関数に，ある点の値を代入したもの。**微分係数**という）は，その点でのグラフの接線の傾きに対応する。

同じように考えると，（瞬間の）**加速度は速度の時間微分**であり，次のように定義できる。

$$a(t) = \frac{\mathrm{d}v}{\mathrm{d}t} = \lim_{\Delta t \to 0} \frac{\Delta v}{\Delta t} = \lim_{\Delta t \to 0} \frac{v(t + \Delta t) - v(t)}{\Delta t} \tag{7}$$

また，式 (6) を使うと次のようにも書ける。

$$a(t) = \frac{\mathrm{d}v}{\mathrm{d}t} = \frac{\mathrm{d}}{\mathrm{d}t}\left(\frac{\mathrm{d}x}{\mathrm{d}t}\right) = \left(\frac{\mathrm{d}}{\mathrm{d}t}\right)^2 x = \frac{\mathrm{d}^2 x}{\mathrm{d}t^2} \tag{8}$$

この書き方をするとき，**加速度は位置の 2 階の時間微分**であるという。

そもそも微分（積分）は運動を数学的に表すために考えられたものだが，時間と位置・速度・加速度の関係に限らず，何かの変化率を考えるときには強力な道具である。

8–7 加速度と力 〜ニュートンの運動法則〜

運動が変化することは速度が変化することである。一定速度の運動では位置は変わるが運動が変わったとは言わない。すなわち，運動の様子を変えるためには加速度がゼロでないことが必要である。では加速度はどのように生じるのだろうか？ 車ならアクセルやブレーキを踏んで力を加えたときに加速度が生じる。放っておいてなにもしなくても車はいつか止るが，このときも摩擦や衝突による力がはたらいている。よく考えると当たり前のようだが，力を加えなければ加速度は生じず，運動に変化はない。逆に言うと，物体の運動に変化（加速度）を与えるような作用を「力」と呼んでいるのだ。ここでは詳細を省くが，加速度 a と力 F には比例関係がある。これは考えている物体の質量を m とすると，

$$F = ma \tag{9}$$

と書ける。（質量はこの比例定数として決められるとも言える。）

しかし，力を加えても動かないこともあるではないか。このときは，何かに力を加えたら，それと同じ力で押し返されているのである。例えば，落体のように地面の下に落ちて行かないのは，地面から下に落ちようとするのと同じ力で押し返されているからであり，ボールを投げるときに手のひらに力を感じるのは，ボールに押し返されているからである。以上のことをまとめて，ニュートンの運動の 3 法則という。

第 1 法則（慣性の法則）
外界から何の作用もなければ，物体は静止し続けるか，または等速直線運動をする。
第 2 法則（運動の法則，または，運動方程式）
物体に生ずる加速度は，作用する力の大きさに比例し，物体の質量に反比例する。
数式で表すと $a = \dfrac{F}{m}$ となる。
第 3 法則（作用・反作用の法則）
物体 A, B があり，A が B に対してある力を作用しているとすると，
B は A に対し，大きさが同じで向きが反対の力を作用している。

8–8 物体を落とす力は？ 〜重力（万有引力）〜

ところで，落体の実験から運動（速度）が変化することがわかったと思うが，そのための力はなんだろうか？ 実は，地球と落体が引き合っている力があるのである。質量のある物体同士は全て引き合う力で結ばれている。これを**万有引力**という。重力は万有引力による力である。今，2 物体の質量をそれぞれ M, m とし，2 物体の重心間の距離を r とすれば，万有引力の大きさ F_G は，次の式で与えられる。

重力（万有引力）の大きさ： $F_G = G\dfrac{Mm}{r^2}$

G は万有引力定数と呼ばれる定数である。力の向きはお互いの重心の方向を向いている。今，M を地球の質量，m を落体の質量とし，地球の半径を R，落体の地表からの高さを h とすれば，落体にはたらく重力の大きさは

$$F_G = G\frac{Mm}{(R+h)^2} = m\frac{GM}{(R+h)^2}$$

である。落体からみると，運動の法則から上式の分数の部分が加速度と見なせる。地球の半径 R に比べて落体の地表からの高さ h が十分に小さければ，分母はほぼ R^2（定数）とみなせるので，加速度はほぼ定数となる。これを重力加速度 g という。（より正確には地球の地表重力加速度。）

重力加速度： $g = \dfrac{GM}{R^2}$

落体はほぼ一定の加速度 g（一定の力 mg）のもとで運動している。作用・反作用の法則から地球にもこれと同じ大きさで逆向きの力がはたらくので，地球は落体によって引き上げられていることになるが，あまりにも質量が大きいので加速度が小さく運動の変化はわからない。

さて，落体は式 (3), (4) で $a = g$ とした加速度一定の運動をする。そこでグラフを書いたときの比較の対象として，初速度と初期位置を 0 とした式を使ったわけである。そして，これらの式をよく見てみよう。これらの式には質量が含まれていない！　ガリレイの伝説の実験が,「(理想的な場合）重いものも軽いものも同じように落ちる」ことを示した，といわれるのはこういうわけである。逆に実験でわかったように，実際には，落体の種類によって運動の様子が違うのは，重力以外に質量や形状によって異なる力もはたらいているからだと推測できる。

8–9 逆の流れで運動を知る ～力→加速度→速度→位置：積分～

運動の法則から，はたらいている力がわかれば，逆に加速度を知ることができる。加速度がわかっているときは，差分の計算を使って

$$\bar{a} = \frac{\Delta v}{\Delta t} \quad \text{より} \quad \Delta v = \bar{a}\Delta t$$

として，微小な時間 Δt が過ぎたとき速度がどれだけ変わっているかを知ることができる。また，ある時刻での速度がわかっていれば，微小な時間 Δt が過ぎたときの位置の変化は

$$\bar{v} = \frac{\Delta x}{\Delta t} \quad \text{より} \quad \Delta x = \bar{v}\Delta t$$

となる。関数で表せるときには，微分の逆の操作（演算）をほどこせば，加速度から速度，速度から位置が逆にたどれる。この逆演算を**積分**といい，次のように書く。

$$v(t) = \int a(t)\mathrm{d}t, \quad x(t) = \int v(t)\mathrm{d}t$$

積分に関してはここではこれ以上立ち入らないが，位置・速度・加速度の関係と運動の法則がわかれば，力から運動を予測したり，運動から力をつきとめたり，いろいろな応用ができる。また，実際のデータを扱うときは，微分積分が苦手で使えないとしても，簡単な四則計算でもなんとかなるということを覚えておこう。実際，素晴らしいコンピュータ・シミュレーションなども，極限を扱えないので力ずくで差分の方程式を計算しているのである。

9 演習問題

問題 1.　「8–4. 加速度が一定の場合の運動」で出てきた 2 式

$$\Delta v = v_2 - v_1 = a_0\Delta t, \qquad \Delta x = v_1\Delta t + \frac{1}{2}a_0(\Delta t)^2$$

より，次の式

$$a_0 = \frac{{v_2}^2 - {v_1}^2}{2\,\Delta x}$$

を導出せよ。

問題 2.　「8–8. 物体を落とす力は？ ～重力（万有引力）～」において，落体にはたらく重力の大きさ F_G をあらわす式

$$F_G = m\frac{GM}{(R+h)^2}$$

の右辺の分数部分が落体の加速度と見なせる。ここで G は万有引力定数，M は地球の質量，m は落体の質量，R は地球の半径，h は落体の地表からの高さである。地表重力加速度（$h = 0$ m のときの加速度），$h = 100$ m のときの加速度，$h = 10000$ m のときの加速度をそれぞれ求めよ。ただし，$G = 6.67 \times 10^{-11}$ N·m^2/kg^2, $M = 5.97 \times 10^{24}$ kg, $R = 6.37 \times 10^6$ m とする。

§1–4 オームの法則

1 はじめに

我々の身の回りには数多くの電気製品があり，スイッチを入れて簡単な設定をするだけで我々の命令に答えてくれる。我々の生活の中に電気が普及しはじめたのは 20 世紀に入ってからで，まだ 100 年しか経っていない。この実験では「オームの法則さえ理解すれば電気は怖くない」を合言葉に基本的な電気回路を配線してオームの法則を確かめる。

2 実験の目的

簡単な電気回路を各自配線し，電流，電気抵抗，電圧，陽極 (+)，陰極 (–) を実験を通じて理解するとともに，電気回路中で成り立つオームの法則を理解する。

学習のポイント

(1) オームの法則を理解する
(2) 電流，電圧，電気抵抗，陽極 (+)，陰極 (–) の用語を理解する
(3) 直列接続，並列接続を理解する

3 実験の原理

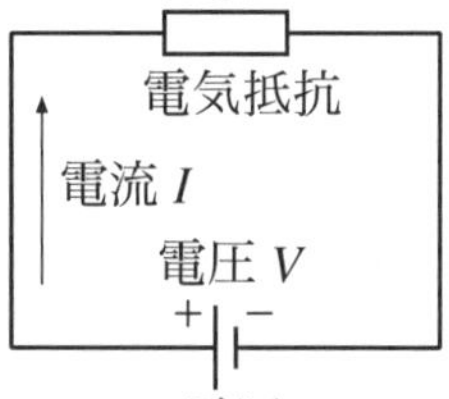

3–1 オームの法則と合成抵抗

抵抗 R
電気抵抗
電流 I
電圧 V
+ –
電源

図 1: 電気回路

図 1 のように直流電源（電圧 V）と電気抵抗（抵抗 R）をつないだ回路がある。回路を流れる電流を I とすると，電圧 V と電流 I の間には比例関係が成り立ち

$$V = RI \tag{1}$$

である。これをオームの法則という。

回路に複数の抵抗がある場合，回路にはどのように電流が流れるであろうか。回路を流れる電流を求めるには，複数の抵抗を一つの抵抗とみなす合成抵抗の考え方が便利である。ここでは基本となる 2 抵抗の合成についてみてみよう。抵抗の接続には，直列接続と並列接続の 2 種類が考えられる。

まず，並列接続について考える。図 2 の左側に 2 抵抗の並列接続の回路を示した。このとき，各抵抗の両端に加わる電圧は等しいという性質がある。電源から流れる電流 I は分岐点で抵抗 1 を流れる電流 I_1 と抵抗 2 を流れる電流 I_2 にわかれ，$I = I_1 + I_2$ である。並列接続された 2 抵抗（抵抗値 R_1, R_2）を，電源の電圧 V と電源から流れる電流 I を変えずに，図 2 の右側に示したような一つの抵抗（抵抗値 R）の回路に置き換えたとき，

$$\frac{1}{R} = \frac{1}{R_1} + \frac{1}{R_2} \tag{2}$$

が成り立つ。

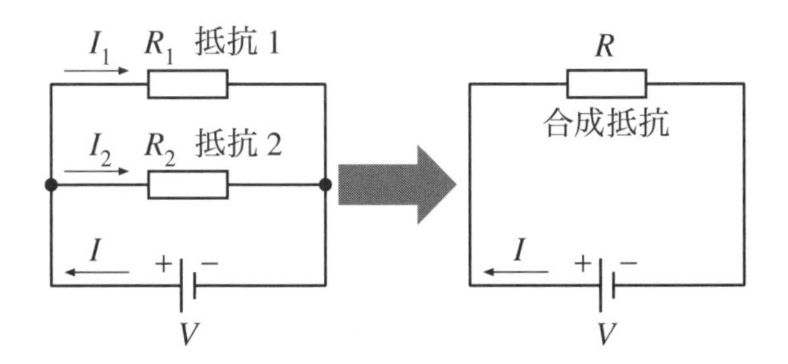

図 2: 並列接続（左）と合成抵抗（右）

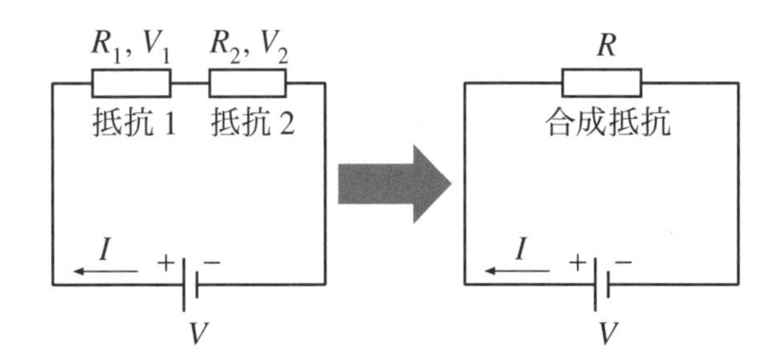

図 3: 直列接続（左）と合成抵抗（右）

続いて，直列接続について考える。図 3 の左側に 2 の抵抗の直列接続の回路を示した。回路に分岐点がないので，どの場所においても回路を流れる電流 I は等しい。抵抗 1（抵抗値 R_1）の両端に加わっている電圧を $V_1 = IR_1$，抵抗 2（抵抗値 R_2）の両端に加わっている電圧を $V_2 = IR_2$ とすると，電源の電圧 V との間に $V = V_1 + V_2$ の関係がある。直列接続された 2 抵抗を，電源の電圧 V と電源から流れる電流 I を変えずに，図 3 の右側に示したような一つの抵抗（抵抗値 R）の回路に置き換えたとき，

$$R = R_1 + R_2 \tag{3}$$

が成り立つ。

3–2 電圧計と電流計

回路中の抵抗に加わっている電圧の値や回路を流れる電流の値を測定するには，電圧計や電流計が用いられる。電圧計は，図 4 (a) のように測定したい抵抗と並列になるように回路に接続する。抵抗と電圧計が並列であれば，それぞれの両端に加わる電圧が等しいことを利用している。電流計は，図 4 (b) のように測定したい抵抗と直列になるように回路に接続する。分岐点がなければどの場所でも電流が等しいことを利用している。

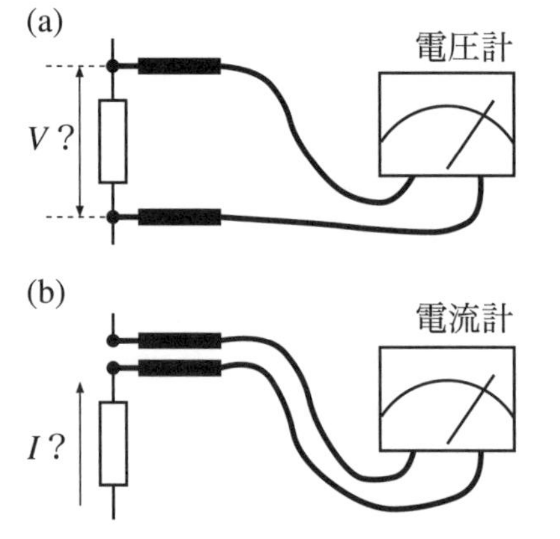

図 4: (a) 電圧計の接続，(b) 電流計の接続

3–3 豆電球のフィラメントの抵抗

豆電球は電流がある程度流れないと点灯しない。また，点灯前後で抵抗が大きく変化する。一般に，抵抗には温度依存性がある。抵抗値 R の抵抗に電流 I が流れると，RI^2 のジュール熱が発生し抵抗の温度が上昇する。温度依存性の小さい抵抗であれば，ジュール熱によって温度が上昇しても抵抗値はほとんど変化しない。豆電球のフィラメントは抵抗の温度依存性が大きいため，豆電球のフィラメントに流す電流を増加させると，ジュール熱によるフィラメントの温度上昇にともない抵抗が増加する。

4 実験方法

（使用する実験器具）

(1) 直流電源 (PR18-1.2A) 1 台，(2) 電圧計 3 台，(3) 電流計 3 台，

(4) 実験セット（抵抗（100 Ω, 200 Ω 許容差 ±5%），リード線）1 セット

4–1 直流電源の使い方

(1) 図 5 のように直流電源には出力端子が 3 個ついている。右の赤色の端子は + 出力で，左の白色の端子は − 出力で，中央の黒色の端子はアース端子 (GND) である。この黒色端子が基準（0 V）となり，赤色端子から 0〜18 V が出力される。白色端子は，通常，黒色端子と金属板で結んでいるので，白色，黒色のどちらの端子につないでも同じ役割となる。

(2) 直流電源の電圧ダイヤル (VOLTAGE) と微調ダイヤル (FINE) は反時計方向に回し切り，最小値にする。電流ダイヤル (CURRENT) は時計方向に回し切り，最大値にする。

(3) POWER および OUTPUT の押しボタンスイッチはオフ（飛び出した状態）にする。

(4) 直流電源の電源ケーブルを天井のコンセント (AC100V) に差し込む。

(5) POWER の押しボタンスイッチをオン（凹み状態）にすると，緑色 LED (CV) が点灯する。OUTPUT の押しボタンスイッチをオン（凹み状態）にすると，赤色の LED が点灯する。

(6) 電圧ダイヤル (VOLTAGE) を静かに時計方向に回すと，直流電源の電圧計のメータの針が振れ出力されている電圧値を示す。このとき，電流が流れている場合は電流計のメータの針が振れる。

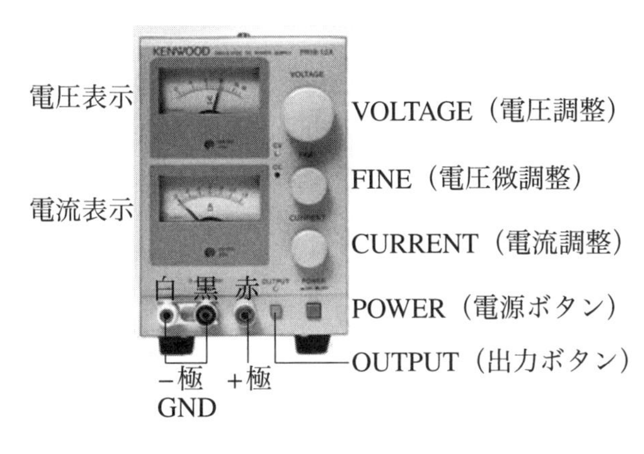

図 5: 直流電源 (PR18-1.2A)

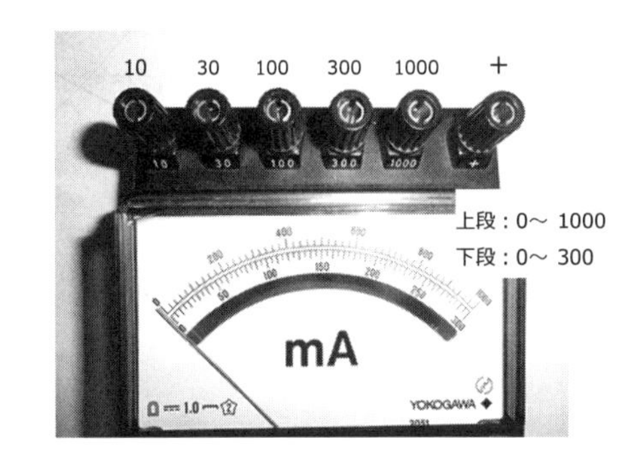

図 6: 電流計の読み方

4–2 電圧計，電流計の使い方，読み方

(1) 電圧計は抵抗に対して並列に，電流計は直列につなぐ。

(2) 電圧計，電流計の端子は + および最大値（数字の大きい）端子につなぐ。ただし，あらかじめ最大値が分かっている場合は，その数値を超えない値の端子に接続する。

(3) ここでは，電流計（図 6）の読み方を例にとって説明する。読み方は電圧計も同じである。各端子の数字が計測できる最大値を示す。例えば，100 の端子に接続した場合，最大 100 mA まで測定できる。単位はメータ内に記載されている。このときのメータは上段の目盛りを読み 1000 を 100 mA と読替える。30 の端子に接続した場合は，下段を読み 300 を 30 mA と読替える。**メータ内の針は真正面から見なければならない。針とメータ内の鏡に映った針とが重なって見える位置が，針を真正面から見ている位置である**。この位置に目を合わせ数値を読み取る。

4–3 （実験 1）1 本の抵抗を用いた測定

2 本の抵抗のそれぞれに対して，電圧 V と電流 I を測定して，抵抗値 R を求める。

【測定方法】

(1) 図 7 のように抵抗 100 Ω か 200 Ω のどちらか 1 本と電圧計，電流計をリード線で直流電源につなぐ。

(2) 直流電源の電圧値を 0〜10 V まで変化させたときの直流電源の電流計の最大電流値を読み取り，測定器である電流計の電流負端子 (10〜1000 mA) の接続位置を決める。

(3) 抵抗の両端に 0 V から 1 V 刻みで 6 V までの電圧 V を加えた場合の電流値 I を記録する。

(4) もう 1 本の抵抗に対しても測定を行う。

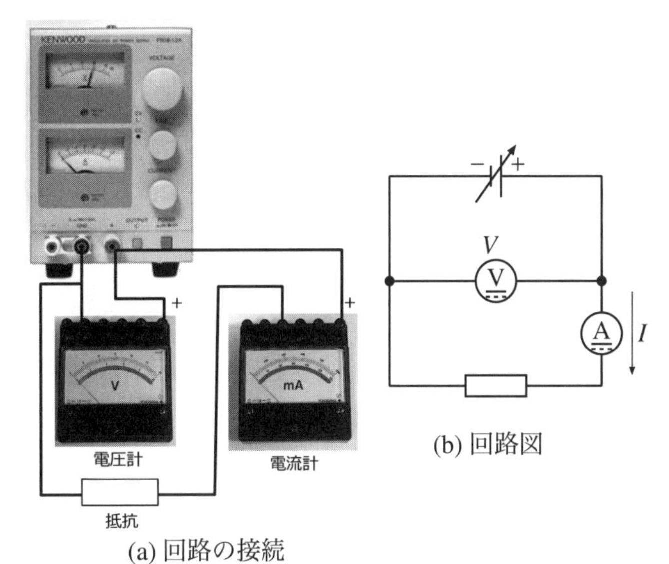

図 7: 実験 1 の測定回路

【測定結果の例】 図 7 で示した測定回路を用いて電圧 V（電源の電圧計の読み）と電流 I（電流計の読み）の測定結果例を表 1 に示す。

表 1: 抵抗の電圧・電流特性（実験 1）：抵抗 100 Ω

電圧 V [V]	0.0	1.0	2.0	3.0	4.0	5.0	6.0
電流 I [mA]	0.0	10.5	21.0	31.5	42.0	52.0	62.0

表 1 の電圧・電流特性をグラフにプロットした結果を図 8 に示す。各測定点が最も直線上に乗る直線を引く。この直線の引き方により抵抗の値が左右されるため良く考えて直線を引く。直線の傾きから抵抗 R の値を求める。

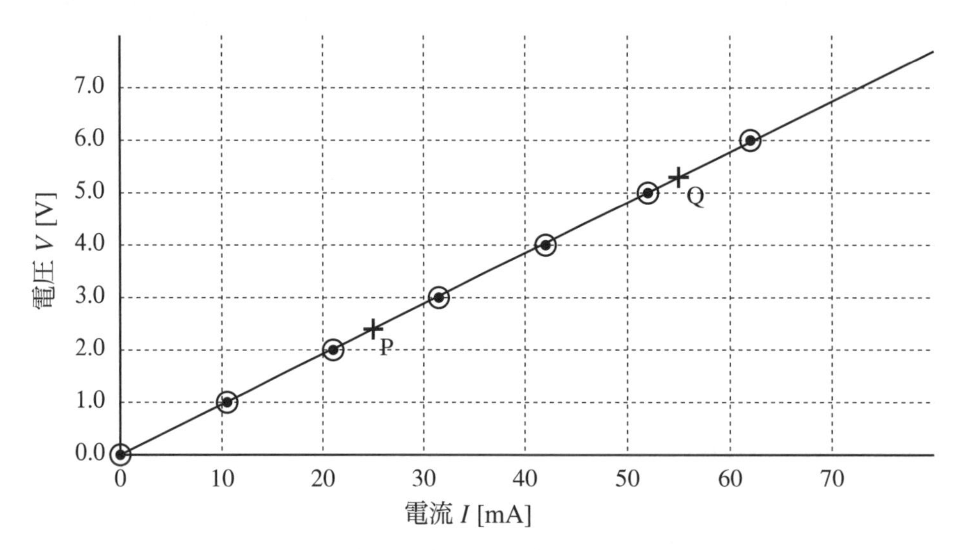

図 8: 抵抗の電圧・電流特性（実験 1）：抵抗 100 Ω

【抵抗値 R の計算例】 図 8 のグラフから，直線上の離れた 2 点を選ぶ。ここでは P(25 mA, 2.4 V) と Q(55 mA, 5.3 V) を選んだ。計算の際の注意点は，読み取った電流値の単位は mA（ミリアンペア）であるが，計算のときには単位を A（アンペア）に換算しなければならないことである。ここでの，測定抵抗値は

$$R = \frac{5.3\,\mathrm{V} - 2.4\,\mathrm{V}}{55\,\mathrm{mA} - 25\,\mathrm{mA}} = \frac{5.3\,\mathrm{V} - 2.4\,\mathrm{V}}{0.055\,\mathrm{A} - 0.025\,\mathrm{A}} = 97\,\Omega$$

となる。

4–4 （実験 2）2 本の抵抗を並列に接続した場合の測定

【測定方法】 2 本の抵抗（100 Ω, 200 Ω）を $\mathrm{R_1}, \mathrm{R_2}$ とする。これらを用いて，図 9 に示した回路を構成する。回路全体の電流 I_0 を電流計で，電圧を電圧計で測定する。抵抗 $\mathrm{R_1}, \mathrm{R_2}$ のそれぞれに流れる電流 I_1, I_2 を 2 台の電流計で測定する。

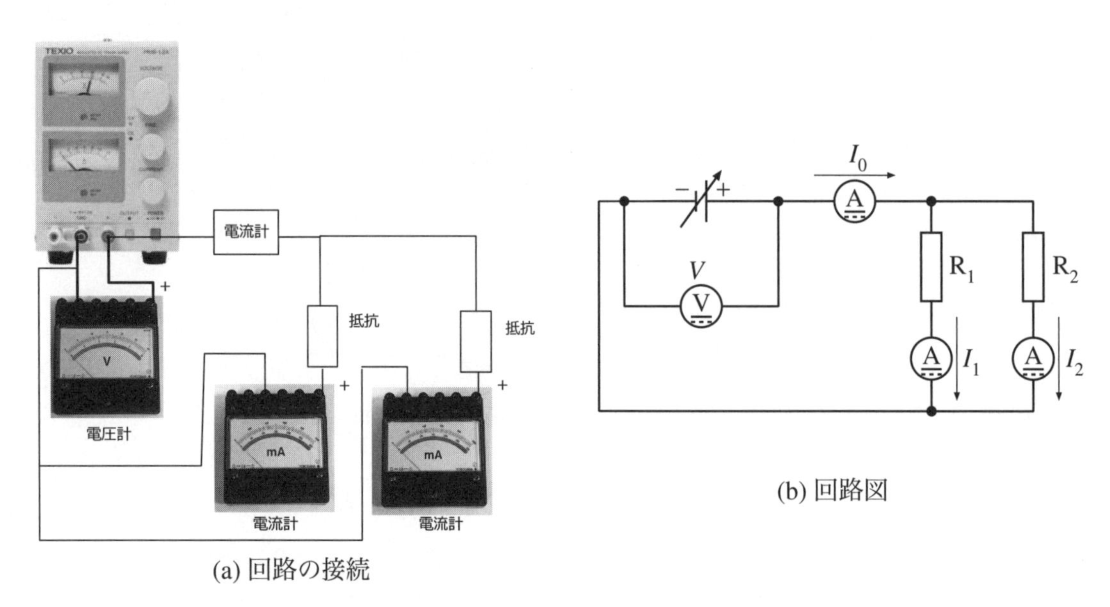

図 9: 実験 2 の測定回路

【測定結果の例】 図 9 で示した測定回路を用いて電圧 V（電圧計の読み）と電流 I_0, I_1, I_2（それぞれの電流計の読み）の測定結果例を表 2 に示す。

表 2: 並列接続の 2 抵抗の電圧・電流特性（実験 2）：抵抗 100 Ω と抵抗 200 Ω

電圧 V [V]	0.0	1.0	2.0	3.0	4.0	5.0	6.0
電流 I_0 [mA]	0.0	14.3	28.6	43.5	58.4	73.4	87.9
電流 I_1 [mA]	0.0	10.0	20.0	30.2	40.6	51.3	61.8
電流 I_2 [mA]	0.0	5.0	9.8	14.2	19.2	24.1	29.0

表 2 の電圧・電流特性をグラフにプロットした結果を図 10 に示す。電圧 V に対して電流が I_0, I_1, I_2 の 3 種類あるので，それぞれに対してプロットし，3 本の直線を引く。各測定点が最も直線上に乗る直線を引く。直線の引き方により抵抗の値が左右されるため良く考えて直線を引く。

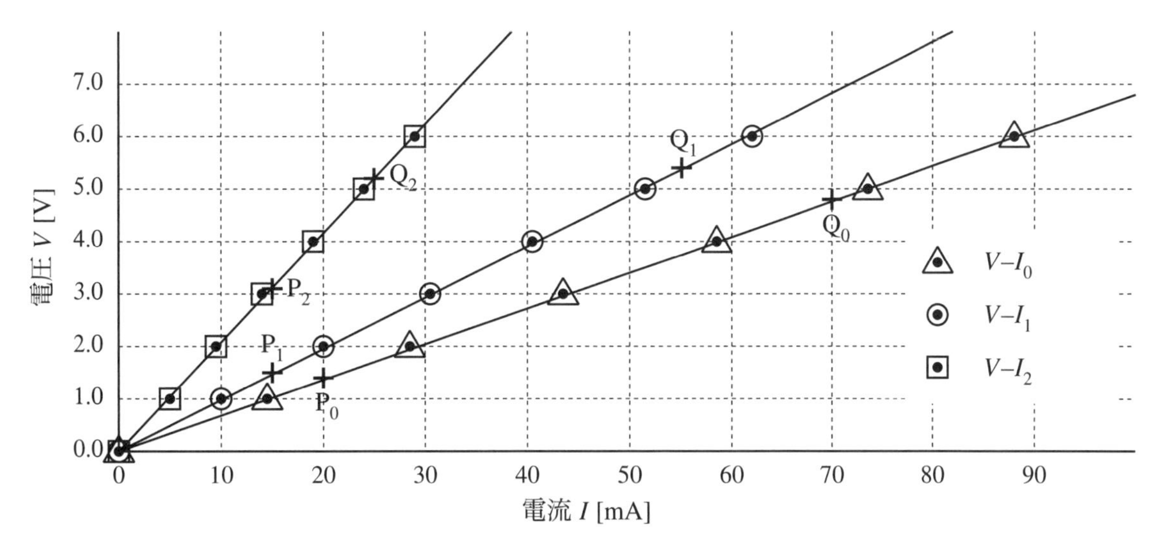

図 10: 並列接続の 2 抵抗の電圧・電流特性（実験 2）：抵抗 100 Ω と抵抗 200 Ω

【抵抗値の計算例】 図 10 のグラフから，抵抗 R_1 の抵抗値 R_1（V–I_1 の直線の傾き），抵抗 R_2 の抵抗値 R_2（V–I_2 の直線の傾き），合成抵抗 R（V–I_0 の直線の傾き）を求める。V–I_0 の直線の傾きが合成抵抗の値に対応することに注意せよ。V–I_1 の直線上の 2 点 P_1(15 mA, 1.5 V) と Q_1(55 mA, 5.4 V) より

$$R_1 = \frac{5.4\,\mathrm{V} - 1.5\,\mathrm{V}}{55\,\mathrm{mA} - 15\,\mathrm{mA}} = \frac{5.4\,\mathrm{V} - 1.5\,\mathrm{V}}{0.055\,\mathrm{A} - 0.015\,\mathrm{A}} = 97.5\,\Omega$$

となり，V–I_2 の直線上の 2 点 P_2(15 mA, 3.1 V) と Q_2(25 mA, 5.2 V) より

$$R_2 = \frac{5.2\,\mathrm{V} - 3.1\,\mathrm{V}}{25\,\mathrm{mA} - 15\,\mathrm{mA}} = \frac{5.2\,\mathrm{V} - 3.1\,\mathrm{V}}{0.025\,\mathrm{A} - 0.015\,\mathrm{A}} = 210\,\Omega$$

となり，V–I_0 の直線上の 2 点 P_0(20 mA, 1.4 V) と Q_0(70 mA, 4.8 V) より

$$R = \frac{4.8\,\mathrm{V} - 1.4\,\mathrm{V}}{70\,\mathrm{mA} - 20\,\mathrm{mA}} = \frac{4.8\,\mathrm{V} - 1.4\,\mathrm{V}}{0.070\,\mathrm{A} - 0.020\,\mathrm{A}} = 68.0\,\Omega$$

となる。

【合成抵抗の理論値との比較の例】 それぞれの抵抗の抵抗値 $R_1 = 97.5\,\Omega, R_2 = 210\,\Omega$ より

$$\frac{1}{R_1} + \frac{1}{R_2} = \frac{1}{97.5\,\Omega} + \frac{1}{210\,\Omega} = 0.0150\,\Omega^{-1}$$

であるので，この逆数をとって得られる 66.7 Ω が合成抵抗の理論値である。一方，合成抵抗の実験結果は $R = 68.0\,\Omega$ である。ほぼ一致しているため，

$$\frac{1}{R} = \frac{1}{R_1} + \frac{1}{R_2}$$

が実験で検証できたといえる。

4–5 （実験 3）2 本の抵抗を直列に接続した場合の測定

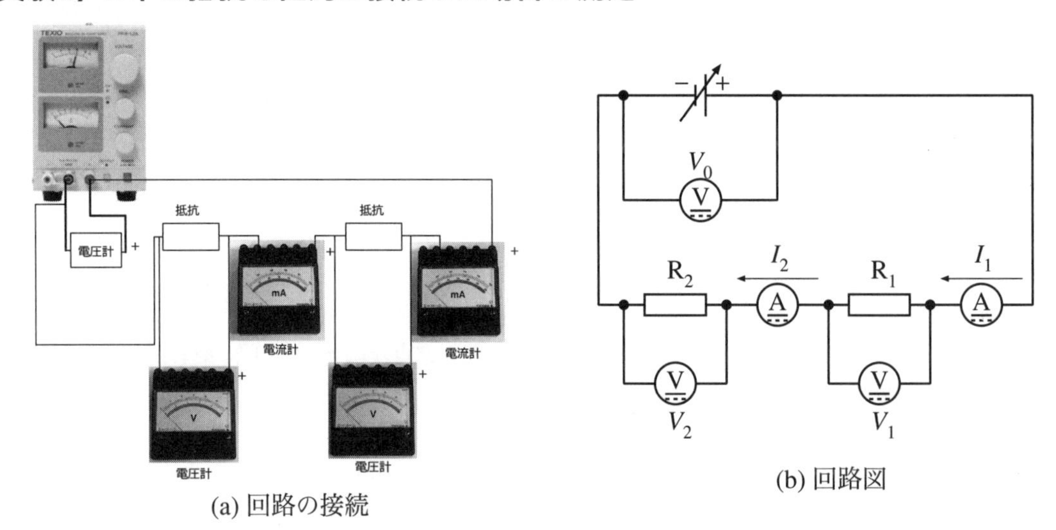

(a) 回路の接続　(b) 回路図

図 11: 実験 3 の測定回路

【測定方法】 2 本の抵抗（100 Ω, 200 Ω）を R_1, R_2 とする。これらを用いて，図 11 に示した回路を構成する。回路全体の電圧 V_0 を電圧計で測定する。抵抗 R_1, R_2 のそれぞれに流れる電流 I_1, I_2 を 2 台の電流計で，電圧 V_1, V_2 を 2 台の電圧計で測定する。

【測定結果の例】 図 11 で示した測定回路を用いて電圧 V_0, V_1, V_2（回路中の 3 台の電圧計の読み），電流 I_1, I_2（回路中の 2 台の電流計の読み）の測定結果例を表 3 に示す。

表 3: 直列接続の 2 抵抗の電圧・電流特性（実験 3）：抵抗 100 Ω と抵抗 200 Ω

電圧 V_0 [V]	0.0	1.0	2.0	3.0	4.0	5.0	6.0
電圧 V_1 [V]	0.0	0.32	0.65	1.0	1.3	1.7	2.0
電圧 V_2 [V]	0.0	0.7	1.4	2.0	2.6	3.3	4.0
電流 I_1 [mA]	0.0	3.5	7.0	10.5	14.0	17.5	21.0
電流 I_2 [mA]	0.0	3.3	6.6	9.8	13.0	16.3	19.8

表 3 の V–I 特性をグラフにプロットした結果を図 12 に示す。V_1–I_1, V_2–I_2, V_0–I_1, V_0–I_2 をプロットする。V_1–I_1, V_2–I_2 のそれぞれに対して直線を引く。V_0–I_1, V_0–I_2 に対しては，両方の各測定点に最も近くなるような直線を 1 本だけ引く。直線の引き方により抵抗の値が左右されるため良く考えて直線を引く。

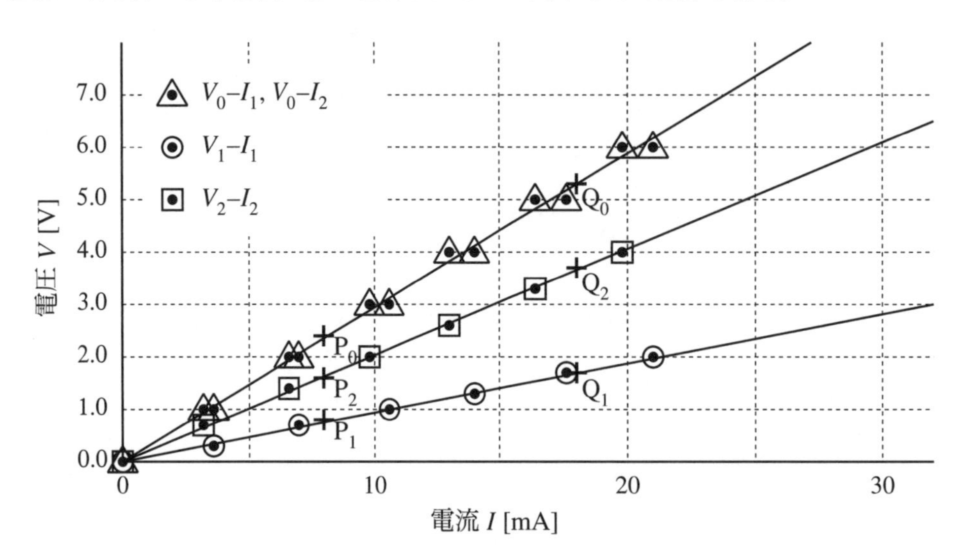

図 12: 直列接続の 2 抵抗の電圧・電流特性（実験 3）：抵抗 100 Ω と抵抗 200 Ω

【抵抗値の計算例】 図 12 のグラフの直線の傾きから，抵抗 R_1 の抵抗値 R_1，抵抗 R_2 の抵抗値 R_2，合成抵抗 R を求める。V_1–I_1 の直線上の 2 点 P_1(8 mA, 0.8 V) と Q_1(18 mA, 1.7 V) より

$$R_1 = \frac{1.7\,\mathrm{V} - 0.8\,\mathrm{V}}{18\,\mathrm{mA} - 8\,\mathrm{mA}} = \frac{1.7\,\mathrm{V} - 0.8\,\mathrm{V}}{0.018\,\mathrm{A} - 0.008\,\mathrm{A}} = 90\,\Omega$$

となり，V_2–I_2 の直線上の 2 点 P_2(8 mA, 1.6 V) と Q_2(18 mA, 3.7 V) より

$$R_2 = \frac{3.7\,\mathrm{V} - 1.6\,\mathrm{V}}{18\,\mathrm{mA} - 8\,\mathrm{mA}} = \frac{3.7\,\mathrm{V} - 1.6\,\mathrm{V}}{0.018\,\mathrm{A} - 0.008\,\mathrm{A}} = 210\,\Omega$$

となり，V_0–I_1, V_0–I_2 に対して引いた直線上の 2 点 P_0(8 mA, 2.4 V) と Q_0(18 mA, 5.3 V) より

$$R = \frac{5.3\,\mathrm{V} - 2.4\,\mathrm{V}}{18\,\mathrm{mA} - 8\,\mathrm{mA}} = \frac{5.3\,\mathrm{V} - 2.4\,\mathrm{V}}{0.018\,\mathrm{A} - 0.008\,\mathrm{A}} = 290\,\Omega$$

となった。

【合成抵抗の理論値との比較の例】 それぞれの抵抗の抵抗値 $R_1 = 90\,\Omega$, $R_2 = 210\,\Omega$ より

$$R_1 + R_2 = 90\,\Omega + 210\,\Omega = 300\,\Omega$$

が合成抵抗の理論値である。一方，合成抵抗の実験結果は $R = 290\,\Omega$ である。ほぼ一致しているため，

$$R = R_1 + R_2$$

が実験で検証できたといえる。

4–6 （実験 4）豆電球の電圧・電流特性の測定（発展実験）

ここでは，50 Ω の抵抗付き豆電球を用いる。

【測定方法】 図 13 に示した回路を組み，豆電球の電圧・電流特性を測定する。豆電球には 50 Ω の抵抗を取り付けてある。豆電球に過大電流が流れるとフィラメントが焼き切れてしまう。50 Ω の抵抗は過大電流が流れないように保護するための安全抵抗である。50 Ω の抵抗はジュール熱により熱くなる場合があるので触らないように注意する。電源電圧を 0 V から 2 V 刻みで 16 V まで変えながら，回路の電圧計と電流計の値を測定する。電流計と電圧計のメーターが振り切れる場合は，高レンジにつなぎ換えて測定する。また，どこで豆電球が点灯し始めたかを記録する。

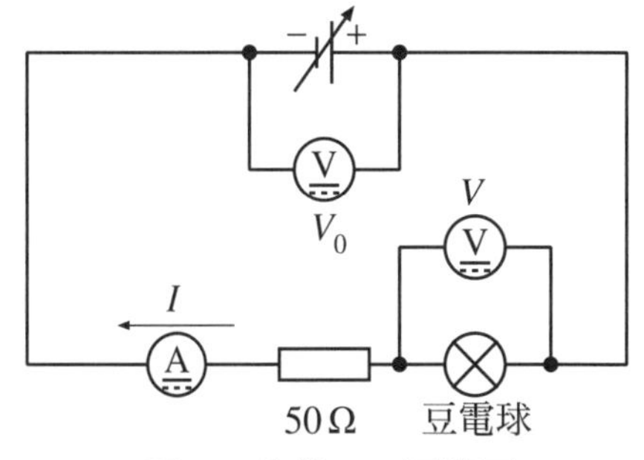

図 13: 実験 4 の回路図

注意：定格電力 5 W を越えると電球が切れてしまうため，電圧を 16 V 以上にしないこと。

【測定結果の例】 図 13 で示した測定回路を用いて電圧 V_0（電源電圧），V（豆電球の両端の電圧），電流 I の測定結果例を表 4 に示す。電球の電圧が 0.57 V（電源電圧 12 V）越えると，電球が点灯し始めた。

表 4: 豆電球の電圧・電流特性

							豆電球点灯 ⟹		
電源電圧 V_0 [V]	0.0	2.0	4.0	6.0	8.0	10.0	12.0	14.0	16.0
豆電球電圧 V [V]	0.000	0.038	0.056	0.093	0.150	0.276	0.570	0.800	1.080
電流 I [mA]	0	37	75	112	146	183	216	244	288

表 4 の豆電球の電圧・電流特性をグラフにプロットした結果を図 14 に示す。途中で特性が大きく変化していることに注意して，変化前と変化後のそれぞれに対して直線を引く。

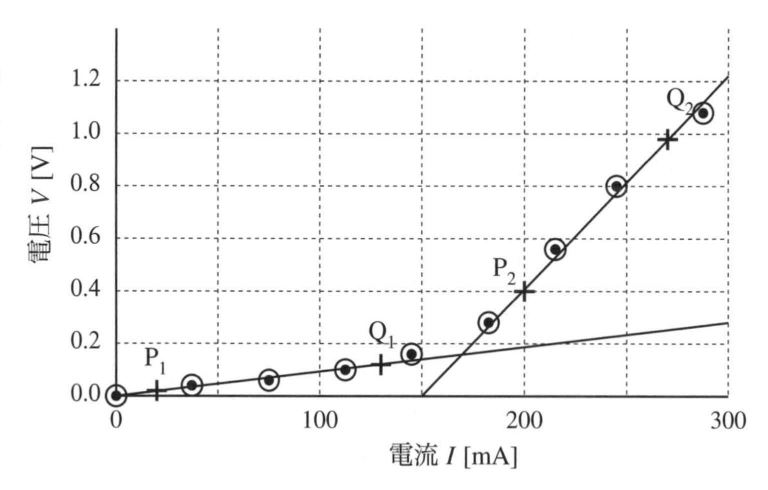

図 14: 豆電球の抵抗測定（実験 4）

【抵抗値の計算例】 グラフの特性より点灯前での抵抗値と点灯後での抵抗値に分け，2 本の直線で考える。点灯前での抵抗は P_1(20 mA, 0.02 V) と Q_1(130 mA, 0.12 V) より

$$R_1 = \frac{0.12\,\mathrm{V} - 0.02\,\mathrm{V}}{130\,\mathrm{mA} - 20\,\mathrm{mA}} = \frac{0.12\,\mathrm{V} - 0.02\,\mathrm{V}}{0.13\,\mathrm{A} - 0.02\,\mathrm{A}} = 0.91\,\Omega$$

となり，点灯後での抵抗は P_2(200 mA, 0.40 V) と Q_2(270 mA, 0.98 V) より

$$R_2 = \frac{0.98\,\mathrm{V} - 0.40\,\mathrm{V}}{270\,\mathrm{mA} - 200\,\mathrm{mA}} = \frac{0.98\,\mathrm{V} - 0.40\,\mathrm{V}}{0.27\,\mathrm{A} - 0.20\,\mathrm{A}} = 8.3\,\Omega$$

となる。豆電球の点灯後は，電流によりフィラメントの温度が上昇し，抵抗の温度依存性により抵抗値が増加したと考えられる。

5 解説

【オームの法則】 オーム (Ohm, 1789–1854) はドイツの電気学者で,「電流の強さは電圧に比例し，抵抗に反比例する」という法則を発見した。式で表すと

$$V = RI \tag{4}$$

となる。ここで V は電圧，I は電流，R は抵抗である。

【キルヒホッフの法則】 キルヒホッフ (Kirchhoff, 1824–1887) はドイツの物理学者で，オームの法則を一般化したキルヒホッフの法則を導いた。

キルヒホッフの第 1 法則（電流）

図 15 において，電流 I が分岐点 b で I_1 と I_2 に分流した場合には,

$$I = I_1 + I_2 \tag{5}$$

が成り立つ。

キルヒホッフの第 2 法則（電圧）

図 15 において，閉じた回路 $\overline{\mathrm{abcdefa}}$, $\overline{\mathrm{abefa}}$ を一周した場合の電圧は零である。具体的には,

$$V - R_1 I_1 = 0 \quad（閉じた回路\ \overline{\mathrm{abcdefa}}）, \tag{6}$$

$$V - R_2 I_2 = 0 \quad（閉じた回路\ \overline{\mathrm{abefa}}） \tag{7}$$

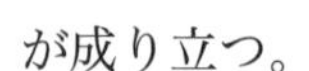
が成り立つ。

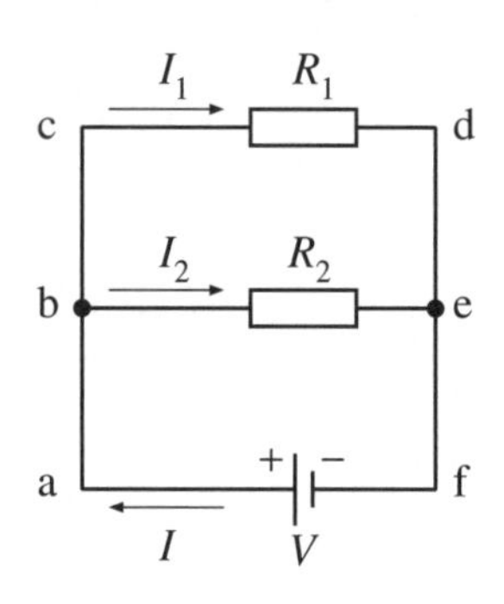

図 15: キルヒホッフの法則

【並列合成抵抗の式 $\frac{1}{R} = \frac{1}{R_1} + \frac{1}{R_2}$ の証明】 図 15 において，電流について，キルヒホッフの第 1 法則より式 (5) が成り立つ。電圧について，R_1, R_2 の並列合成抵抗を R とすると，オームの法則より式 (4) が成り立ち，キルヒホッフの第 2 法則より式 (6) と式 (7) が成り立つ。式 (4), (6), (7) より $I = \frac{V}{R}, I_1 = \frac{V}{R_1}, I_2 = \frac{V}{R_2}$ となるので，これらを式 (5) に代入すると

$$\frac{V}{R} = \frac{V}{R_1} + \frac{V}{R_2}$$

より

$$\frac{1}{R} = \frac{1}{R_1} + \frac{1}{R_2}$$

が証明される。

6 問題

R_1, R_2 の 2 本の抵抗を直列に接続した場合（図 16 (a)）

問題 1.　回路に流れる電流を I とする。R_1, R_2 の抵抗の端子電圧 V_1, V_2 をそれぞれ I, R_1, R_2 で表せ。

問題 2.　電圧 V_1 と V_2 の和 $V_1 + V_2$ と入力電圧 V との関係を書け。

問題 3.　回路に流れる電流 I を問題 1，問題 2 より，V_0, R_1, R_2 で表せ。

問題 4.　R_1, R_2 の 2 本の抵抗を直列接続したときの合成抵抗 R を問題 3 より R_1, R_2 で表せ。

問題 5.　$R_1 = 50\,\Omega, R_2 = 100\,\Omega, V = 100\,\mathrm{V}$ のとき流れる電流 I の値を求めよ。

問題 6.　電圧 $V = 100\,\mathrm{V}$ のとき $R_1 = 50\,\Omega, R_2 = 100\,\Omega$ のそれぞれの抵抗で消費される電力 P_1, P_2 をそれぞれ求めよ。

問題 7.　電圧 100 V で 50 W の電球と 100 W の電球を直列に接続した場合，明るく点灯するのはどちらか。（直列接続の場合も抵抗が変化しないとして，消費電力を計算して答えよ。）

R_1, R_2 の 2 本の抵抗を並列に接続した場合（図 16 (b)）

問題 8.　並列回路に流れる電流 I_1, I_2, I の間の関係を書け。

問題 9.　R_1, R_2 の抵抗に流れる電流 I_1, I_2 をそれぞれ V, R_1, R_2 で表せ。

問題 10.　R_1, R_2 の 2 本の抵抗を並列接続したときの合成抵抗 R を問題 8，問題 9 より R_1, R_2 で表せ。

問題 11.　$R_1 = 50\,\Omega, R_2 = 100\,\Omega, V = 100\,\mathrm{V}$ のとき電流 I の値を求めよ。

問題 12.　電圧 100 V で 100 W の電球と 200 W の電球を並列に接続した場合，明るく点灯するのはどちらか。（並列接続の場合も抵抗が変化しないとして，消費電力を計算して答えよ。）

3 本の抵抗を接続した場合

問題 13.　50 Ω, 100 Ω, 150 Ω の抵抗を直列接続した場合の合成抵抗を求めよ。

問題 14.　50 Ω, 100 Ω, 150 Ω の抵抗を並列接続した場合の合成抵抗を求めよ。

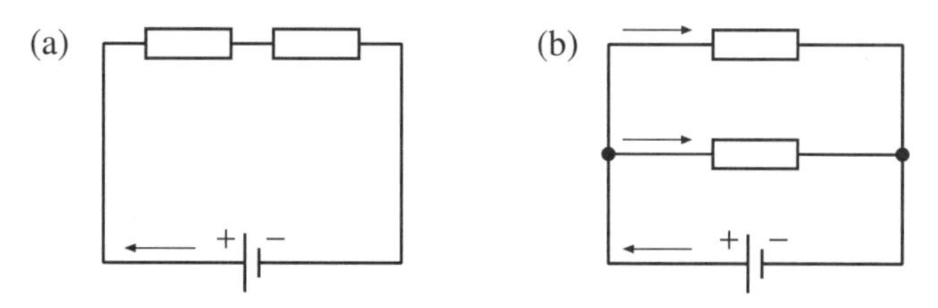

図 16: 2 抵抗の (a) 直列接続と (b) 並列接続

第3編　応用実験

§2 力学

§2–1 ばね振動による質量の測定

1 はじめに

我々の身の回りには，ばね，および，ばねの特性を用いた器具や部品がたくさんある。ばねの特徴は「静的特性」と「動的特性」に分けられ，これらの特性は先端科学技術にも取り入れられ活用されている。ばねの静的・動的特性とは何だろうか。この実験では，地球の周りを飛行中のスペースシャトルの中でも重たいりんごと軽いりんごを見分けられるような，ばねの動的性質を使った「無重量体重計」の製作に挑む。

1–1 実験の目的

ばね振動の周期を測定して未知の質量を求める。このために，はじめに「ばね定数」を測定する。また，ばね秤としてその値を確かめる。結果を電子秤の測定値と比較する。

1–2 学習のポイント

(1) ばねの静的特性（フックの法則）と動的特性（振動）を知る。
(2) 質量と重量の違いを理解する。

2 測定原理

ばねにおもりを吊り下げると，ばねはある長さのところで静止する。ばねにはおもりによる**重力**ともとの長さに縮もうとする**復元力**が働いているが，**静止しているときにはこの二つの力がつり合っている**。この関係を用いてばねの堅さ，柔らかさを表すばね定数 k の値を測定する。

同じばねを用いている限りは，ある質量のおもりを吊り下げたとき，毎回，ばねはほぼ同じ長さまで伸びて静止する，すなわち，毎回ほぼ同じ長さでつりあう。これを利用すれば，あらかじめばね定数がわかっているばねにおもりを吊るして，ばねがどのくらい伸びて静止したかを調べることで，おもりの質量を知ることができる。これが**ばね秤による質量計測**である。

ばねに物体を取り付け静かに少し持ち上げて離すと，物体は振動運動をする。不思議なことに，この振動運動の周期は大きくゆすっても小さくゆすっても，物体の質量を変えない限り同じばねでは一定である。この振動周期の測定から，重力によらない**無重量空間でも使える新しい質量計測法**を考える。

2–1 ばね定数 k の測定原理

ばねを引っ張るとき，引っ張る力の大きさ F とばねの伸び（変位の大きさ）x の間には，

$$F = kx \tag{1}$$

という簡単な関係が成り立つ。この関係はフックの法則と呼ばれ，比例定数 k をばね定数と呼ぶ。この力は常にばねを自然の位置に引き戻す（復元させる）方向に働くので復元力という。ばねを引っ張る力を 2 倍，3 倍にすると，ばねの伸びも 2 倍，3 倍となるだろう。この関係を比例関係といい，2 倍，3 倍の時の伸びを測定するだけで，4 倍，5 倍の時の伸びが正確に予想できる。（図 1 の直線部 a を参照。）この直線部分の傾きが，このばねのばね定数 k である。この実験では，引っ張る力としておもりに加わる重力を用いる。おもりの質量を m，実験室での重力加速度の大きさを g とすると，ばねが静止しているときには

$$kx = mg \tag{2}$$

の関係式が成り立つ。この関係式によりばね定数 k を測定する。式 (2) において，あらかじめ質量 m のわかっているおもりを用いて伸び x を測定すれば，k の値を決定できる。実際には，おもりの質量を変えながら，図 1 の直線部分に相当するグラフを作成し，傾きとして k を求める。

ところで，おもりはどれくらい吊り下げてよいのだろうか。実はフックの法則が成り立つのは，図 1 の直線 a の範囲（比例領域，弾性変形領域）である。これ以上力を加えて b 点（弾性限界）を超えると関係が直線ではなくなり，曲線 c の領域（非線形領域，塑性変形領域）ではどれだけ伸びていつばねが切れるのか正確には予想し難い。曲線部分のばね定数にあたるものは各点での接線（微分係数）で表され，各点で異なった値を持つため，定数とはいえなくなる。

2–2 ばね秤法による質量の測定原理

ばね定数 k がわかってしまえば，式 (2) を利用して，おもりの質量を測定することができる。質量 M のわからないおもりがあったとすると，このおもりをばね定数 k のばねに吊り下げてばねが静止するのを待ち，ばねの伸び x を測定すればよい。式 (2) を書き直した $kx = Mg$ において，M が未知の量，それ以外が既知の量となるので，式 (2) を M について解けばよいのである。

2–3 振動法による質量の測定原理

図 2 のばねにおもりをつるしてばねが静止しているときは，おもりの質量 M には正味の力が働いていないから（ばねに働く合力の大きさが 0 N だから），おもりの運動方程式は

$$M\frac{\mathrm{d}^2x}{\mathrm{d}t^2} = kx_0 - Mg = 0 \tag{3}$$

となる。このばねが上に x だけ変位すると，ばねの伸びは $x_0 - x$ となり，運動方程式は

$$M\frac{\mathrm{d}^2x}{\mathrm{d}t^2} = k(x_0 - x) - Mg = -kx \tag{4}$$

となる。この式は**単振動**の運動を表す。復元力に負符号 (–) を付けたのは，ばねが伸びた向きと復元力の向きが逆だからである。式 (4) を満たす振動の変位は $x = a\cos(\omega t)$ で表される。ここで，変位の最大値を表す a を**振幅**と呼び，ω を**角振動数**という。この振動の周期 T は，

$$T = \frac{2\pi}{\omega} = 2\pi\sqrt{\frac{M}{k}} \qquad \left(ただし，\ \omega^2 = \frac{k}{M}\right) \tag{5}$$

となる。すなわち，振動の周期 T は質量 M の平方根に比例し，ばね定数 k の平方根に反比例する。このことは，質量の大きいものは同じ力でも動きにくいこと，および，堅いばねは同じ変位でも復元力が強いので同じ質量のものならすばやく動かせることに対応している。また，ばねの振動は復元力によって起こるので，式 (5) には重力加速度の大きさ g が**含まれていない**。

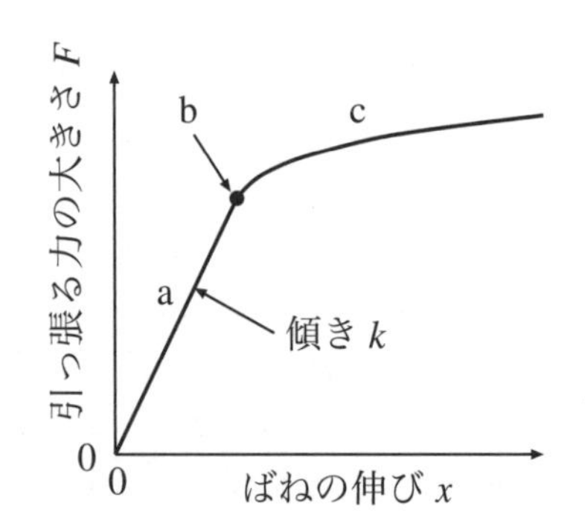

図 1: 引っ張る力の大きさ F とばねの伸び x の関係

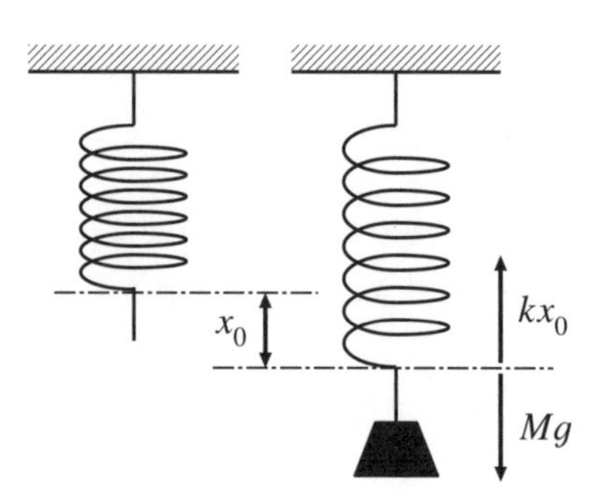

図 2: ばねの伸びと力のつりあい

以上から，ばね振動の周期の測定によって，ばねに付けた物体の質量を求めることができる。式 (5) を変形して

$$M = \frac{k}{4\pi^2} T^2 \tag{6}$$

とすれば，k と T を測定することにより，M が計算できるのである。実際は，ばねにも質量 μ_0（μ（ミュー）はギリシャ文字で m に相当）があるが，μ_0 と $\mu_0 + M$ の場合の 2 つの振動周期 T_{μ_0} と $T_{M+\mu_0}$ を測定して

$$M = (M+\mu_0) - \mu_0 = \frac{k}{4\pi^2} T_{M+\mu_0}^2 - \frac{k}{4\pi^2} T_{\mu_0}^2 = \frac{k}{4\pi^2}\left(T_{M+\mu_0}^2 - T_{\mu_0}^2\right) \tag{7}$$

によって質量 M を求めればよい。これで無重量状態でも質量の測定ができる。

本実験では，測定のときに補助おもりを使用する。補助おもりとばねをあわせた質量を μ とし，補助おもりだけ吊り下げたときの振動周期 T_μ と，補助おもりとおもりの両方を吊り下げたときの振動周期 $T_{M+\mu}$ を測定して，

$$M = (M+\mu) - \mu = \frac{k}{4\pi^2} T_{M+\mu}^2 - \frac{k}{4\pi^2} T_{\mu}^2 = \frac{k}{4\pi^2}\left(T_{M+\mu}^2 - T_{\mu}^2\right) \tag{8}$$

によっておもりの質量 M を求める。

3 測定手順

【実験用具】

ばね秤装置（スケール鏡付き），分銅（ばね定数測定用おもり），分銅台，ばね，測定対象おもり（質量 M），補助おもり（ばねと合わせて質量 μ），ノギス，ストップウォッチ，電子秤

【測定準備】

(1) ばね秤装置（スケール鏡付き）の上端ネジ部にばねを取り付ける。
(2) ばねの下端に分銅台を吊り下げ，測定個数（5〜10 個）分の分銅を乗せる。ばねの伸び範囲がスケール付き鏡の範囲 0〜70 cm に入るように，ばね全体の高さをスケール背面のネジをゆるめて調整する。
(3) 同時に，ばねの伸び縮み変動がスケールの目盛と平行になるように，正面と横から見てばね秤装置の足のネジで傾きを調整する。

3–1 ばねの形状とばね定数

[1] ばねの形状（特徴と寸法）

ばねの状態を確認し，ノギスを用いて，ばね径 R, ばねの自然長 L, ばねの線径 r を測定する。使用するばねを確認するためなのでおおまかでよい。

[2] 加重によるばねの伸び測定

初めに，使用する分銅の質量を 1 枚ずつ電子秤で測定しておく。ばねの下端に分銅台を取り付け，分銅を 1 個ずつ静かに乗せてばねの伸び（$+x$, 行き）を測定し，測定結果を表に記録する。記録は 0 個から行う。実際は後で差を取って計算するので単に決まった目印でスケールの目盛を読み取ればよい。静かに乗せてもばねは振動する。振動が止まりかけた位置での最大と最小（数 mm）間の平均値を眼で読む。つねに分銅台の同じ部分で，目盛が二重に見えないよう水平に読み取るように注意すること。（分銅の上を目印にしてはいけない！）静かに指で触れて振動を収束させてもよいが，目盛を読む時は触れてはいけない。次に，逆に 1 個づつ減らした場合の伸び（$-x$, 帰り）を測定する。行きと帰りの測定値の平均を取り x とする。

[3] 分銅の質量とばねの伸びのグラフ

作成した表のデータからグラフを作成する。実験報告書のグラフに適当に目盛をふって使う。使いにくければ報告書巻末の方眼紙でもよい。横軸をばねの伸び（スケールの目盛）x, 縦軸を分銅台に乗せた分銅の全質量 m とする。データ点に対してずれが最も少ない直線を引いて，線上の離れた 2 点 $(x_1, m_1), (x_2, m_2)$ の値を読み取る。データ点とは異なる点を選ぶこと。

[4] ばね定数の計算

ばね定数 k は，式 (2) の復元力と重力のつりあいから，

$$k = \frac{\Delta f}{\Delta x} = \frac{\Delta m \cdot g}{\Delta x} = g\,\frac{\Delta m}{\Delta x} = g\,\frac{m_2 - m_1}{x_2 - x_1} \qquad \left(\frac{\Delta m}{\Delta x}\text{ がグラフの直線の傾き}\right)$$

である。ただし，単位系は国際単位系 (SI) として質量を kg，伸びを m で表していることに注意する。また，地表の重力加速度の大きさを $g = 9.80\,\mathrm{m/s^2}$ とする。

3–2 ばね秤法（静的特性）によるおもりの質量の測定

[1] 補助おもりによるばねの伸び

ばねから分銅台を取り外して，補助おもりを吊るしたときのばねの位置 X_1 を測定する。

[2] 補助おもりとおもりによるばねの伸び

測定対象のおもりを追加して，両方を吊るしたときのばねの位置 X_2 を測定する。

[3] おもりの質量

おもりの質量を M_1 とすると，$M_1 g$ によってばねが $X_2 - X_1$ だけ伸びたので，力のつりあいから $M_1 g = k(X_2 - X_1)$ が成り立つ。これから，測定対象のおもりの質量 M_1 は

$$M_1 = \frac{k(X_2 - X_1)}{g}$$

によって求まる。これがばねの静的特性を利用したばね秤の原理である。道具として使うためには 100 g，200 g，… などのところに目盛をふっておけばよい。

3–3 振動法（動的特性）によるおもりの質量の測定

この実験では，1/1000 s まで計測可能なストップウォッチを用いて，ばね振動の周期を正確に測定する。使用するストップウォッチにはラップ・タイムが記憶できる機能が付いている。ラップ・タイム記憶機能が使用できるように練習をしてから，周期の計測を始める。使い方については，ストップウォッチの説明書をよく読むこと。どうしてもわからない場合は，ラップ・タイム記憶機能を使わずに，一人が経過時間を読み上げ，もう一人の聞き役が記入してもよい。

[1] 補助おもりによるばねの振動周期

ばねに補助おもりのみ吊り下げて振動させる。このときスケールの目盛に平行に，あまり大きく上下させないように気をつける。（2 cm〜5 cm の振幅で十分に周期測定できる。）振動が安定したら，周期の計測しやすい位置，例えば，最上端または最下端におもりが達したときにストップウォッチをスタートさせ，振動の 10 周期分を連続 10 回，計 100 周期分の計測を行い，スタートからの時間とラップ・タイプをそれぞれ表に記録する。

表のラップ欄は，振動回数の数え間違いがないかのチェックに用いる。ラップ・タイムが 1 秒以上ずれていたら，測り間違いの可能性が高いので測定し直す。

表のデータから 50 周期分の時間を 5 個計算し，表の 50 回差の欄に記入する。計算のしかたは

60 周期にかかった時間から 10 周期にかかった時間を引く
70 周期にかかった時間から 20 周期にかかった時間を引く
80 周期にかかった時間から 30 周期にかかった時間を引く
90 周期にかかった時間から 40 周期にかかった時間を引く
100 周期にかかった時間から 50 周期にかかった時間を引く

である。この方法については，「第 1 編 総説の 6 測定データの整理」を参照すること。50 周期分の時間の平均をとり，これを 50 で割ったものを 1 周期分の時間 T_μ とする。

[2] 補助おもりとおもりによるばねの振動周期

ばねに補助おもりと測定対象のおもりの両方を吊り下げて振動させ，振動の 10 周期分を連続 10 回，計 100 周期分の計測を行い，表に記録する。

表のデータから 50 周期分の時間を 5 個計算して表の 50 回差の欄に記入し，50 周期分の時間の平均をとり，これを 50 で割ったものを 1 周期分の時間 $T_{M+\mu}$ とする。

[3] おもりの質量

おもりの質量を M_2 とすると，上で求めた 2 つの周期 T_μ と $T_{M+\mu}$ から

$$M_2 = \frac{k}{4\pi^2}\left(T_{M+\mu}^2 - T_\mu^2\right)$$

によって M_2 が求まる。これが，ばねの動的特性を利用した質量測定である。

3–4 電子秤によるおもりの質量の測定

最後に，測定対象のおもりの質量を電子秤で測定し，この値を M_0 として記録する。本実験の 2 つの方法で求めた M_1, M_2 の値の評価の基準（正解）として M_0 を用いる。

4 実験結果のまとめ

測定結果をまとめる。以下の項目を記入する。

(1) ばね定数の測定結果　k
(2) 振動周期の測定結果　T_μ および $T_{M+\mu}$
(3) 電子秤によるおもりの質量の測定値　M_0
(4) ばね秤法（静的特性）によるおもりの質量の測定値　M_1
(5) 振動法（動的特性）によるおもりの質量の測定値　M_2
(6) ばね秤法と電子秤による質量測定の相対誤差　$\dfrac{\Delta M_1}{M_0} = \dfrac{M_1 - M_0}{M_0}$
(7) 振動法と電子秤による質量測定の相対誤差　$\dfrac{\Delta M_2}{M_0} = \dfrac{M_2 - M_0}{M_0}$

5 測定データと計算の例

1. ばねの形状とばね定数

[1] 試料ばねの形状（図を書いて特徴をもれなく記入する。）

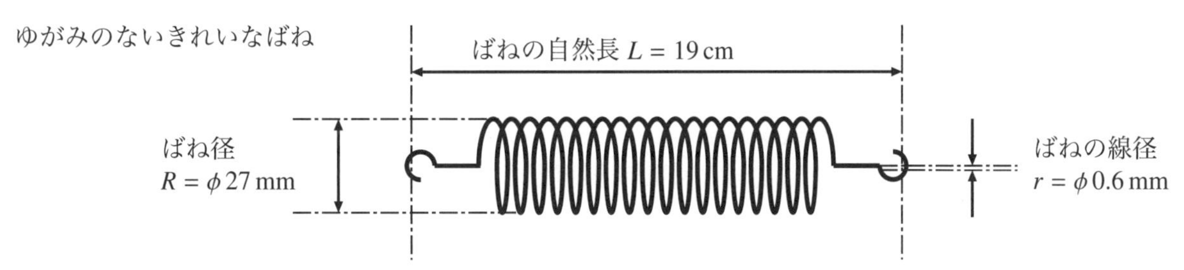

[2] 加重によるばねの伸び測定

ばね径 $R = \phi$ 27 mm，ばねの自然長 L = 19 cm，ばねの線径 $r = \phi$ 0.6 mm，材質：鉄										
m [g]	0.00	20.00	40.00	60.00	80.00	100.00	120.00			
$+x$ [cm]	3.2	13.7	24.3	34.7	45.2	55.7	66.2			
$-x$ [cm]	3.2	13.7	24.2	34.7	45.3	55.7	66.2			
x [cm]	3.2	13.7	24.3	34.7	45.3	55.7	66.2			

[3] 分銅の質量とばねの伸びのグラフ

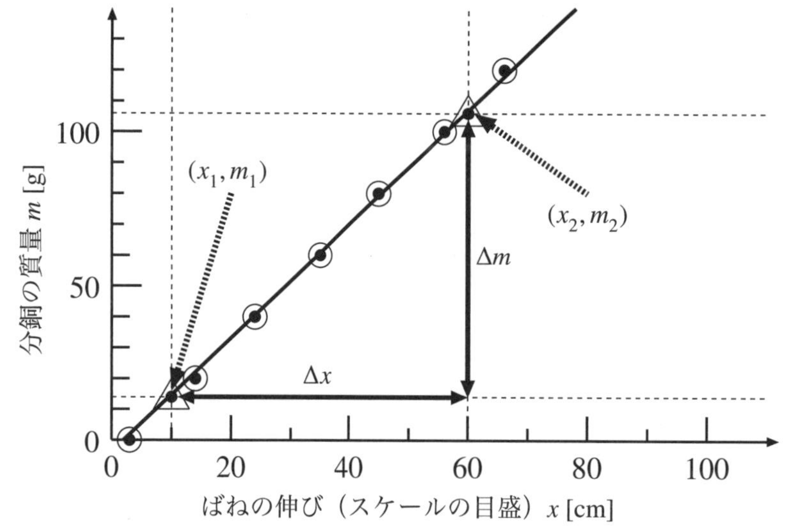

$x_1 = 10.0\,\mathrm{cm} = 0.100\,\mathrm{m}$
$m_1 = 13\,\mathrm{g} = 0.013\,\mathrm{kg}$

$x_2 = 60.0\,\mathrm{cm} = 0.600\,\mathrm{m}$
$m_2 = 107\,\mathrm{g} = 0.107\,\mathrm{kg}$

[4] ばね定数の計算

$$k = g\frac{m_2 - m_1}{x_2 - x_1} = 9.80\,\mathrm{m/s^2} \times \frac{0.107\,\mathrm{kg} - 0.013\,\mathrm{kg}}{0.600\,\mathrm{m} - 0.100\,\mathrm{m}} = \frac{0.9212\,\mathrm{N}}{0.500\,\mathrm{m}} = 1.84\,\mathrm{N/m}$$

2. ばね秤法（静的特性）によるおもりの質量の測定

[1] 補助おもりによるばねの伸び

$$X_1 = 8.2\,\mathrm{cm} = 0.082\,\mathrm{m}$$

[2] 補助おもりとおもりによるばねの伸び

$$X_2 = 64.9\,\mathrm{cm} = 0.649\,\mathrm{m}$$

[3] おもりの質量

$$M_1 = \frac{k(X_2 - X_1)}{g} = \frac{1.84\,\mathrm{N/m} \times (0.649\,\mathrm{m} - 0.082\,\mathrm{m})}{9.80\,\mathrm{m/s^2}} = 0.106\,\mathrm{kg}$$

3. 振動法（動的特性）によるおもりの質量の測定

[1] 補助おもりによるばねの振動周期

回数	分′ 秒″	ラップ	回数	分′ 秒″	ラップ	50 回差
10	12″669	12″669	60	1′15″588	12″624	62″919
20	25″254	12″585	70	1′28″219	12″631	62″965
30	37″884	12″630	80	1′40″803	12″584	62″919
40	50″468	12″584	90	1′53″354	12″551	62″886
50	1′02″964	12″496	100	2′06″000	12″646	63″036
	$\sum 10T$	126″000			$\sum 50T$	314″725

$$周期\ T_\mu = \frac{314.725\,\mathrm{s}}{5} \times \frac{1}{50} = 1.259\,\mathrm{s}$$

[2] 補助おもりとおもりによるばねの振動周期

回数	分′ 秒″	ラップ	回数	分′ 秒″	ラップ	50 回差
10	19″401	19″401	60	1′58″013	19″677	98″612
20	39″063	19″662	70	2′17″812	19″799	98″749
30	58″913	19″850	80	2′37″438	19″626	98″525
40	1′18″609	19″696	90	2′57″161	19″723	98″552
50	1′38″336	19″727	100	3′16″946	19″785	98″610
	$\sum 10T$	196″946			$\sum 50T$	493″048

$$周期\ T_{M+\mu} = \frac{493.048\,\mathrm{s}}{5} \times \frac{1}{50} = 1.972\,\mathrm{s}$$

[3] おもりの質量

$$M_2 = \frac{k}{4\pi^2}\left(T_{M+\mu}^2 - T_\mu^2\right) = \frac{1.84\,\mathrm{N/m}}{4\pi^2}\left(1.972^2\,\mathrm{s}^2 - 1.259^2\,\mathrm{s}^2\right) = 0.107\,\mathrm{kg}$$

4. 電子秤によるおもりの質量の測定

$$M_0 = 109.31\,\mathrm{g} = 0.10931\,\mathrm{kg}$$

＜実験結果のまとめ＞

(1) ばね定数の測定結果　$k = 1.84\,\mathrm{N/m}$

(2) 振動周期の測定結果　$T_\mu = 1.259\,\mathrm{s}$, $T_{M+\mu} = 1.972\,\mathrm{s}$

(3) 電子秤によるおもりの質量の測定値　$M_0 = 0.10931\,\mathrm{kg}$

(4) ばね秤法（静的特性）によるおもりの質量の測定値　$M_1 = 0.106\,\mathrm{kg}$

(5) 振動法（動的特性）によるおもりの質量の測定値　$M_2 = 0.107\,\mathrm{kg}$

(6) ばね秤法と電子秤による質量測定の相対誤差

$$\frac{\Delta M_1}{M_0} = \frac{M_1 - M_0}{M_0} = \frac{0.106\,\mathrm{kg} - 0.10931\,\mathrm{kg}}{0.10931\,\mathrm{kg}} = -0.030 \simeq -3\%$$

(7) 振動法と電子秤による質量測定の相対誤差

$$\frac{\Delta M_2}{M_0} = \frac{M_2 - M_0}{M_0} = \frac{0.107\,\mathrm{kg} - 0.10931\,\mathrm{kg}}{0.10931\,\mathrm{kg}} = -0.021 \simeq -2\%$$

6　演習問題

【基本問題】

問題 1.　A 君の質量は 60 kg である。A 君の体重を [kgw]（重力単位系）と [N = kg·m/s^2]（SI 単位系）で答えよ。([kgw] は重力キログラムといい，重力単位系での力の単位。[kgf] とも書く。それぞれ，kg weight, kg force の略。日本では [kg 重] ともいう。)

問題 2.　堅いばねと柔らかいばねでは，どちらのばね定数が大きいか。ばね定数の定義式を書いて説明せよ。

問題 3.　ばねの「静的特性」,「動的特性」とは何を指すか説明せよ。

【発展問題】

問題 4.　「堅いばね」と「柔らかいばね」では，どちらの振動周期が長いか。「振動周期」と「ばね定数」の関係式を書いて説明せよ。

問題 5.　車の足廻りにはスプリング・コイル，板ばね，空気入りタイヤなど，車の上下振動に関係する緩衝部品が付けられている。一人で運転する場合と定員過剰で運転する場合では，上下振動の周期はどちらが短いか。

問題 6.　月面で「振動法による質量の測定」を行うと，周期はどう変化するだろうか。ただし，月面の重力加速度は地上の 1/6 とする。

問題 7.　無重量状態で物体の質量を計測する方法を答えよ。

§2–2 ボルダの振り子による重力加速度の測定

1 はじめに

振り子時計は振り子の振幅がだんだんと小さくなっても正しく時を刻み続ける。振り子の周期が振幅によらないという「振り子の等時性」は，ガリレオ・ガリレイ（Galileo Galilei，1564 年 イタリア–1642 年）が学生の頃に発見したと言われている。吊るされたランプが振れるのを見ていて気が付いたというが，すぐに脈で時間を計って確かめたところがさすがである。では，振り子の周期は何で決まっているのだろうか。実はそれがわかると振り子の周期から重力加速度を簡単に測定できる。この実験では誤差の評価も含めた精密測定を行う。

1–1 実験の目的

ボルダ (Borda) の振り子（図 1）の周期と長さを測定して重力加速度の大きさ g を求める。誤差 Δg を評価して $g \pm \Delta g$ の形で結果を得る。有効数字 3 桁を目標とする。

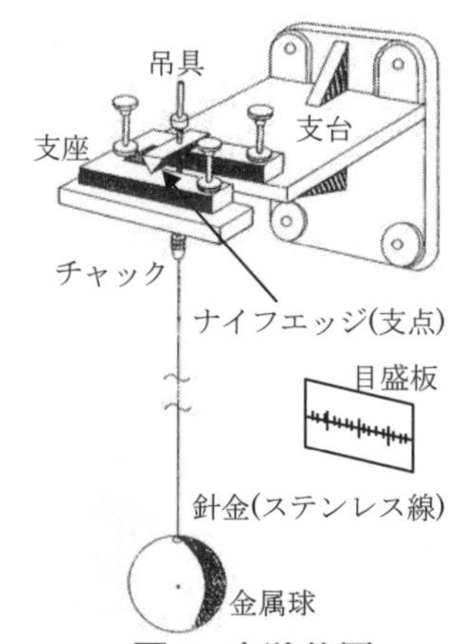

図 1: 実験装置

1–2 学習のポイント

(1) 振り子の運動と振動の基礎事項を理解する。
(2) 繰返し測定による精密測定と誤差の評価の練習を行う。
(3) 近似とその適用範囲について学ぶ。

2 測定原理

2–1 ボルダの振り子

ボルダの振り子は，図 1 のように細い針金で金属球を吊るした振り子である。鋭いナイフエッジを支点にしているために振動時の摩擦が少なく，あまり減衰を受けずに長時間振動させることができるという特徴を持つ。吊具は振り子の支点としてナイフ・エッジを有し，チャックで針金を吊るす器具である。また，吊具には周期調整用のネジがある。ナイフエッジの支座は 3 本の水平調整ネジ付きの平らな台で，実験室の壁に固定された支台の上に載せる。金属球は直径 4 cm ほどのメッキされた黄銅の球，針金は長さ 1 m ほどのステンレス線である。振り子の背後の壁には，振幅の読み取りと周期測定の目印のために目盛板が貼ってある。

2–2 重力加速度測定の原理と直接測定量

長さ h の単振り子の運動は，振幅が小さいときはほぼ水平方向（これを x 方向とする）の単振動（調和振動）となり，変位 x の時間変化は

$$x = \cos(\omega t + \delta) \tag{1}$$

で表される。このとき振動周期 T は

$$T = 2\pi\sqrt{\frac{h}{g}} \tag{2}$$

となる。この式を用いて，周期と振り子の長さから逆に重力加速度の大きさ g を求めるというのが基本アイデアである。式 (2) を変形すると重力加速度の大きさ g は

$$g = \frac{4\pi^2}{T^2}h \tag{3}$$

で求められる。5 円玉に糸を結んだような簡単な振り子と腕時計でも，この式で大雑把な値は分かる。この式には質量が出てこないが，振り子を動かす力は重力なので落体のように質量によらない関係となる。（「§1–3. 落体の運動」(p.39) を参照せよ。）注意すべきは，単振動になるのは振幅が小さいときだけであるということで，それ

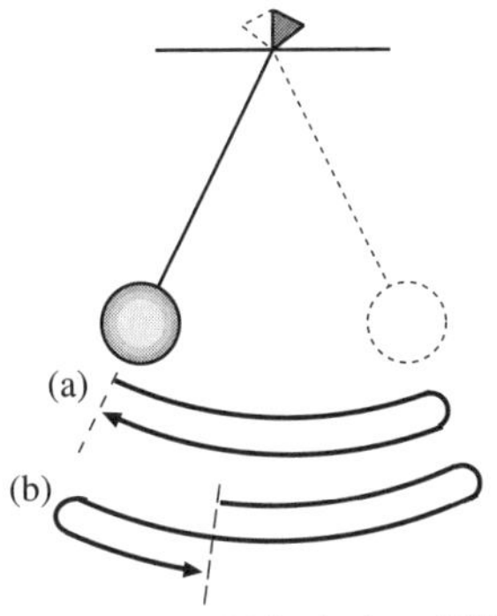

図 2: 振り子の周期。(a), (b) のどちらも 1 周期の動きを示す。位置だけでなく動く方向も含めてはじめの状態に戻るまでの時間が周期。望遠鏡で振り子を見ながら，ストップウォッチで測定する。

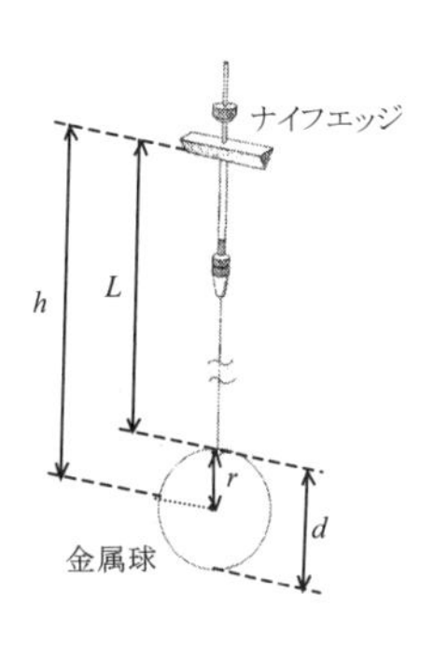

図 3: 長さの定義と関係。L をスチール物差，d をノギスで測る。$r = d/2, h = L + r$ である。

は重力による力がばねのような変位に比例した復元力になると近似できるからである。振幅が大きいと上の式は成り立たない。

より精密には形をもった剛体振り子（スパナの端を持ってぶらぶらさせるようなもの）と考えて，式 (2) の代わりに，金属球の慣性モーメント I を考慮した式

$$T = 2\pi\sqrt{\frac{I}{mgh}} \tag{4}$$

を使う。このために，吊具を含めたボルダの振り子全体が一体となって振動する状態（剛体振り子と見なせる状態）へと調整を行う。このとき，半径 r，質量 m の球の慣性モーメント I を用いると，重力加速度の大きさは

$$g = \frac{4\pi^2}{T^2}\left(h + \frac{2r^2}{5h}\right) \tag{5}$$

で表される。この式も質量 m とは無関係になる。

本実験では式 (3) または式 (5) を用いるために，以下の 3 つの量を測定する。（図 2，図 3）

- 振り子の振動周期 T
- 支点（ナイフエッジ）から金属球までの長さ L
- 金属球の直径 d

この他にもいくつか記録する項目があるので，次の測定手順をよく読むこと。

3 測定手順

1. 球の直径 D の測定

ノギスで 3 回測る。それぞれほぼ直交する 3 方向（x, y, z 方向）から測ること。

2. 振り子の調整

吊具だけの振動周期を，全体の周期とほぼ同じになるように調整する（図 4）。

(1) 金属球を吊るした状態で振動させて 10 周期分の時間 T_1 を測る。
(2) 一旦，針金をチャックからはずして吊具だけにする。
(3) 吊具だけで振動させて 10 周期分の時間 T_2 を測る。
(4) T_1 と T_2 を比較し数秒以上違っていた場合は，調整ねじを廻して移動させて再び T_2 を測る。差がそれ以上小さくできなくなるまで繰り返す。（ナイフエッジも移動できるが，なるべく動かさずに，最下点で固定する。移動した場合は，以後の周期測定の間に動かないように気をつけること。）
(5) 再び針金をチャックに取り付け，振り子をセットし直す。

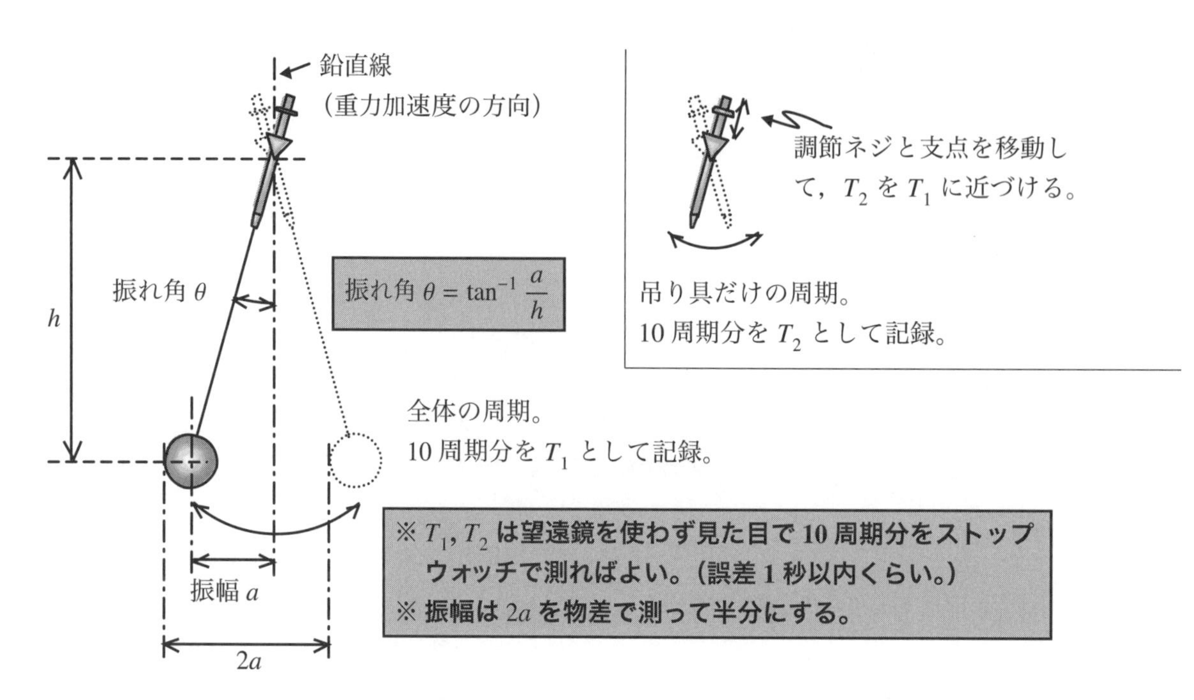

図 4: 振り子の調整と振幅の測定

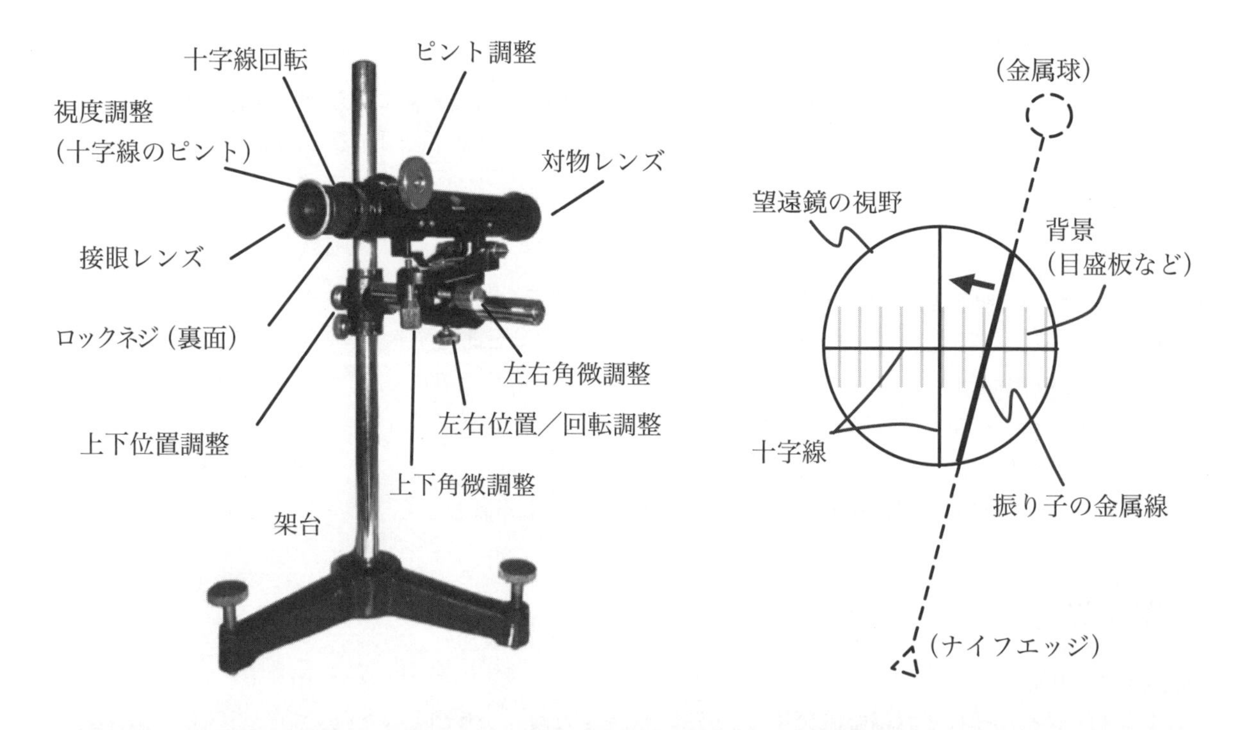

※ 望遠鏡で観察するときは，初めに位置を大まかに調整して壁の目盛板にピントを合わせ，それから振り子の金属線にピントを合わせるとよい。(右図のように，望遠鏡で見ると上下左右が逆転する。)
※ 十字線がはっきり見えない場合は視度調整をする。
※ 十字線がない場合や見にくい場合は，背景の目盛板か視野の縁を目印にする。
※ 中央の十字線を同方向（右 → 左または左 → 右）に金属線が横切る間隔が 1 周期。
※ 10〜30 周期数えて慣れてからストップウォッチをスタートさせる。

図 5: 望遠鏡を使った周期の観測

3. 長さ L の測定

スチール物差を振り子に沿うようにあて，金属球の上端とナイフエッジの位置を 3 回読み取り記録する。この差が L になる。1 mm の単位で読み取れるように工夫すること。また，それぞれ物差をあてる位置をずらすこと。

4. 周期 T の測定

(1) まず，振り子（金属球）を完全に静止させる。
(2) 振り子を振らせる。このとき次のことを注意する。
- 振幅 a が約 ±5 cm 以内（振れ角 θ が約 ±3° 以内）になるようにする（図 4）。
- 壁と平行に鉛直面内で振れるようにする。

(3) 開始時の振幅 a_1 を記録する。
(4) 望遠鏡で針金の動きを観察しながら，ストップウォッチで 10 周期ごとに 100 周期分の時間を測定して記録する（図 5）。
(5) 終了時の振幅 a_2 を記録する。

5. 長さ L の再測定

再び長さ L を 3 回測定する。

4 データ整理

4–1 測定量の整理

半径 r : 金属球の直径 R の平均値を算出し，$r = \dfrac{R}{2}$ とする。

長さ L : 周期測定前後の値 L_1, L_2 の平均値を算出し，さらにそれらの平均をとる。

振り子の長さ h ： $h = L + r$ で計算する。

振幅 a : 周期測定開始・終了時の振れ幅 $2a$ から算出しておき，それらの平均をとる。

振れ角 θ : $\tan\theta = \dfrac{a}{h}$ より $\theta = \tan^{-1}\dfrac{a}{h}$ なので，a と h から計算する。

周期 T : 10 周期毎の 100 周期分のデータから，表を使って 50 周期分の時間差 $50T$ を計算する。($50T$ のデータが 5 個できる。）これから，$T = \dfrac{50T \text{ の平均}}{50}$ で計算する。

4–2 重力加速度と誤差の計算

重力加速度の大きさ g は式 (5) で計算する。円周率 π は 3.14 では不十分であるので，小数点以下の桁数を十分に取る。誤差の計算は r が小さいので無視して式 (3) を考えると，相対誤差は誤差の 2 次以上の項を無視すると

$$\left|\frac{\Delta g}{g}\right| = 2\left|\frac{\Delta T}{T}\right| + \left|\frac{\Delta h}{h}\right| \tag{6}$$

で与えられる。(「§ 1–1. 角柱・円柱の密度測定」の「誤差を表す式」(p.24) を参照せよ。）ここで，絶対誤差 ΔT, Δh は次のように考える。

ΔT : $50T$ の平均値と各 $50T$ との残差 $\Delta 50T$ から $50T$ の標準誤差を算出し，その 1/50 を T の標準誤差として用いる。すなわち，

$$\Delta T = \frac{1}{50}\sqrt{\frac{\sum(\Delta 50T)^2}{5\,(5-1)}} \tag{7}$$

とする。平方根の分母の 5 は $50T$ のデータの数である。このため，表で $\Delta 50T$ と $(\Delta 50T)^2$ を計算する。

Δh : 測定回数が少ないので，読み取りに用いた物差の最小目盛を誤差とする。

重力加速度の大きさとその相対誤差から，重量加速度の大きさの絶対誤差 Δg を

$$\Delta g = g \times \frac{\Delta g}{g} \tag{8}$$

によって計算する。最終的な有効数字の桁数は，g と Δg を比較して決定する。また，参考として当地（埼玉付近）での標準的な重力加速度の大きさ

$$g_s = 9.798\,\mathrm{m/s^2} \tag{9}$$

との比較も行う。計算は自分でとった周期データについて行い，他のメンバーのものは結果だけ記録する。

5 測定データと計算の例

振り子の調整

全体の 10 周期 T_1 [s]	吊具だけの 10 周期 T_2 [s]	差 $T_2 - T_1$ [s]
21.3	18.9	2.4

金属球の直径 d　　（測定器具　ノギス　最小目盛　0.05 mm　）

回数	零点 [mm]	読み取り値 [mm]	測定値 d [mm]
1	0.00	41.30	41.30
2	0.00	41.30	41.30
3	0.00	41.35	41.35

平均値　41.30　mm

長さ L_1（周期測定前）　　（測定器具　物差　最小目盛　1 mm　）

回数	金属球上部 [mm]	ナイフエッジ [mm]	測定値 L_1 [mm]
1	314	1373	1059
2	287	1347	1060
3	283	1343	1060

平均値　1060　mm

長さ L_2（周期測定後）　　（測定器具　物差　最小目盛　1 mm　）

回数	金属球上部 [mm]	ナイフエッジ [mm]	測定値 L_2 [mm]
1	191	1251	1061
2	165	1224	1059
3	370	1427	1057

平均値　1059　mm

振幅 a　　（測定器具　目盛板　最小目盛　1 mm　）

	振れ幅 $2a$ [mm]	振幅 a [mm]	触れ角 θ [rad]
開始時	78	$a_1 = 39$	$\theta_1 = 0.036$
終了時	73	$a_2 = 37$	$\theta_2 = 0.034$

平均振幅　$a = \dfrac{a_1 + a_2}{2} =$　38　mm

平均振れ角　$\theta = \dfrac{\theta_1 + \theta_2}{2} =$　0.036　rad

振り子の長さ h

振り子の長さの誤差（物差の最小目盛）　$\Delta h = 1\,\mathrm{mm} = 1 \times 10^{-3}\,\mathrm{m}$

長さ　$L = \dfrac{L_1 + L_2}{2} = 1060\,\mathrm{mm} = 1.060\,\mathrm{m}$

金属球の半径　$r = \dfrac{d}{2} = 20.65\,\mathrm{mm} = 0.021\,\mathrm{m}$

振り子の長さ　$h = L + r = 1.081\,\mathrm{m}$

誤差を考慮した振り子の長さ　$h \pm \Delta h = 1.081 \pm 0.001\,\mathrm{m}$

周期測定

回数	経過時間 [s]	回数	経過時間 [s]	$50T$ [s]	$\Delta 50T$ [s]	$(\Delta 50T)^2$ [s^2]
10	20.85	60	125.22	104.37	0.072	5184×10^{-6}
20	41.89	70	146.12	104.23	−0.068	4624×10^{-6}
30	62.93	80	167.22	104.29	−0.008	64×10^{-6}
40	83.65	90	187.94	104.29	−0.008	64×10^{-6}
50	104.46	100	208.77	104.31	0.012	144×10^{-6}
				Σ 521.49	Σ 0.000	Σ 10080×10^{-6}
				平均 104.298		

残差 $\Delta 50T$ は $50T$ の値から平均値を引いて求める。残差の和は必ず 0 になる。残差の 2 乗の計算は「§1–1. 角柱・円柱の密度測定」(p.23) を参考にする。

周期 $T = \dfrac{50T\ \text{の平均}}{50} = \dfrac{104.298\ \mathrm{s}}{50} = 2.08596\ \mathrm{s}$

周期の誤差 $\Delta T = \dfrac{1}{50}\sqrt{\dfrac{\sum(\Delta 50T)^2}{5(5-1)}} = \dfrac{1}{50}\sqrt{\dfrac{10080 \times 10^{-6}\ \mathrm{s}^2}{20}} = 0.00044\ \mathrm{s} = 0.0004\ \mathrm{s}$

誤差を考慮した周期 $T \pm \Delta T = 2.0860 \pm 0.0004\ \mathrm{s}$

T の小数点以下の桁数を ΔT の小数点以下の桁数に合わせる。

<重力加速度の大きさと誤差の計算>

重力加速度の大きさ $g = \dfrac{4\pi^2}{T^2}\left(h + \dfrac{2r^2}{5h}\right) = \dfrac{4 \times 3.14159^2}{2.0860^2\ \mathrm{s}^2}\left(1.081\ \mathrm{m} + \dfrac{2 \times 0.021^2\ \mathrm{m}^2}{5 \times 1.081\ \mathrm{m}}\right)$

$= 9.07257 \times (1.081 + 0.00016)\ \mathrm{m/s^2}$

$= 9.80744\ \mathrm{m/s^2} = 9.8074\ \mathrm{m/s^2}$

2 行目括弧内の 2 項目は 1 項目に比べて小さいので無視してよい。

重力加速度の大きさの相対誤差

$$\left|\frac{\Delta g}{g}\right| = 2\left|\frac{\Delta T}{T}\right| + \left|\frac{\Delta h}{h}\right| = 2 \times \frac{0.0004}{2.0860} + \frac{0.001}{1.081} = 2 \times 0.00019 + 0.00093 = 0.0013$$

相対誤差のパーセント表示 $0.0013 \times 100\% = 0.1\%$

重力加速度の大きさの誤差 $\Delta g = g \times \dfrac{\Delta g}{g} = 9.8074\ \mathrm{m/s^2} \times 0.0013 = 0.01\ \mathrm{m/s^2}$

誤差を考慮した重力加速度の大きさ $g \pm \Delta g = 9.81 \pm 0.01\ \mathrm{m/s^2}$

g の小数点以下の桁数を Δg の小数点以下の桁数に合わせる。

<当地の重力加速度との比較>

当地の重力加速度の大きさの値 $g_s = 9.798\ \mathrm{m/s^2}$

当地の値との相対誤差（パーセント表示） $\dfrac{g - g_s}{g_s} \times 100\% = \dfrac{9.81 - 9.798}{9.798} \times 100\% = 0.1\%$

<まとめ>

結果 : $g \pm \Delta g =$ 9.81 ± 0.01 m/s^2 （振れ角 $\theta =$ 0.036 rad で測定）

有効数字の桁数 3

相対誤差 0.1%

当地の値との相対誤差 0.1%

当地の値と誤差の範囲内で一致したか？ 一致した

他のメンバーの結果 :

$g \pm \Delta g =$ 9.79 ± 0.01 m/s^2 （振れ角 $\theta =$ 0.040 rad で測定）

$g \pm \Delta g =$ 9.80 ± 0.04 m/s^2 （振れ角 $\theta =$ 0.028 rad で測定）

$g \pm \Delta g =$ ________ m/s^2 （振れ角 $\theta =$ ____ rad で測定）

6 課題

(1) チームで協力して振り子の調整を行え。

(2) チームの各自が1回ずつ望遠鏡を用いて周期の測定を行い，それぞれ結果を整理して重力加速度を求めよ。自分のデータの計算は人に頼らずにすること。

(3) 振り子の調整はうまくいったか。うまくいかないとすれば何が原因と考えられるか。

(4) 最も誤差に影響がある測定量は何だったか。誤差を小さくするためにはどんな方法が考えられるか。

(5) 指示があった場合，または特にチャレンジしてみたい場合は，振れ角をチームのそれぞれが系統的に変えて結果を比べてみよ。

(6) 等時性が成り立っているか確かめるにはどのような実験をしたらよいか考えよ。

(7) 時間があれば振れ角を思い切って大きくしたデータをとり，結果を比較せよ。

7 解説

7–1 重力と振り子

地球上の全ての物体は，その質量に比例した大きさの力で地表に向けて引っ張られている。この力が「重力」である。重力の大きさと質量の比例定数が重力加速度の大きさ g である。g の値は，地球を一様な球と仮定して万有引力の法則に従えば，地球の質量と地球の半径によって決まる。（「§1–3. 落体の実験」の「解説」(p.49) も参照せよ。）しかし，地球が完全な球ではないことや自転していることのために，実際は地球上の各地点で，多少，値が異なっている。（巻末の表7参照。）

振り子による g の測定は古くから行われていた方法で，簡単な装置にしては精度がよい。それは，この方法が，物体をほぼ水平に動かすことによってゆっくりした運動を起こさせていること，および，繰り返し測定の可能な周期運動を起こさせていることによる。

7–2 振り子の運動

ここでは p.72 から始まる「2. 重力加速度測定の原理と直接測定量」の式 (1)〜(3) を導く。図6のように，質量 m をもった質点Pが質量の無視できる長さ h の糸の先に付けられた振り子の鉛直面内での運動を考える。いま，ある時刻 t で糸が鉛直に対し角度 θ だけ振れているとすると，Pに働く力は大きさ mg，鉛直下向きの重力と，糸に沿ってPを引っ張る向きの糸の張力 S である。Pの最下点の位置を原点にとり，振動面内で水平方向に x 軸，鉛直上向きに y 軸をとると，運動方程式は x 方向

$$m\frac{\mathrm{d}^2 x}{\mathrm{d}t^2} = -S\sin\theta \tag{10}$$

および y 方向

$$m\frac{\mathrm{d}^2 y}{\mathrm{d}t^2} = S\sin\theta - mg \tag{11}$$

となる。振動は非常に小さいとし，鉛直方向の運動を無視できるとすると，式 (11) の左辺は 0，また，$\cos\theta \simeq 1$ としてよい。よって $S \simeq mg$ が成り立つので，これを式 (10) に代入し，さらに $\sin\theta = \dfrac{x}{h}$ を代入すると

$$\frac{\mathrm{d}^2 x}{\mathrm{d}t^2} = -\frac{g}{h}x \tag{12}$$

を得る。式 (12) は単振動の運動方程式と呼ばれる。式 (12) の解は

$$x = a\cos(\omega t + \delta) \tag{13}$$

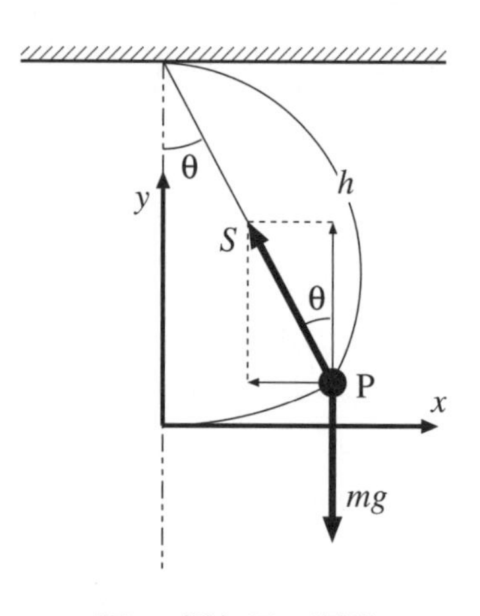

図6: 振り子の運動

と書くことができる。

a と δ は単振動の初期条件によって決定される。ω は角振動数と呼ばれ，式 (13) を式 (12) に代入することで

$$\omega = \sqrt{\frac{g}{h}} \tag{14}$$

と書き表されることがわかる。式 (13) で表される運動の周期 T は，$\omega T = 2\pi$ が成り立つことにより，

$$T = 2\pi\sqrt{\frac{h}{g}} \tag{15}$$

である。これから重力加速度の大きさは

$$g = \frac{4\pi^2}{T^2}h \tag{16}$$

となる。

7–3 振り子の形状を考慮した場合

ここでは p.72 から始まる「2. 重力加速度測定の原理と直接測定量」の式 (4)，(5) を導く。振り子を単振り子と考えず，球の大きさを考慮すると，出発点の運動方程式は糸につけた剛体球の回転方程式で

$$I\frac{\mathrm{d}^2\theta}{\mathrm{d}t^2} = -mgh\sin\theta \tag{17}$$

となる。ここで

$$I = mh^2 + \frac{2}{5}mr^2 \tag{18}$$

は球の糸の支点の回りの慣性モーメントであり，h は糸の長さと球の半径の和である。球の半径は r で表されている。式 (17) において，θ が小さいこと考慮すると単振動の方程式

$$\frac{\mathrm{d}^2\theta}{\mathrm{d}t^2} = -\frac{mgh}{I}\theta \tag{19}$$

が得られる。これより振動の周期 T は

$$T = 2\pi\sqrt{\frac{I}{mgh}} \tag{20}$$

となり，これから重力加速度の大きさは

$$g = \frac{4\pi^2}{T^2}\left(h + \frac{2r^2}{5h}\right) \tag{21}$$

により求まる。式 (5) もしくは式 (21) の括弧中の第 2 項は，本装置では第 1 項より十分小さく，有効桁数 3 桁の測定では無視できる。この場合これらの式は，式 (3) もしくは式 (16) に一致する。

7–4 振り子の運動とガリレイの等時性

前々節，前節の結論は θ が非常に小さいときにのみ正しいことに注意しよう。振り子の振動が式 (1) のような三角関数ひとつで表される単振動（調和振動）となり，その周期が振幅とは無関係であるという結果は振幅が小さい場合の近似にすぎない。振幅が大きい場合は力が振れ幅に比例せず $\sin\theta$ によって変わる形の微分方程式を扱わなければならない。その結果は単振動では表すことができず，振幅（振れ角）が大いほど単振動よりも周期が長くなる。すなわち，振幅によって周期が異なる。しかし，単振動で近似した場合と厳密な計算の誤差は振れ角が 30° で 2% 未満，振れ角が 50° でやっと 5% 程度なので，日常的な観察の範囲ではガリレイが見いだした振り子の等時性は十分に成り立つと言ってよい。なお，サイクロイド振り子という，振り子に特殊な軌跡を描かせるように作った振り子では，厳密に等時性が成り立つ。

§2–3 共振の実験

1 はじめに

図 1: 固有振動

図 2: 地震と建物の共振

ブランコ，ばねの運動，地震のゆれ，スピーカーの膜の運動など，**振動**は身の回りのいたるところで見られる現象である。また，水面波，音波，電波など我々になじみ深い**波動**も振動が空間を伝わっていく現象である。我々が住む世界には振動が満ち満ちていると言っても過言ではない。振動は一言でいうと，周期的に変化する運動ということができよう。振動を起こす簡単な方法は，振ったりたたいたりするなど，物に衝撃を与えることである。やってみると，振動を起こしやすい物体と起こしにくい物体があることがわかる。振動しやすい物体は，変形を加えるともとに戻ろうとする性質（**弾性**）が強い。さらに注意すると，物体によって振動の**振動数**（1 秒間に振動する回数）が決まっていることがわかる。物をたたくと，強くたたいても弱くたたいても同じ高さの音がする，あるいは図 1 のように，よくしなるステンレスやニッケルなどの薄い金属板の一端を固定して他端をはじくと，板特有の一定の振動数で振動するといった現象からこのことはわかる。このようによく振動する物体は物体固有の振動数で振動する。これを**固有振動**という。

さらにこの固有振動と関連して，**共振**という興味深い現象がある。この現象は，振動体に周期的外力（振動）が加わるとき，外力の振動数が物体の固有振動数に近いと，物体に大きな振動が起こるという現象である。このときの外力の振動数を共振振動数という。この現象は，地震のゆれに近い固有振動数を持った建物が倒壊しやすい現象（図 2）や，テレビや携帯電話等の通信機器が決まった周波数の電波を拾い出す同調という機能に，その例を見ることができる。

1–1 実験の目的

振動が起こりやすい弾性体に振動を起こさせて観測し，振動の様々な性質，特に「共振」を理解する。

1–2 学習のポイント

(1) 振動とはどんな現象か。どんな物体が振動するか。
(2) 振動数，周期，振幅
(3) ひずみゲージによる振幅測定
(4) 光センサによる振動数測定
(5) 共振

2 測定原理

2–1 実験装置の全体図および概要

実験装置の全体図を図 3 に示す。振動は，モーターの回転を往復運動に変換し，周期的外力を加えることにより起こす。振動の大きさはひずみゲージを使って測り，周期的外力の振動数 f は光センサを使って測ったモーターの回転数に等しい。回転速度を変化させながら，ひずみゲージ信号と光センサの信号をオシロスコープで観測する。

図 3 の装置を使い，回転数（往復運動の振動数）f とひずみ信号の振幅 A の関係を測定する。振幅 A が最大になる回転数 f_r が**共振振動数**と考えられる。次に別の装置を使って，振動体の弾性係数 k を測定する。おもりの質量 M をとすると，振動体の固有振動数は

$$f_p = \frac{1}{2\pi}\sqrt{\frac{k}{M}} \tag{1}$$

となる。（金属板の質量が十分小さい近似で成立。）測定された f_r と f_p を比較する。

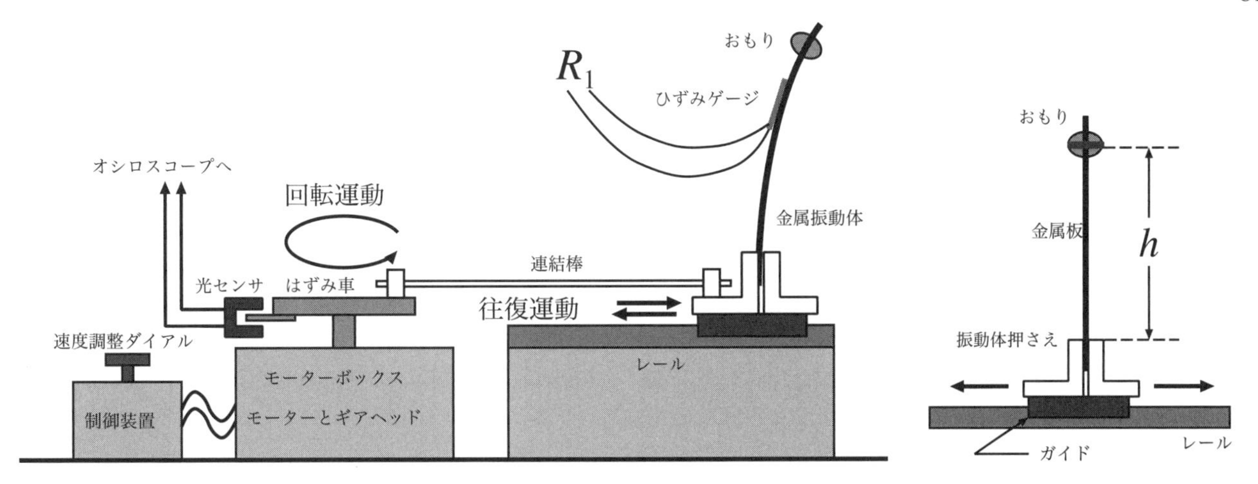

図 3: 実験装置全体図　　**図 4**: 振動体

2–2 振動体と振動の発生

振動体は図 4 のように厚さ約 0.5 mm，幅約 15 mm の金属板（金属製の定規）におもりとしてボルトとナットを取り付けたものである。振動の支点とおもりとの間隔 h は金属板を振動体押さえに差し込む際に調節できる。またおもりの質量を変えられるようにボルトとナットは 2 種類用意されている。モーターと連結棒でつながった振動体押さえは，ベアリングで滑らかに動くガイドに取り付けられており，レールの上で往復運動を起こす。この運動によって生じた強制力が振動体に伝えられ，振動が発生する。

2–3 モーターの回転と振動体の連結および回転数（振動数）の測定

回転を振動に変換し，回転数（振動数）を測定する原理を図 5 に示す。これは図 3 を上から見たものである。モーターによってはずみ車が回転すると，それと振動体押さえを連結する連結棒によって，振動体押さえがレールの上を滑りながら往復運動をする。一方，はずみ車に取り付けられた光しゃへい板が光センサを横切るたびに電圧パルスが発生し，これをオシロスコープで観測することにより回転数を測定する。振動体は，往復振動数（回転数）が固有振動数から遠く離れている時は往復振動とは関係なく振動するが，固有振動数に近くなると往復振動数と同じ振動数で振動する。

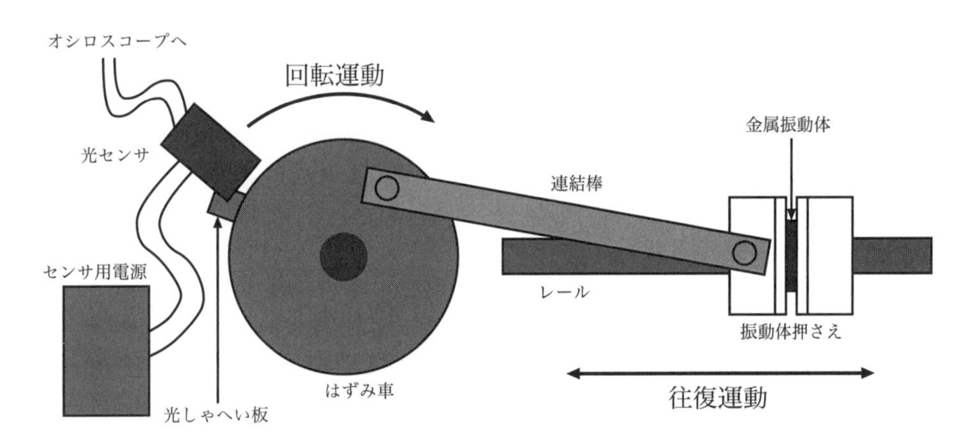

図 5: 回転と振動

2–4 ひずみゲージによる振幅測定

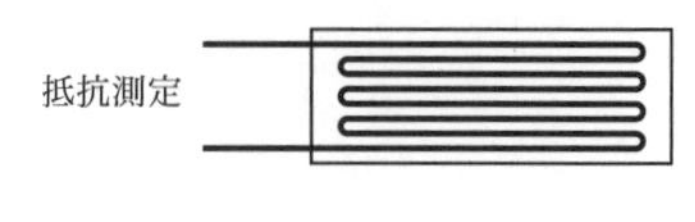

図 6: ひずみゲージ

ひずみゲージは図 6 のように細い金属線を束ねて薄膜に貼り付けたもので，これを試料の測定したい箇所に貼り付けると，試料の伸び縮みにしたがって金属線が伸び縮みして抵抗が変化する。この抵抗の変化を測定することにより，試料のひずみを測定する道具である。ひずみゲージの抵抗を R，抵抗変化を ΔR とすると

$$\frac{\Delta R}{R} = K\varepsilon \tag{2}$$

が成り立つ。ここで ε はひずみ，K はひずみ感度と呼ばれる定数である。(「§3–2. 金属線の伸びに対する電気抵抗変化の測定 — ひずみゲージの原理 —」(p.92) を参照せよ。)

この実験では，振動体にこのひずみゲージが貼り付けてある。振動体のゆれにしたがって表面部分が伸び縮みを起こしてひずみが生じる。そのひずみの大きさを測ることにより，振幅の大小を測ろうというものである。

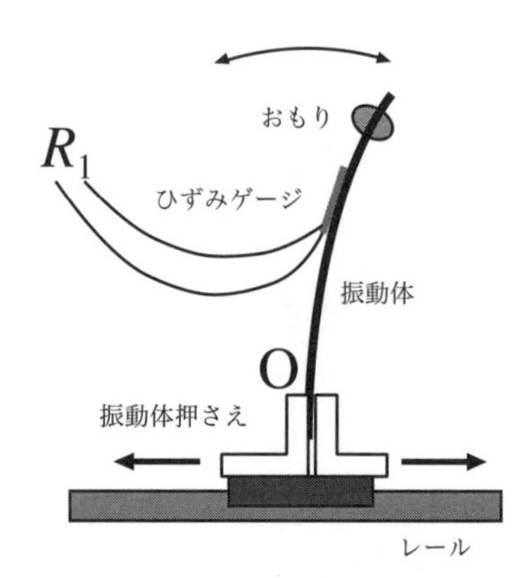

図 7: ひずみゲージと振動体

図 7 の振動体押さえが往復運動をすると振動体には点 O を支点とした**振動的たわみ**が生ずる。すると振動体に貼り付けられたひずみゲージの抵抗 R_1 が，その部分の伸び縮みを反映して周期的に変化するわけである。

※ ひずみゲージを利用せずに，ものさしを使って振動の幅を測定するので，その場合は教員の指示に従うこと。

2–5 ひずみ信号の観測

ひずみゲージからの信号は抵抗の変化であるが，この量は極めて微弱である上に測定に適さない。そこで図 8 に示す抵抗ブリッジによって抵抗変化を電圧変化に変換する。抵抗値を $R_1 \fallingdotseq R_2, R_3 \fallingdotseq R_4$ に設定し，それぞれに微小変化 $\Delta R_1, \Delta R_2, \Delta R_3, \Delta R_4$ があったとすると，このブリッジからの出力電圧 e は

$$e \fallingdotseq \frac{E}{4}\left(\frac{\Delta R_1}{R_1} - \frac{\Delta R_2}{R_2} - \frac{\Delta R_3}{R_3} + \frac{\Delta R_4}{R_4}\right) \tag{3}$$

となる (導出は解説参照)。理論的には R_1 だけが変化するので式 (3) の括弧の中の第 2, 3, 4 項はゼロになるべきだが，実際はリード線の抵抗やはんだ付けの具合などによりゼロにはならない。そこでゼロ点調整用可変抵抗を用いて R_1 以外の寄与を押さえると

$$e = \frac{E}{4}\frac{\Delta R_1}{R_1} = \frac{EK}{4}\varepsilon \tag{4}$$

となり，ひずみに比例する電圧値が得られる。実際はこの電圧もかなり小さいので，さらに増幅器で 1 V 程度の測りやすい電圧に増幅してオシロスコープで測定する。

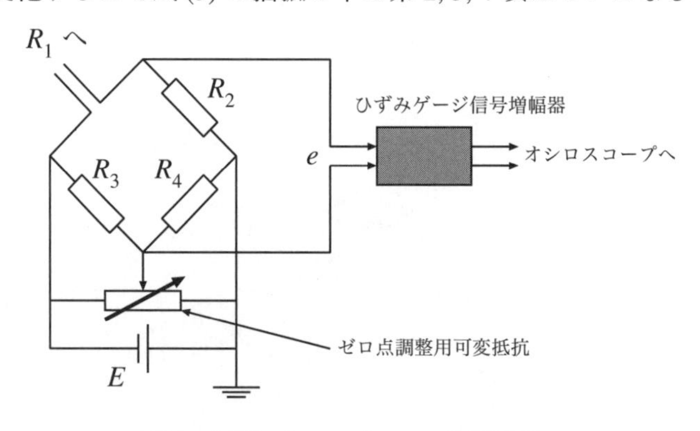

図 8: 抵抗ブリッジおよび増幅器

3 測定手順

3–1 結線図

図 9 のように各装置を結線する。100 V 電源は 3 個必要である。なお，**モーター&振動発生器およびモーター駆動装置はケースに入れたまま使用する**。次のことに注意する。

(1) リード線とターミナルはしっかりと結線する。モーターからのリード線は同じ色のターミナルにつなぎ，ターミナル同士が接触しないように注意する。

(2) 光検出器等を壊さぬよう，電源を入れる前に手ではずみ車を回して安全確認をする。

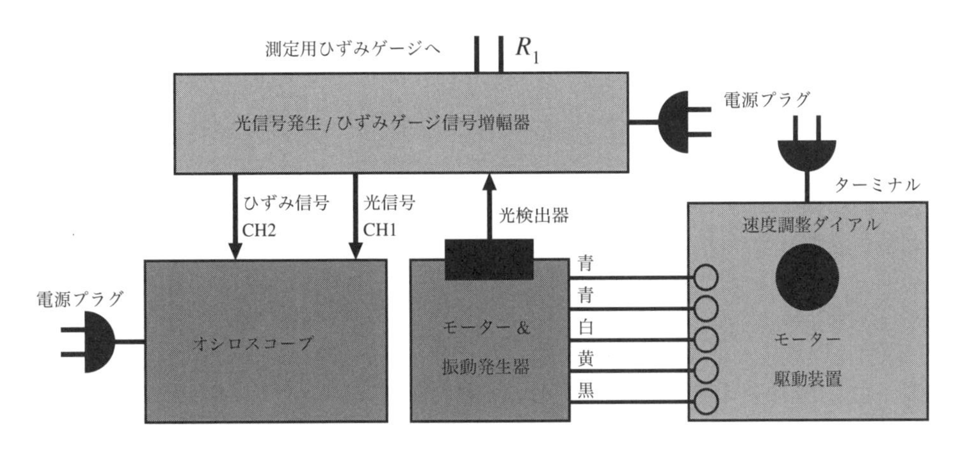

図 9: 装置の結線図

3–2 オシロスコープの準備

デジタルオシロスコープ DS-5102 を用いる。オシロスコープの基本操作については「§6–1. オシロスコープによる電圧波形の観測」(p.129) を参照せよ。

デジタルオシロスコープ DS-5102 の場合

(1) [1] キー，[2] キーを押して 2 現象入力，直流入力とし，電圧感度については CH1 を 5 V，CH2 を 200 mV〜500 mV とする。

(2) **時間軸**ノブで Time を 100 mS にする。

(3) [MEASURE] キーを押すと画面左にメニューが現れる。メニューから [CH1] を選んで，さらに [**時間測定**] メニューで FUNCTION つまみを回して [**周波数**] を選択すると，画面下段に黄色で Freq(1) = 2.02 Hz のように周波数（振動数）が表示される。

(4) [MEASURE] キーを押し画面左にメニューを出す。[CH2] を選び [**電圧測定**] メニューで FUNCTION つまみを回して [**最大最小**] を選ぶと Vpp(2) が下段に表示される。

3–3 振動数とひずみ信号の測定

(1) 3–1 の注意事項を読みながら図 9 のように装置を結線する。

(2) 振動体を振動体押さえに取り付ける。(支点になる部分には線が引いてある。折れそうになっていないか確かめること。)

(3) 振動体のおもりを取り付ける位置に穴があいている。この穴は後で弾性定数を測るのに用いる。物差しを使って支点の位置から穴までの距離 h を 1 mm 単位で測定する。

(4) CH2 とひずみゲージ増幅器をケーブルで接続し，**増幅器の電源を切った状態で CH2 の輝線の高さが中央に来るようにオシロスコープのポジションつまみで調整**する。はずみ車を手で回して触るものがないか確かめてから装置に電源を入れる。ここで**輝線が見えなくなった場合はひずみゲージ増幅器のゼロ点調整つまみ（多数回まわる目盛りがついたつまみ）を回して，中央に来るように調整**する。

(5) SWEEP MODE は AUTO にする。

(6) おもりを振動体の穴に取り付ける。

(7) モーター駆動装置の速度調整ダイアルをゆっくりと右に回す。

(8) はずみ車が回り始めると，オシロスコープの画面上の CH1 に矩形波（パルス）が，CH2 に振動する輝線が現れる。パルスは最初 1 個しか見えないが，回転速度を上げて行くと図 10 のように 2 個以上のパルスが現れる。**左のパルスがいつも同じ箇所に現れるのが重要**である。そうでない場合は，オシロスコープの TRIGGER LEVEL つまみを回して調整する。トリガーレベルは [+1 V] 程度となっていればよい。

(9) 画面に**パルスの振動数** f が [f = 1.2345 Hz] のように表示されているので（図 10），その値を報告書に記入する。また，ひずみ波形の振幅（の 2 倍）A（CH2, 単位 V）をオシロスコープの VOLT/DIV に注意して正しく読み取り（オシロスコープ画面下段の表示が [2 : 500 mV] なら），報告書に記入する。CH2 の電圧感度は振幅に応じて変更する。前項 3–2 の設定がなされていれば振動数 Freq と振幅の 2 倍 Vpp が下段に示されているので，これらを記録する。

(10) 速度調節ダイアルを回してモーターの回転速度を変化させる。モーターの回転による振動数が振動体の固有振動数に近くなると，振幅 A すなわち Vpp は大きくなる。そのあたりでは f を細かく変化させ，A が最大になる振動数（共振振動数）f_r を見つけて報告書の表の中ほどの欄に記録する。この際，振動体の揺れが大きくなって危険な場合があるのであまり顔を近づけない。

(11) 速度調整ダイアルを回して f を低い方から高い方へ変化させ A (Vpp) を測定する。

(12) ダイアルを回しても A が変化しなくなったら 1 回目の測定は終了。次に f を高い方から低い方へ変化させて 2 回目の測定を行う。

(13) 横軸を f，縦軸を A としてとの関係をグラフに描く。(図 12 参照。)

(14) おもりを変えて，(6) からの過程をもう一回繰り返す。

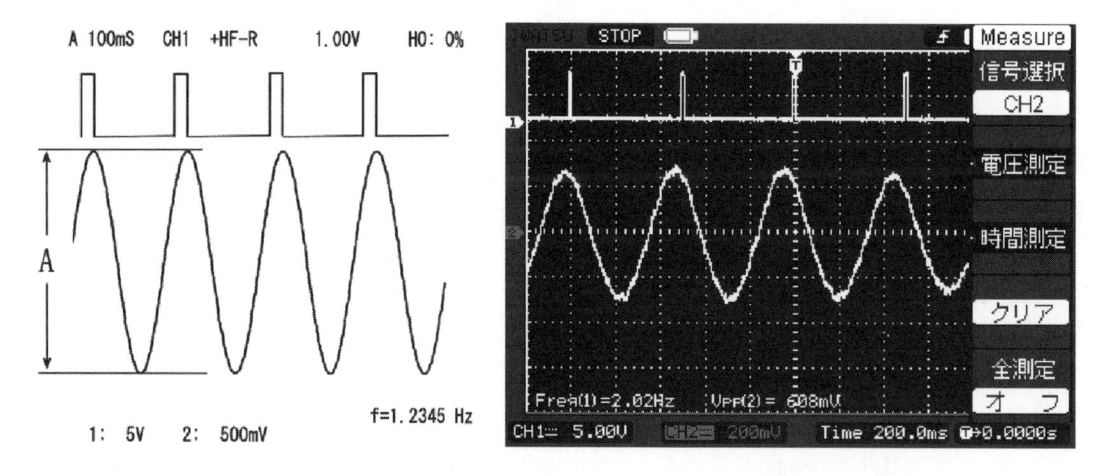

図 10: オシロスコープ画面上の光信号パルス，ひずみ波形および振動数

3–4 おもりの質量の測定

振動体を振動させるときに用いた 2 個のおもり（ボルトとナットをあわせたもの）の質量 M を電子天秤で測る。

3–5 振動体の弾性定数の測定

図 11 のように振動体をセットして，振動体の弾性定数 k を測定する。

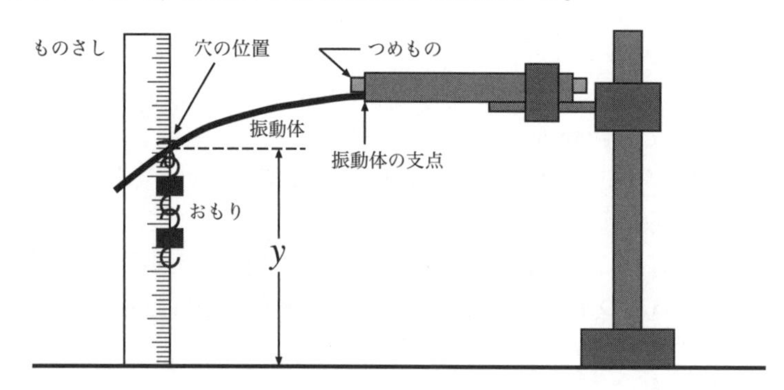

図 11: 振動体の弾性定数の測定

(1) 振動体を挟む部分が水平になるようにする。

(2) おもりを取り外した振動体を挟み込む。支点の位置を振動体押さえに挟んだときと同じにし，支点と振動体の穴との距離が h となるようにする。

(3) おもりを取り付ける穴に Ω 形の針金を通す。この針金におもりのフックをかける。

(4) この状態でものさしをあてがい，床から振動体の穴までの高さ y を 1 mm 単位で測る。

(5) おもり m を 5 g ずつ増やしながら高さ y を測る。30 g のときまで測る。

(6) y と m をグラフに描き，その変化を直線で近似して，直線の傾き $\dfrac{\Delta m}{\Delta y}$ を計算する。

(7) 振動体の弾性定数を $k = \left|\dfrac{\Delta m}{\Delta y}\right| g$ により求める。ここで $g = 9.80\,\mathrm{m/s^2}$ とする。

4 共振振動数および固有振動数の算出

(1) 2 個のおもりについて，振動数 f の変化に対して振幅 A が最大になるところから共振振動数 f_r を求め，さらに周期 $T = 1/f_r$ も計算する。2 回の測定について結果を記録する。

(2) 2 個のおもりについて，弾性定数 k とおもりの質量 m から振動体の固有振動数

$$f_p = \frac{1}{2\pi}\sqrt{\frac{k}{M}} \tag{5}$$

を計算する。

5 測定例

5–1 回転周期および振幅の読み取り（1 回目）

(1) おもり大　$h = 28.0\,\mathrm{cm}$　（▼ 1.92）

f [Hz]	0.97	1.19	1.43	1.60	1.81	1.92	2.05	2.22	2.40	2.60	2.80	3.02	3.24	3.37
A [V]	0.066	0.080	0.158	0.346	1.000	1.176	0.248	0.212	0.194	0.144	0.136	0.134	0.132	0.130

(2) おもり小　$h = 28.0\,\mathrm{cm}$　（▼ 2.28）

f [Hz]	1.04	1.19	1.43	1.60	1.80	2.01	2.21	2.28	2.40	2.65	2.80	3.00	3.20	3.41
A [V]	0.084	0.072	0.072	0.098	0.176	0.372	0.742	0.960	0.320	0.252	0.190	0.188	0.186	0.186

（表の上の▼印は，振幅が最大となる振動数。）

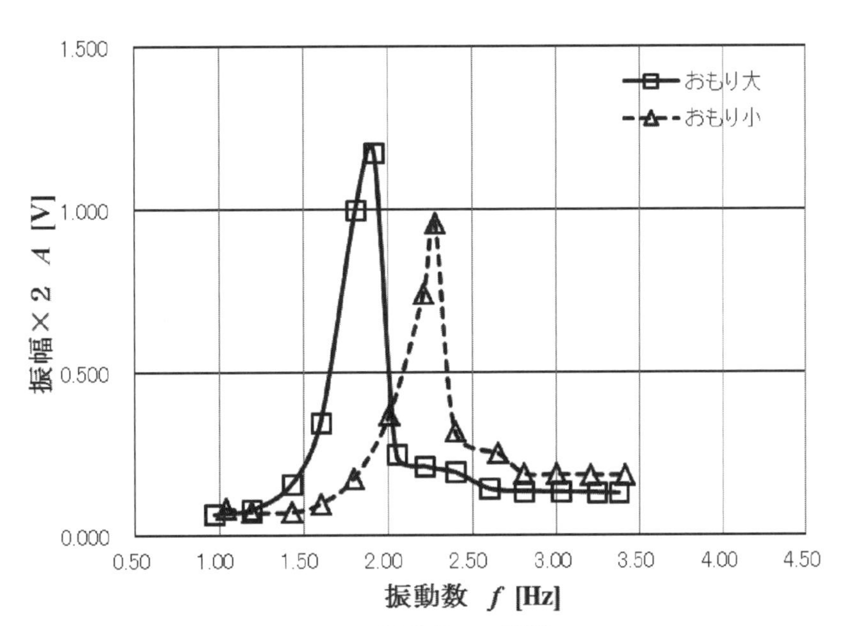

図 12: 振動数との関係

グラフより共振振動数は，おもり大では $f_r = 1.92\,\mathrm{Hz}$，おもり小では $f_r = 2.28\,\mathrm{Hz}$ であることがわかる。

5–2 おもりの質量の測定

おもり	大	小
ゼロ点	0.00 g	0.01 g
読み取り値	12.30 g	5.19 g
測定値 M	0.01230 kg	0.00518 kg

注意：ボルトとナットをあわせたものの質量を測ること。

5–3 弾性定数の測定および固有振動数の算出

$h = 28.0\,\mathrm{cm}$

m [g]	0.0	5.1	10.0	15.1	19.8	24.9	29.8
y [cm]	23.1	21.9	20.5	19.2	18.4	17.4	16.5

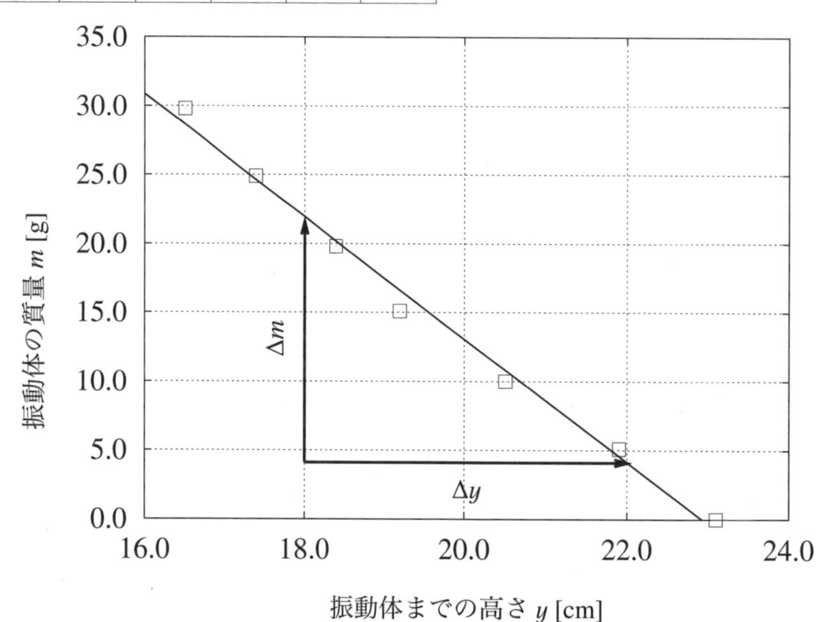

図 13: 振動体（おもり）の質量と振動体までの高さの関係

$k = \left|\dfrac{\Delta m}{\Delta y}\right| g$ から弾性定数 k を求め，$f_p = \dfrac{1}{2\pi}\sqrt{\dfrac{k}{M}}$ から固有振動数 f_p を求める。
グラフから $\Delta y, \Delta m$ を読み取り，

$$k = \left|\frac{0.0041\,\mathrm{kg} - 0.0216\,\mathrm{kg}}{0.220\,\mathrm{m} - 0.180\,\mathrm{m}}\right| \times 9.80\,\mathrm{m/s^2} = 4.29\,\frac{\mathrm{kg{\cdot}m/s^2}}{\mathrm{m}} = 4.29\,\mathrm{N/m}$$

(1) おもり大 ($M = 0.01230\,\mathrm{kg}$)

$$f_p = \frac{1}{2\pi}\sqrt{\frac{4.29\,\mathrm{N/m}}{0.01230\,\mathrm{kg}}} = \frac{1}{2\pi}\sqrt{\frac{4.29}{0.01230\,\mathrm{s^2}}} = 2.97\,\mathrm{Hz}$$

(2) おもり小 ($M = 0.00518\,\mathrm{kg}$)

$$f_p = \frac{1}{2\pi}\sqrt{\frac{4.29\,\mathrm{N/m}}{0.00518\,\mathrm{kg}}} = \frac{1}{2\pi}\sqrt{\frac{4.29}{0.00518\,\mathrm{s^2}}} = 4.58\,\mathrm{Hz}$$

6 解説

6–1 単振動・たわみ振動・共振

ここでは，台の上に取り付けられた，ある固有の振動数（**固有振動数**）を持つ振動体に，台を振動させるような周期的外力を加えたとき，どんな運動が起こるかを考察する。ぶらんこの例などから直感的に考えれば，固有振動数と同じ振動数を持つ外力が加われば振動が大きくなることが予想される。理論的にはどうなるであろうか。

「§ 2–1. ばね振動による質量の測定」(p.65) で解説したように，ある量 x が時間 t に対して

$$x = a\cos(\omega_p t + \delta) \tag{6}$$

のように変化する運動を**単振動**という。ここで a は**振幅**，ω_p は**角振動数**，δ は**位相定数**と呼ばれる。一般に振動数 f_p と角振動数 ω_p には $f_p = \dfrac{\omega_p}{2\pi}$ の関係がある。式 (6) は微分方程式

$$\frac{\mathrm{d}^2 x}{\mathrm{d}t^2} = -\omega_p^2 x \tag{7}$$

の解である。そこで式 (7) を**単振動の運動方程式**という。式 (6) が式 (7) の解となっていることは，式 (6) の x を t で 2 階微分すると $-a\omega_p^2 \cos(\omega_p t + \delta)$ が得られることから確かめられる。ばね定数 k のばねに質量 M のおもりをつけたときの運動方程式（「§2–1. ばね振動による質量の測定」(p.65)）を参照せよ）

$$M\frac{\mathrm{d}^2 x}{\mathrm{d}t^2} = -kx \tag{8}$$

や，重力加速度の大きさ g の下で長さ l のおもり付き振り子を振ったときの運動方程式（「§2–2. ボルダの振り子による重力加速度の測定」(p.72) を参照せよ）

$$\frac{\mathrm{d}^2 x}{\mathrm{d}t^2} = -\frac{g}{l}x \tag{9}$$

は, いずれも単振動の方程式である。式 (7) と式 (8) より，ばね振動における振動数は

$$f_p = \frac{\omega_p}{2\pi} = \frac{1}{2\pi}\sqrt{\frac{k}{M}} \tag{10}$$

で与えられる。これは系固有の量，すなわち質量 M とばね定数 k （式 (9) であれば g と l）によって決まる振動数なので**固有振動数**とも呼ぶ。

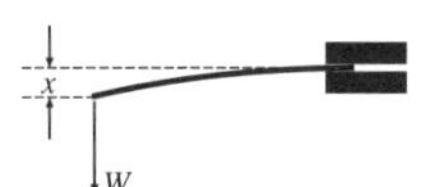

図 14: 片持ちはり

図 14 のように，弾性を持った薄い板でできた「片持ちはり」の端に大きさ W の力を加えたとき，その**たわみ（曲げ変形）** x は

$$x = (\text{定数}) \times W \tag{11}$$

で与えられる。この式は，ばね定数 k のばねを大きさ W の力で引っ張ったとき生じる伸び x と加える力の関係（フックの法則）

$$W = kx \tag{12}$$

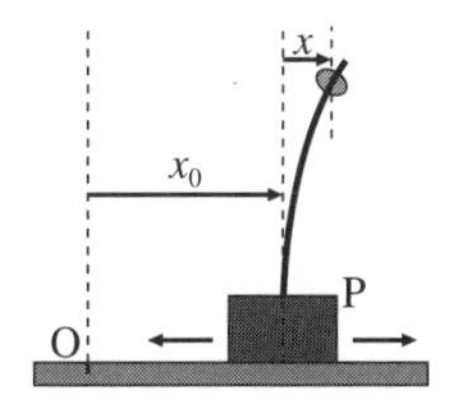

図 15: たわみ振動

と同じである。式 (12) の性質を持つばねに質量 M のおもりを付けて振動させたときの運動方程式が式 (8) で表されるとすると，本実験で扱うたわみの振動も（板の質量を無視する近似で）式 (8) で表される単振動と考えられ，固有振動数は

$$f_p = \frac{\omega_p}{2\pi} = \frac{1}{2\pi}\sqrt{\frac{k}{M}} \tag{13}$$

で与えられる。

次に，本実験のごとく，片持ちはりと同じ形をした弾性体を縦にして台を振動させたとき，おもりの運動はどのようになるかを考える（図 15 ）。これまでの考察から，振動体を取り付けた台 P が静止していれば，おもり Q の運動は式 (8) で表される。しかし，台 P が

$$x_0 = b\cos(\omega t) \tag{14}$$

で振動すると，おもり Q は振動体の弾性力のほかに**慣性力** $-M\omega^2 b\cos(\omega t)$ を受ける。したがって運動方程式は

$$M\frac{\mathrm{d}^2 x}{\mathrm{d}t^2} = -kx + M\omega^2 b\cos(\omega t) \tag{15}$$

となる。実際には空気抵抗力もあるがここでは無視した。微分方程式 (15) の右辺の第 2 項が無いとき，すなわち，慣性力が無いときの解は $x = a\cos(\omega_p t + \delta)$ となる。ただし $\omega_p/2\pi$ は式 (10) で与えられる固有振動数である。そこで式 (15) の解を $x = a\cos(\omega_p t + \delta) + D\cos(\omega t)$ とおいて式 (15) に代入し D を決めると

$$x = a\cos(\omega_p t + \delta) + \frac{\omega^2 b}{\omega_p^2 - \omega^2}\cos(\omega t) \tag{16}$$

を得る。この x が振動体に貼り付けたひずみゲージ信号の大きさに比例すると考えられる。

式 (16) によると，台 P の振動数 $\omega/2\pi$ が固有振動数 $\omega_p/2\pi$ と大きく違うときは，式 (16) の 2 個の項の振動数は大きく異なり，複雑な運動を行うものの第 2 項の効果は小さい。ω が ω_p に近づくと振動数が揃った振動が起こり，しかも第 2 項の分母がゼロに近づくため x は増大する。式の上からは $\omega = \omega_p$ のときは無限大となるが，実際は空気抵抗のため無限大とはならず，ここで大きさが最大となる。また，ω を変化させると，ω_p を境として式 (16) の第 2 項の符号が逆転することがわかる。

6–2 ブリッジ回路の出力

ここでは 2–5 の式 (3) を導出する。図 16（図 8 と同じ）において，R_1, R_2 を流れる電流を i_1，そして R_3, R_4 を流れる電流を i_2 とすると，

$$E = i_1(R_1 + R_2) \tag{17}$$

$$E = i_2(R_3 + R_4) \tag{18}$$

$$e = i_2 R_4 - i_1 R_2 \tag{19}$$

が成り立つ。式 (17), (18) より

$$i_1 = \frac{E}{R_1 + R_2} \tag{20}$$

$$i_2 = \frac{E}{R_3 + R_4} \tag{21}$$

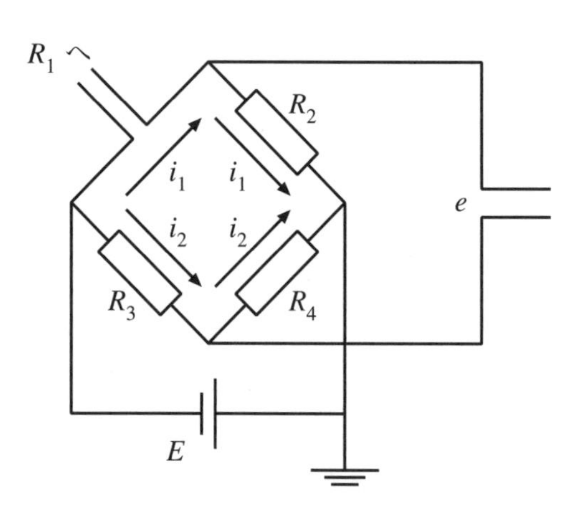

図 16: ブリッジ回路

となる。これらを式 (19) に代入すると

$$e = \frac{R_1 R_4 - R_2 R_3}{(R_1 + R_2)(R_3 + R_4)} E \tag{22}$$

となる。ここで抵抗値を $R_1 \fallingdotseq R_2, R_3 \fallingdotseq R_4$ に設定し，それぞれに微小変化 $\Delta R_1, \Delta R_2, \Delta R_3, \Delta R_4$ があったとすると

$$\begin{aligned} e &\fallingdotseq \frac{R_1\Delta R_4 + R_4\Delta R_1 - R_2\Delta R_3 - R_3\Delta R_2}{4R_1R_3} E \\ &= \frac{1}{4}\left(\frac{\Delta R_1}{R_1} - \frac{\Delta R_2}{R_2} - \frac{\Delta R_3}{R_3} + \frac{\Delta R_4}{R_4}\right) E \end{aligned} \tag{23}$$

すなわち，式 (3) を得る。

7 演習課題

課題 1.　身近なもので，振動する物体の例と共振現象の例を挙げよ。

課題 2.　振動体押さえの往復運動と，振動体のおもりの部分の振動の向きは同じか，違うか。その様子は共振点を境にしてどう変わるか。

課題 3.　測定された共振振動数，および弾性定数から計算した固有振動数はおもりの質量によってどのように違うか。

§3 連続体

§3–1 アルキメデスの原理

1 はじめに

アルキメデス（Archimedes，紀元前287年シチリア–紀元前212年）は古代ギリシアの数学者であり，技術者である。テコの原理や浮力の原理（アルキメデスの原理）など，静力学の研究において研究効果が大きく，また投石機，起重機，螺旋揚水機（アルキメデスのポンプ）の発明なども行った。ここではアルキメデスの原理を用いた物体の密度測定の方法を学ぶとともに，浮力とは何かについて学習する。

一般の密度については，「§1–1. 角柱・円柱の密度測定」の「はじめに」(p.23) を参照することにして，ここでは「質量の体積密度」を扱い，以下，単に「密度」と呼ぶ。密度とよく似た量に「比重」があるが，これらの意味の違いについても学習する。

密度を測るには，体積と質量を測る方法がある。「§1–1. 角柱・円柱の密度測定」(p.23) の場合には，幅や高さ，直径などを測ることによって体積を測ることができたが，複雑な形状をもつ物体の場合には体積を測るのは難しい。このような場合には，アルキメデスの原理を用いて，浮力を測ることによって体積を測る方法が利用できる。

1–1 実験の目的

複雑な形状をもつ物体（金属，石など）の密度をアルキメデスの原理を用いて測定する。それを通して，浮力，アルキメデスの原理について学ぶ。

1–2 用語解説

(1) 重量と質量

重量とは，物体にはたらく重力の大きさである。地表の重力加速度を $g = 9.8\,[\mathrm{m/s^2}]$ とすると，質量 $M\,[\mathrm{kg}]$ の物体の地表での重量 W は，

$$W = M\,[\mathrm{kg}] \times 9.8\,[\mathrm{m/s^2}] = 9.8M\,[\mathrm{N}]$$

である。($\mathrm{N} = \mathrm{kg{\cdot}m/s^2}$ は力の基本単位で**ニュートン**と読む。）これを重力単位系（1 [kg] の質量にかかる重力を力の 1 基本単位とする単位系）では M [kgw]，M [kgf]，M [kg 重] などと表し，質量と同じ数値になる。（日常生活ではこれを単に M [kg] と略すことが多い。）体重計などでは重量を量って重力単位系での数値を質量として表示する。「重さ」は質量ではなく重量のことを指すので注意する。

(2) 比重と密度

比重とは，水 1 [cc] (cubic centimeter, $\mathrm{cm^3}$) あたりの重量に対する比率である。比なので単位はない。通常の水の約 4°C での大気圧下での密度は 0.999972 [$\mathrm{g/cm^3}$] であり，ほとんど 1 [$\mathrm{g/cm^3}$] であるため，密度の値を $\mathrm{g/cm^3}$ の単位で表した場合には，比重と密度は数値的にほぼ同じ値となる。水に浮くかどうかは比重による。すなわち，比重が 1 より小さければ水に浮き，大きければ水中に沈む。

2 測定原理（浮力とアルキメデスの原理）

(1) 圧力

水などの流体中に入っている物体はまわりの流体から押されており，流体が物体を押す力は物体の表面に対して垂直である（図 1）。この力を考えるときには，物体表面の単位面積あたりにはたらく力の大きさがよく用いられ，これを圧力という（図 2）。図のように物体の側面（面積 $S\,[\mathrm{m^2}]$）がまわりの流体から大きさ $F\,[\mathrm{N}]$ の力を受けているとき，物体の側面が受ける圧力 P は $P = F/S\,[\mathrm{Pa}]$ である。（$\mathrm{Pa} = \mathrm{N/m^2} = \mathrm{kg/(m{\cdot}s^2)}$ は圧力の基本単位でパスカルと読む。）まわりの流体が水である場合は水圧と呼ばれ，大気の場合は大気圧と呼ばれる。圧力の大きさは，流体の密度と物体の深さによって決まる。重力加速度を $g\,[\mathrm{m/s^2}]$ とするとき，密度 $\rho\,[\mathrm{kg/m^3}]$ の流体中の深さ $h\,[\mathrm{m}]$ の地点における圧力は $P = \rho gh\,[\mathrm{Pa}]$ で与えられる。

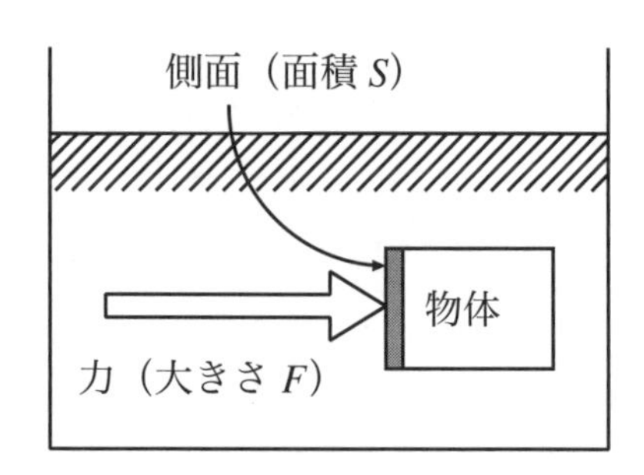

図 1: 流体中の物体が受ける力

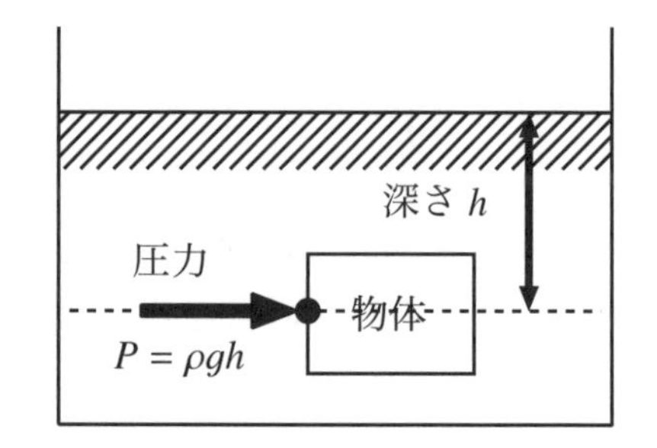

図 2: 圧力

(2) 浮力

浮力とは，水などの流体中にある物体が受ける力で，重力とは逆の方向にはたらく。浮力は流体による圧力が高さによって異なることで生じる。図 3 のような密度 $\rho\,[\mathrm{kg/m^3}]$ の流体中にある底面積 $S\,[\mathrm{m^2}]$，高さ $h\,[\mathrm{m}]$ の直方体（体積 $V = hS\,[\mathrm{m^3}]$）が受ける浮力を考えよう。ここで直方体の上面は深さ $h_1\,[\mathrm{m}]$ の位置に，底面は深さ $h_2\,[\mathrm{m}]$ の位置にあるとする。（$h = h_2 - h_1$ であることに注意。）同じ深さの地点における圧力は等しいので，側面では大きさが等しく互いに反対向きの圧力がはたらき，側面がまわりの流体から受ける力はつりあうことになる。一方，直方体の上面が受ける力と底面が受ける力は大きさが異なる。直方体の上面での圧力は $P_1 = \rho gh_1\,[\mathrm{Pa}]$ なので受ける力の大きさは $F_1 = P_1 S = \rho gh_1 S\,[\mathrm{N}]$ であり，底面での圧力は $P_2 = \rho gh_2\,[\mathrm{Pa}]$ なので受ける力の大きさは $F_2 = P_2 S = \rho gh_2 S\,[\mathrm{N}]$ である。よって直方体には重力とは反対向きに大きさ

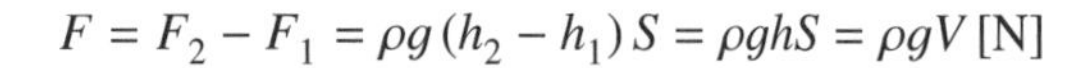

$$F = F_2 - F_1 = \rho g(h_2 - h_1)S = \rho ghS = \rho gV\,[\mathrm{N}]$$

の力を受ける。これが浮力である。

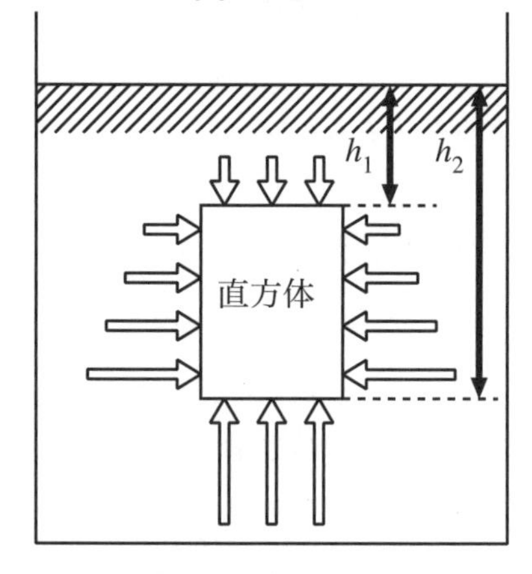

図 3: 圧力と浮力

(3) アルキメデスの原理

上の直方体の例において，直方体が受ける浮力の大きさは，直方体と同じ体積の流体（質量は $\rho V\,[\mathrm{kg}]$ で与えられる）にはたらく重力の大きさに等しいことがわかった。一般に，流体中で物体が受ける浮力の大きさは，その物体と同じ体積の（周囲）の流体にはたらく重力の大きさに等しい。体積 $V\,[\mathrm{m^3}]$ の物体が密度 $\rho\,[\mathrm{kg/m^3}]$ の流体の中にあるとき，物体が受ける浮力の大きさ $F\,[\mathrm{N}]$ は，重力加速度を $g\,[\mathrm{m/s^2}]$ として $F = \rho gV\,[\mathrm{N}]$ と表せる（図 4）。これをアルキメデスの原理という。

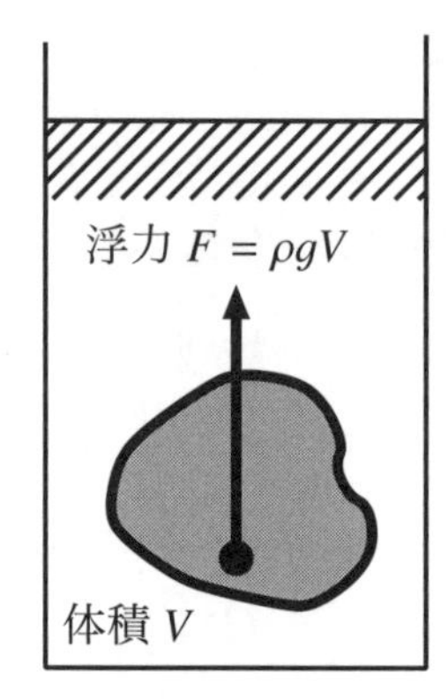

図 4: 浮力

(4) アルキメデスの原理を用いた体積の測定

天秤の上に，液体が入ったカップを置く。この液体中に，カップの底や側面につかないように，ひもでつるした状態で物体を入れる。このとき，物体が液体から浮力を受けると同時に，作用・反作用の法則によって，液体には浮力の反作用が重力と同じ向きにはたらく（図 5）。よって天秤の読み取り値は，浮力の反作用の分だけ大きくなる。大きくなった分を読み取ることによって浮力の大きさがわかるので，あらかじめ液体の密度がわかっていれば浮力から物体の体積を測定することができる。

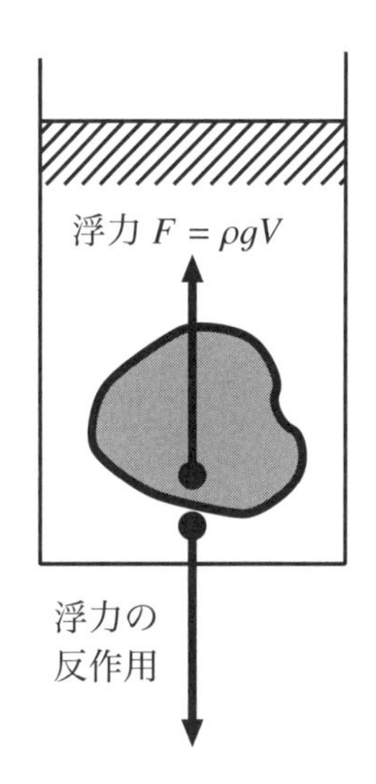

図 5: 浮力の反作用

3 密度の測定

(1) 天秤で物体の質量を直接測定する。（m [g] とする。図 6 左。）
(2) 水を入れたカップの質量を測定する。（m_1 [g] とする。図 6 中央。）
(3) 物体を水中にひもでつるしてその質量を測定する。（m_2 [g] とする。図 6 右。）
(4) 水の密度を 1.0 [g/cm^3] として，物体の体積 V [cm^3] を $V = m_2 - m_1$ により求める。
（単位に注意する。）
(5) 物体の質量 m [g] と体積 V [cm^3] から密度 ρ [g/cm^3] を求める。
(6) 物体の材質は何かを特定する。（巻末の密度表などを参照する。）

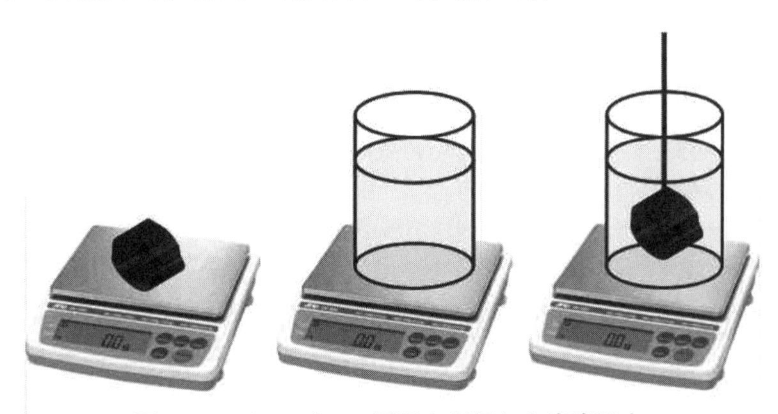

図 6: アルキメデスの原理を利用した密度測定。

4 演習問題

問題 1.　物体を水中にひもでつるしたとき，ひもでつるしているのにカップが重たくなったのはなぜか？

問題 2.　水中の物体に働く浮力はいくらか？

問題 3.　物体の比重はいくらか？

問題 4.　物が水に浮くための条件は何か？

§3–2 金属線の伸びに対する電気抵抗変化の測定 — ひずみゲージの原理 —

1 はじめに

工学の分野では，様々な機械や建造物に力が加わったときに生じる伸び縮みを測定するのに，「ひずみゲージ」（図1）が使われる。ひずみゲージは，細い金属線を曲げて束ねたものを物体に張り付け，物体の変形に従って金属線の長さが変化し，金属線に生じる電気抵抗の変化を測定することにより物体の伸び縮みを測るものである。ひずみゲージは物体の中の局所（非常に小さな部分）の伸び縮みを測ることが出来るので，さまざまな分野で広く使われている。

1–1 実験の目的

ひずみゲージの基本となる，力による物体の弾性変化，および物体の伸び変化による電気抵抗の変化を測定し理解を深める。

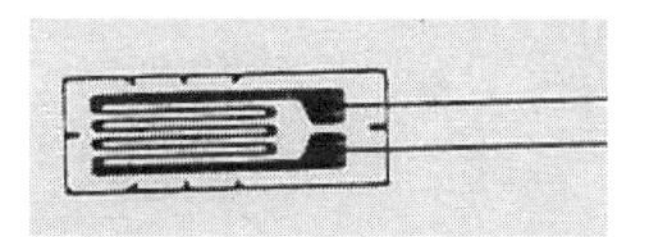

図1: ひずみゲージ

1–2 学習のポイント

(1) 金属線の「伸び」の測定（マイクロメータの読み方を含む）
(2) 抵抗の測定（デジタルマルチメータの扱い方を含む）
(3) 極端に大きな数値や小さな数値の計算
(4) ひずみと応力，ひずみと抵抗変化の関係の理解

2 測定原理

図2のように，試料の金属線を2つの滑車に通して鉛直にぶら下げ，荷重を一定量ずつ増やしながら，伸びと抵抗を同時に測定する。伸びの測定には図3のような「ザールの装置」を使用する。図3の左側（BB' 側）と右側（AA' 側）の間に水準器Pがあり，左右の位置関係がわかるようになっている。図3のAA' の部分が図2に示した試料である。Mの部分におもりを重ねることによっておもりの質量分だけ右側に加わる荷重を増やすことができる。おもりによる荷重を一定量増やすと，試料線が伸びて左右のバランスが崩れたことを水準器Pによって知る。そこで，再びPが水平になるまでマイクロメータDを廻し，どれだけ廻したかを目盛から読み取ることによって試料線の伸びを測る。抵抗は，図2のFの試料線の両端間の抵抗をデジタル・マルチメータで測定する。

ヤング率 E とひずみ感度 K を求める基本式は

$$\frac{\Delta F}{S} = E\frac{\Delta L}{L} \qquad \text{すなわち} \quad E = \frac{L}{S}\frac{\Delta F}{\Delta L} \tag{1}$$

および

$$\frac{\Delta R}{R} = K\frac{\Delta L}{L} \qquad \text{すなわち} \quad K = \frac{L}{R}\frac{\Delta R}{\Delta L} \tag{2}$$

である。ここで ΔF は加わる力の大きさ，S は試料の断面積，L は試料の長さ，ΔL は試料の伸び，R は抵抗，ΔR は抵抗変化である。また

$$\varepsilon = \frac{\Delta L}{L} \tag{3}$$

を「ひずみ」という。これらの式についての説明は「6. 解説」を参照すること。式 (1), (2) より，$\frac{\Delta F}{\Delta L}, \frac{\Delta R}{\Delta L}, S, L, R$ を測れば，ヤング率 E とひずみ感度 K が計算できることがわかる。$\frac{\Delta F}{\Delta L}$ はザールの装置で試料に加える力を変化させながら，試料の伸びの変化を測定することにより求めることができる。また，$\frac{\Delta R}{\Delta L}$ は試料の伸びの変化に対する抵抗値の変化を測定することにより求めることができる。

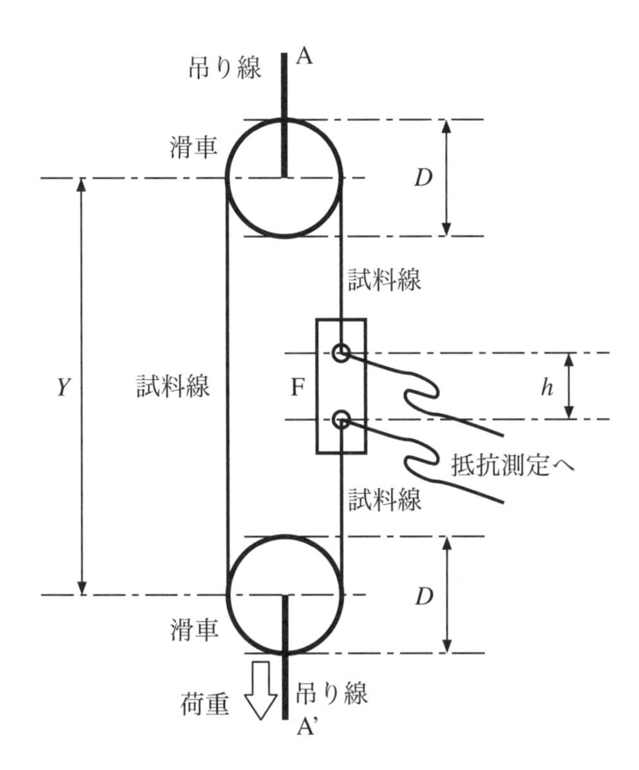

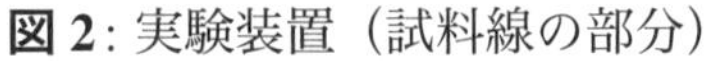
図 2: 実験装置（試料線の部分）

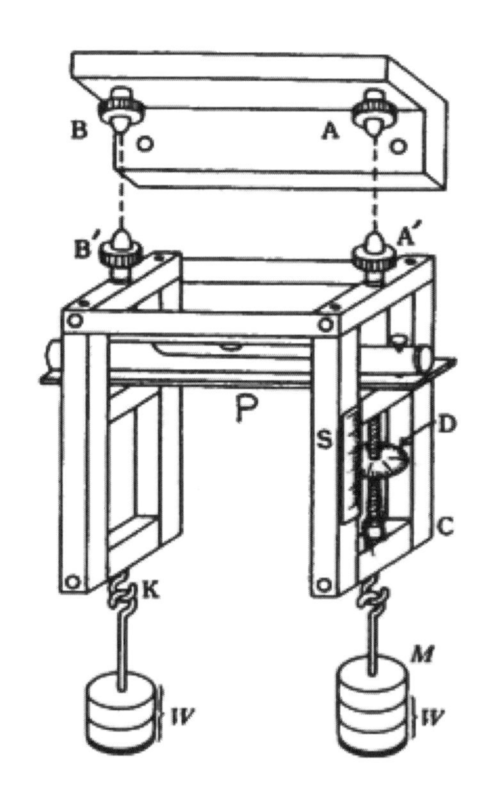

図 3: ザールの装置

3 測定

3–1 測定装置

[1] ザールの装置

ザールの装置は図 3 に示すように長さがほぼ等しい 2 本の金属線を吊るしたもので，一方の金属線 AA' は測定試料で，他方の BB' は補助用である。測定装置には水準器 P とマイクロメータ・ネジ C が付いている。補助用金属線のおもりを一定に保ち，測定試料の方におもりを加えていくと金属線が伸びて水準器 P の水平が崩れるが，マイクロメータ・ネジを廻して水準器を持ち上げ，水平に戻したときの目盛を読むことにより試料の伸びを測ることが出来る。

このザールの装置は本来ヤング率を測る装置であるが，本実験においてはヤング率とともにひずみ感度も測る。そのためなるべく大きな抵抗変化が生じるように，試料線として非常に細い金属線を用い，さらに滑車を使ってそれを 2 重巻きにして測る。図 2 の F の部分は図 4 のようになっている。すなわち，試料線の一端を絶縁物（アクリル板）上にネジ止めし，細い孔を通した後，2 つの滑車を通し再び同じアクリル板上に戻して，細い孔を通してからネジ止めする。試料線を細い孔を通してからネジ止めするのは，張力が，直接，ネジと試料線との接合部にかからないようにするためである。

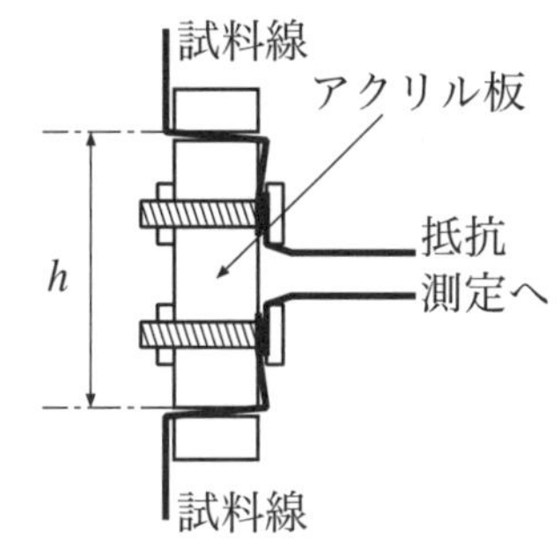

図 4: F の断面図

[2] デジタル・マルチメータ

本実験では抵抗の測定にデジタル・マルチメータ (DM) を使う。DM は電圧，電流，および電気抵抗を測り，その値をデジタル数として表示するものである。「デジタル (digital)」とは「アナログ (analogue)」に対する言葉で，アナログ数が連続数であるのに対してデジタル数はとびとびの不連続数である。ただし，測定器の種類分けを示すときは，アナログ測定器が針で文字盤の値を示すのに対して，デジタル測定器は決まった桁数の数字で値を表す。

抵抗測定の準備は次のように行う。

(1) 試料線の両端から出ている2本のリード線のうち赤い線をDMの「VΩ」入力に，黒い線を「COM」入力にしっかりと差し込んだあと，POWER ON。
(2) FUNCTION を OHM にする。
(3) SAMPLING の RATE を押して，SAMPLING速度を MID （10回/sec）とする。（画面に「M」と表示される。）これにより最大表示桁数が5桁となる。
(4) RANGE の DOWN を押して表示桁数を5桁にする。次に AUTO を押して抵抗値の単位が自動的に切り替わるようにする。

3–2 測定手順

ー注意ー
◆試料線は極めて細く，切れ易いので，おもりを加える時は静かに行う。また引っ張ったり急に力を加えたりしないこと。切れてしまった場合は，班で線を張り直してから再度実験を行う。

次の手順で測定を行う。

(1) ザールの装置に乗せていくおもり（計7個）の質量を1個ずつ電子秤で測定する。
(2) 図2，3，4を参照してザールの装置を吊り下げる。試料線とアクリル板の接合はしっかりとネジ止めする。A, A’, B, B’ のところで吊り線の長さを調節して，AA’，BB’ の長さがほぼ等しくなるようにする。
(3) 水準器Pを置き，おもり1個（200 g）を試料線と補助線の両方のおもり皿に置いたところで水準器の泡の位置が図5のように左右の基準線のどちらかに接するようにマイクロメータ・ネジDをまわす。（泡は中央にあるよりも水準器の左右の基準線のどちらかに接している方が見やすい。）

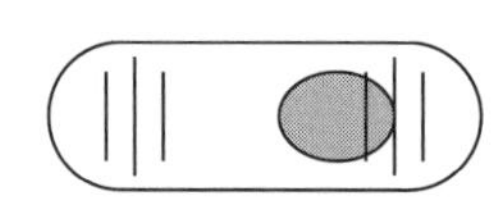

図5: 水準器

(4) アクリル板に取り付けた試料線の両端からのリード線をデジタル・マルチメータ (DM) の抵抗測定端子につなぎ，DMのスイッチをいれる。
(5) 上の滑車の中心から下の滑車の中心までの距離をものさしで1 mmまで読み Y_1 とする。
（1回目の距離測定。）
(6) 図2のSとDの目盛を0.01 mmまで読み y_0 とする。また同時に抵抗値を0.01 Ωまで読み R_0 とする。
(7) おもりを1個増やす毎に水準器の水平が崩れるので，Dを回して再び泡が元の位置に戻るようにして，そのときの目盛を0.01 mmまで読み y_i（i は加えたおもりの個数）とする。また，抵抗値を0.01 Ωまで読み R_i とする。おもりを加えていく操作とDを回す操作は装置が揺れないように片手で抑えながら行う。また，抵抗の表示値が変動しているときはしばらく待って変動が最小になってから，変動の中央値を読みとる。
(8) おもりを5個加えたところまで（最初に乗せたあった分を加えて計6個分まで）の測定が終わったら，次に1個ずつ減らしながら同じ測定を行い，S, Dの読みを y'_i，抵抗値を R'_i とする。（i の値は減っていくことに注意。）おもりを5個取り除いたところまで測定する。
(9) 上の滑車の中心から下の滑車の中心までの距離をものさしで1 mmまで読み Y_2 とする。
（2回目の距離測定。）
(10) (6)〜(8)をもう1回繰り返す。すなわち2往復分の測定を行う。これは，より正しい測定のためと，往きと復りの差（これをヒステリシスという）を小さくするためである。2往復目の y_i, y'_i の平均値を y_i（平均），R_i, R'_i の平均値を R_i（平均）とする。
(11) 上の滑車の中心から下の滑車の中心までの距離をものさしで1 mmまで読み Y_3 とする。
（3回目の距離測定。）
(12) 伸び y_i（平均）と加えたおもりの質量 W_i との関係，伸び y_i（平均）と抵抗値 R_i（平均）との関係をそれぞれグラフにプロットする。多少ばらついていても大体直線に近い分布をしていれば，データに最も近い直線を引く。全く直線からはずれている場合は，原因を考えて測定をやり直す。

(13) 伸びと加えたおもりの質量のグラフについて，直線上から 2 点 $(y_a, W_a), (y_b, W_b)$ を選んでそれらの値を記録し，直線の傾きの絶対値を

$$\left|\frac{\Delta W}{\Delta y}\right| = \frac{|W_b - W_a|}{|y_b - y_a|} \tag{4}$$

によって求める。絶対値記号をつけたのは，装置によってはおもりの増加に対してマイクロメータの読みが減る場合があるからである。また，伸びと抵抗値のグラフについて，直線上から 2 点 $(y_c, R_c), (y_d, R_d)$ を選んでそれらの値を記録し，直線の傾きの絶対値を

$$\left|\frac{\Delta R}{\Delta y}\right| = \frac{|R_d - R_c|}{|y_d - y_c|} \tag{5}$$

によって求める。精度の良い傾きを得るには，これらの 2 点はできるだけ離れている方が良い。「第 1 編 総説の 5–2. 間接測定値の誤差–誤差の伝播–」参照。

(14) 試料線の長さ L を記録する。そのために，3 回測定した 2 つの滑車の中心間の距離 Y_1, Y_2, Y_3 の平均をとり Y とする。上の滑車の直径と下の滑車の直径をノギスで 0.05 mm まで読み，平均をとって D とする。試料の先端間の距離（図 3 参照）をノギスで 0.05 mm まで読み h とする。これらの値から試料線の長さは

$$L = 2Y + \pi D - h \tag{6}$$

によって求まる。

(15) 試料線の断面積 S を記録する。断面積 S は

$$S = \frac{\pi d^2}{4} \tag{7}$$

で与えられる。ここで d は試料線の直径であり，本実験では $d = 1.00 \times 10^{-4}$ m（有効数字 3 桁）のものを使っているので，この値を用いて S を求める。

4 計算と結果

ヤング率 E とひずみ感度 K を以下に挙げる式に測定で得られた値を代入して計算する。代入した測定値の有効桁数を考慮して計算を行い，結果は単位と有効数字を明確に表すこと。

4–1 ヤング率の計算

重力加速度の大きさを g とすると，おもりに働く重力（大きさ Wg）の分だけ試料線に力が加わるが，試料線 2 本に加わるため 1 本あたりでは半分の $\frac{Wg}{2}$ となり，加わる力の大きさの変化分は $\Delta F = \frac{\Delta W \cdot g}{2}$ と表される。また，試料線の長さは式 (6) より $L = 2Y + \pi D - h$ であり，この実験では Y の長さが変化し，その変化分を式 (4), (5) において Δy と表しているので，$\Delta L = 2\Delta y$ である。よって，ヤング率 E は式 (1) から得られる式

$$E = \frac{L}{S}\frac{\Delta F}{\Delta L} = \frac{L}{S}\left|\frac{\Delta W \cdot g}{4\Delta y}\right| = \frac{Lg}{4S}\left|\frac{\Delta W}{\Delta y}\right| \tag{8}$$

によって求められる。重力加速度の大きさは $g = 9.81\ \mathrm{m/s^2}$ を用いる。

4–2 ひずみ感度の計算

ひずみ感度 K は式 (2) から得られる式

$$K = \frac{L}{R}\frac{\Delta R}{\Delta L} = \frac{L}{R_0}\left|\frac{\Delta R}{2\Delta y}\right| = \frac{L}{2R_0}\left|\frac{\Delta R}{\Delta y}\right| \tag{9}$$

によって求められる。R として 2 回目の測定値 R_0（平均）を用いる。

5 測定および計算例

[1] 試料の伸び，抵抗値の変化

回数 i	0	1	2	3	4	5
W_i (g)	0.00	199.97	399.94	599.90	799.87	999.82
① y_i (mm)	7.27	6.87	6.39	5.87	5.39	4.86
① R_i (Ω)	150.55	150.93	151.24	151.55	151.85	152.22
① y_i' (mm)	6.95	6.50	6.05	5.52	5.11	4.75
① R_i' (Ω)	150.63	150.96	151.30	151.62	151.96	152.30
② y_i (mm)	6.98	6.56	6.10	5.65	5.20	4.77
② R_i (Ω)	150.62	150.96	151.30	151.58	151.90	152.25
② y_i' (mm)	6.98	6.49	6.06	5.59	5.11	4.65
② R_i' (Ω)	150.33	150.77	151.20	151.57	151.95	152.23
y_i（平均）(mm)	6.98	6.53	6.08	5.62	5.16	4.71
R_i（平均）(Ω)	150.48	150.87	151.25	151.58	151.93	152.24

（平均は ② に対して行う。）

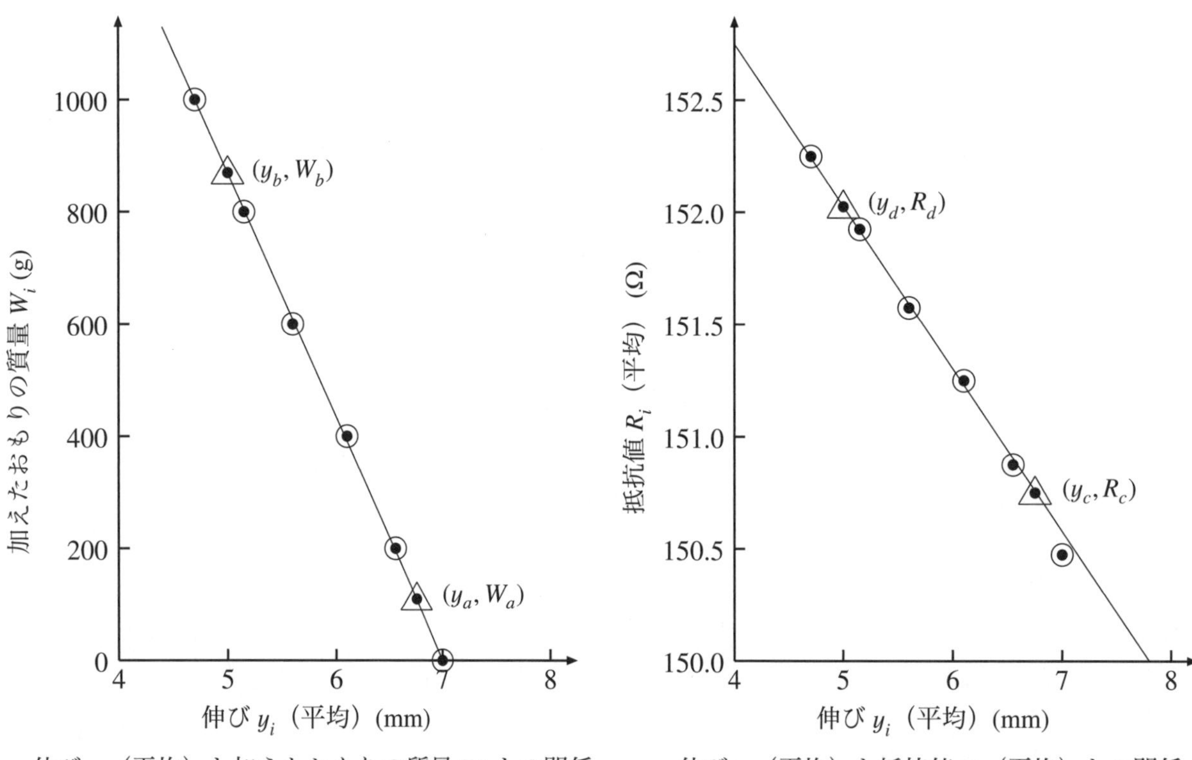

伸び y_i（平均）と加えたおもりの質量 W_i との関係　　伸び y_i（平均）と抵抗値 R_i（平均）との関係

グラフより

$(y_a, W_a) = (6.75\,\mathrm{mm}, 110\,\mathrm{g}) = (6.75 \times 10^{-3}\,\mathrm{m}, 110 \times 10^{-3}\,\mathrm{kg})$

$(y_b, W_b) = (5.00\,\mathrm{mm}, 870\,\mathrm{g}) = (5.00 \times 10^{-3}\,\mathrm{m}, 870 \times 10^{-3}\,\mathrm{kg})$

$$\left|\frac{\Delta W}{\Delta y}\right| = \frac{|W_b - W_a|}{|y_b - y_a|} = \frac{|870 \times 10^{-3}\,\mathrm{kg} - 110 \times 10^{-3}\,\mathrm{kg}|}{|5.00 \times 10^{-3}\,\mathrm{m} - 6.75 \times 10^{-3}\,\mathrm{m}|} = 434.2\,\mathrm{kg/m} = 434\,\mathrm{kg/m}$$

$(y_c, R_c) = (6.75\,\mathrm{mm}, 150.76\,\Omega) = (6.75 \times 10^{-3}\,\mathrm{m}, 150.76\,\Omega)$

$(y_d, R_d) = (5.00\,\mathrm{mm}, 152.03\,\Omega) = (5.00 \times 10^{-3}\,\mathrm{m}, 152.03\,\Omega)$

$$\left|\frac{\Delta R}{\Delta y}\right| = \frac{|R_d - R_c|}{|y_d - y_c|} = \frac{|152.03\,\Omega - 150.76\,\Omega|}{|5.00 \times 10^{-3}\,\mathrm{m} - 6.75 \times 10^{-3}\,\mathrm{m}|} = 725.7\,\Omega/\mathrm{m} = 726\,\Omega/\mathrm{m}$$

[2] 試料線の長さの測定

[2-a] 上の滑車の中心から下の滑車の中心までの距離 Y の測定

回数	ゼロ点 (mm)	読み取り値 (mm)	測定値 (mm)
1	72	682	610
2	53	662	609
3	35	644	609

平均値　$Y = 609.3\,\mathrm{mm} = 6.09 \times 10^{-1}\mathrm{m}$

[2-b] 滑車の直径 D の測定

	ゼロ点 (mm)	読み取り値 (mm)	測定値 (mm)
上	0.00	20.75	20.75
下	0.00	21.25	21.25

平均値　$D = 21.00\,\mathrm{mm} = 2.100 \times 10^{-2}\mathrm{m}$

[2-c] 試料の先端間の距離 h の測定

ゼロ点 (mm)	読み取り値 (mm)	測定値 (mm)
0.00	25.50	25.50

$h = 25.50\,\mathrm{mm} = 2.550 \times 10^{-2}\mathrm{m}$

試料の長さ：$L = 2Y + \pi D - h = 2 \times 0.609\,\mathrm{m} + \pi \times 0.02100\,\mathrm{m} - 0.02550\,\mathrm{m} = 1.258\,\mathrm{m} = 1.26\,\mathrm{m}$

[3] 試料の断面積

$d = 1.00 \times 10^{-4}\,\mathrm{m}$ を $S = \dfrac{\pi d^2}{4}$ に代入して $S = 7.853 \times 10^{-9}\,\mathrm{m}^2 = 7.85 \times 10^{-9}\,\mathrm{m}^2$

[4] ヤング率の計算

式 (8) に $L = 1.26\,\mathrm{m}$, $g = 9.81\,\mathrm{m/s^2}$, $S = 7.85 \times 10^{-9}\,\mathrm{m}^2$, $\left|\dfrac{\Delta W}{\Delta y}\right| = 434\,\mathrm{kg/m}$ を代入して

$$E = \frac{Lg}{4S}\left|\frac{\Delta W}{\Delta y}\right| = \frac{1.26\,\mathrm{m} \times 9.81\,\mathrm{m/s^2}}{4 \times 7.85 \times 10^{-9}\,\mathrm{m}^2} \times 434\,\mathrm{kg/m} = 1.70 \times 10^{11}\,\mathrm{N/m^2} = 1.7 \times 10^{11}\,\mathrm{N/m^2}$$

を得る。

[5] ひずみ感度の計算

式 (9) に $L = 1.26\,\mathrm{m}$, $R_0 = 150.48\,\Omega$, $\left|\dfrac{\Delta R}{\Delta y}\right| = 726\,\Omega/\mathrm{m}$ を代入して

$$K = \frac{L}{2R_0}\left|\frac{\Delta R}{\Delta y}\right| = \frac{1.26\,\mathrm{m}}{2 \times 150.48\,\Omega} \times 726\,\Omega/\mathrm{m} = 3.03 = 3.0$$

を得る。（ひずみ感度は無次元の量となることに注意。）

6　解説

6–1　物体の弾性変化（伸び縮み）

固体状の物体を動かないように固定して力 $\vec{F}$ を加えると，物体は一般に変形する。この変形には**伸び**，**縮み**（図 6），および，**ずれ**（図 7）の 2 種類がある。加える力がある範囲内にある間は，加える力の大きさと生じる変形とは比例し，且つ，力を取り去ると変形は 0 に戻る。このような変形を**弾性変形**といい，弾性変形を生じる力の上限を**弾性限界**という。力が弾性限界を越えると，変形は力に比例せず，また力を取り除いても変形は 0 に戻らない。このような変形を**塑性変形**という。（図 8 参照。）

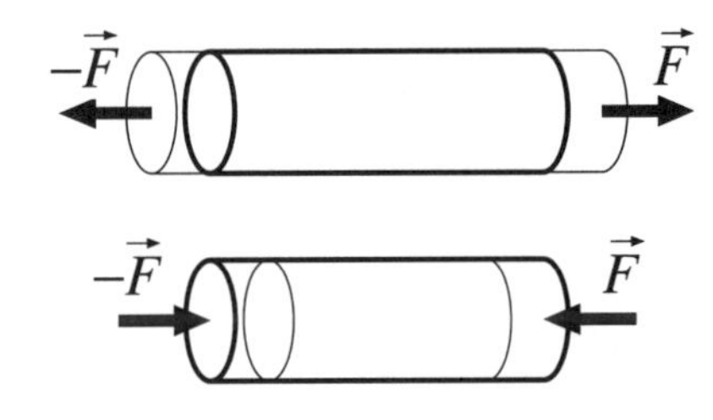

図 6: 伸び縮み変形

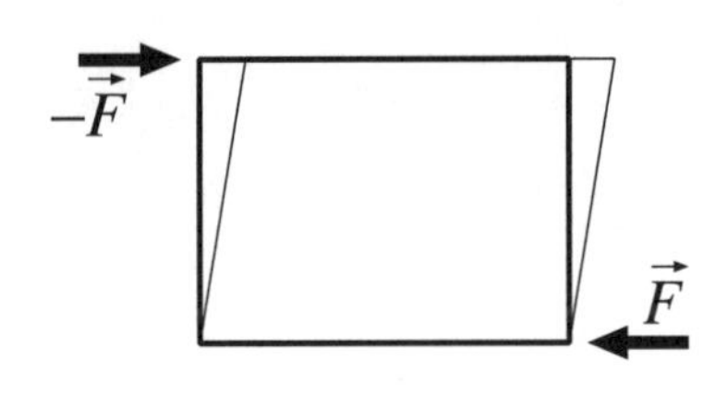

図 7: ずれ変形

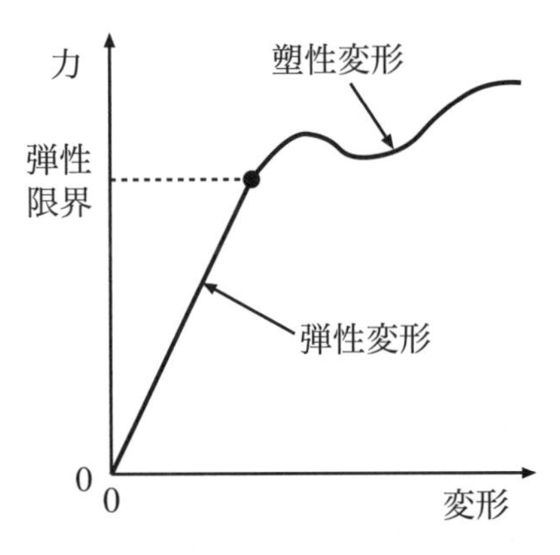

図 8: 力と変形

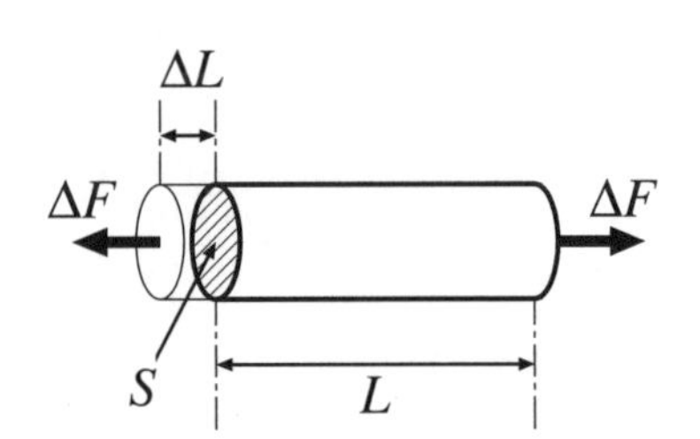

図 9: 伸びの弾性変形

ここでは，伸び縮みの弾性変形を扱う。図 9 のように，長さ L，断面積 S の円筒物体に大きさ ΔF の力が働いて ΔL だけ長さが変化した（$\Delta L > 0$ のときは伸び，$\Delta L < 0$ のときは縮み）とすると，

$$\frac{\Delta F}{S} = E\,\frac{\Delta L}{L} \tag{10}$$

が成り立つ。ここで E は**ヤング率**（または**ヤング係数**）と呼ばれ，物質の弾性的強さを表す重要な量である。ヤング率の単位は $\mathrm{N/m^2}$ である。また，

$$\sigma = \frac{\Delta F}{S} \tag{11}$$

を**応力**（単位 $\mathrm{N/m^2}$），

$$\varepsilon = \frac{\Delta L}{L} \tag{12}$$

を**ひずみ**（単位なし）といい，これらの量は材料を扱う力学でよく使われる。応力とひずみの関係は式 (10), (11), (12) より

$$\sigma = E\,\varepsilon \tag{13}$$

である。

また，物体の長さの方向に力を加えたとき，物体は長さの方向に伸び縮みを生じるわけであるが，当然それと垂直な方向にも変化を生じる。今，上で挙げた伸び ΔL に対して半径 r が Δr だけ変化したとすると，弾性変化に対して

$$\frac{\Delta r}{r} = -\nu\,\frac{\Delta L}{L} \tag{14}$$

が成り立つ。ここで定数 ν は**ポアッソン比**と呼ばれ，ヤング率とともに物質の種類によって決まる正の量である。マイナス記号（–）がつくのは，Δr と ΔL は必ず符号が反対，すなわち，伸びたら細くなり，縮んだら太くなると考えられるからである。

6–2 伸びによる電気抵抗の変化

一定の断面積を持った細長い物体に V [V] の電圧を加えたとき，I [A] の電流が流れたとすると，V と I は比例し，

$$V = RI \tag{15}$$

が成り立つ。ここで R を**電気抵抗**または単に**抵抗**といい，電流の流れにくさを表す定数である。R は物体の種類と形状に依存し，物体の電流が流れる方向の長さ L とそれに垂直な面の面積 S によって

$$R = \rho \frac{L}{S} \tag{16}$$

のように表される。（「§6–2. 静電気の実験」の「解説」(p.144) を参照せよ。）ここで ρ は**抵抗率**と呼ばれる定数で，物質の種類によって決まるが，物体の温度にも少なからず依存する。種々の物質に対する抵抗率の値は巻末の付録 2 に掲げてある。

さて，物体に力が加わると L, S, ρ が変化し，それに従って抵抗 R も変化する。経験によると，弾性限界内では抵抗変化の比 $\dfrac{\Delta R}{R}$ はひずみ ε に比例することがわかっている。すなわち

$$\frac{\Delta R}{R} = K\varepsilon \tag{17}$$

が成り立ち，ここで比例定数 K を**ひずみ感度**という。ひずみ感度はその物質をひずみゲージとして使うとき，その性質を表す重要なパラメタである。実際のひずみゲージは，ヤング率 E とひずみ感度 K がわかっている物質を使って $\dfrac{\Delta R}{R}$ を測定し，ひずみ ε や応力 σ を求めるのに用いられる。なお，ひずみ感度は多くの金属または合金に対して 2 に近い値となることが知られている。

7 演習問題

問題 1.　ヤング率を求める式 $E = \dfrac{Lg}{4S}\left|\dfrac{\Delta W}{\Delta y}\right|$ とひずみ感度を求める式 $K = \dfrac{L}{2R_0}\left|\dfrac{\Delta R}{\Delta y}\right|$ をそれぞれ導け。

問題 2.　ヤング率 $E = 1.16 \times 10^{11}\ \mathrm{N/m^2}$ を持つ物質のある場所に，ひずみ感度 $K = 2.01$ のひずみゲージを張り付け変形させたところ，$\dfrac{\Delta R}{R} = 0.0122$ の抵抗変化を示した。

(1) この場所に生じたひずみを計算せよ。

(2) この場所に生じた応力を計算せよ。

問題 3.　本実験のザールの装置では，試料線と異なる側の吊り線として直径 1.0 mm の真鍮線が使われている。この線の長さ 1.0 m の部分を 1.0 mm だけ伸ばすのにどれだけの力が必要か，巻末の表からヤング率を引用して計算せよ。

問題 4.　直径 0.50 mm，長さ 1.0 m の次の金属線の抵抗を求め，さらに両端に 5.0 V の電圧を加えたとき流れる電流をオームの法則を使って計算せよ。

(1) タングステン (0°C)　（抵抗率 $\rho = 4.9 \times 10^{-9}\ \Omega\cdot\mathrm{m}$）

(2) タングステン (1200°C)　（抵抗率 $\rho = 39 \times 10^{-9}\ \Omega\cdot\mathrm{m}$）

(3) 銅 (0°C)　（抵抗率 $\rho = 1.55 \times 10^{-9}\ \Omega\cdot\mathrm{m}$）

§3–3 流体の実験（ベルヌーイの法則）

1 はじめに

流体とは，各部分が互いに自由に動くという意味で，固体とは区別される物質の総称である。コップに水を注ぐと水はコップの形に納まる。しかし，コップをゆするとコップの中の水は自由に動く。一見自由に動いているコップの水（流体）はどのような法則に従っているのかを，実験を通して考えてみる。

1–1 実験の目的

地表上の質量 m の物体を落下させたり投げ上げたりしたとき，物体の位置エネルギー mgh（ここで g は重力加速度の大きさ，h は地面からの高さ）と運動エネルギー $mv^2/2$（ここで v は物体の速さ）の和 $mgh + mv^2/2$ は物体の位置や時間によらず一定値を保つ，すなわち**「力学的エネルギーの保存法則」**が成り立つ。

流体中でも，この力学的エネルギーの保存法則が成り立ち，これを考え出した**ベルヌーイ**（Daniel Bernoulli, 1700–1782，スイス）にちなんで**ベルヌーイの法則**と呼ばれている。この実験ではベルヌーイの法則と連続の式（質量の保存法則）を実験的に確かめ理解する。

1–2 学習のポイント

流体の実験を通して，次の用語を理解する。

(1) ベルヌーイの法則 (Law of Bernoulli)
(2) 連続の式 (Equation of continuity)
(3) 力学的エネルギーの保存法則 (Conservation law of kinetic energy)
(4) サイフォンの原理 (Principle of Siphon)

2 測定原理

ベルヌーイの法則は

$$\frac{1}{2}\rho v^2 + \rho g H + p = \text{const.} \tag{1}$$

と表現される。ここで ρ は流体の密度（単位 $\mathrm{kg/m^3}$），v は流体の流速（単位 m/s），g は重力加速度の大きさ（単位 $\mathrm{m/s^2}$），H は流体の高さ（単位 m），p は流体の圧力（単位 $\mathrm{Pa = N/m^2 = kg{\cdot}m^{-1}{\cdot}s^{-1}}$）である。左辺の第 1 項が運動エネルギー項，第 2 項が位置エネルギー項，第 3 項が圧力項である。また右辺の「const.」は一定（constant）の意味である。この式の詳細はp.105 の 6. 解説で述べる。

図 1 のような水路回路に小型ポンプを用いて水（流体）を循環させ，水路回路中の測定点（図 1 の G_1, G_2, G_3, G_4）での流速と水圧と高さを測定して式 (1) で表現されたベルヌーイの法則を検証する。図 1 中の電圧調整器は回路中を流れる水の速さを調節するのに用い，また，流量メータは水の速さを測定するのに用いる。この実験では，水路回路を倒して置いた「水平水路」での測定と水路回路を立てて置いた「垂直水路」での測定の 2 種類を行う。

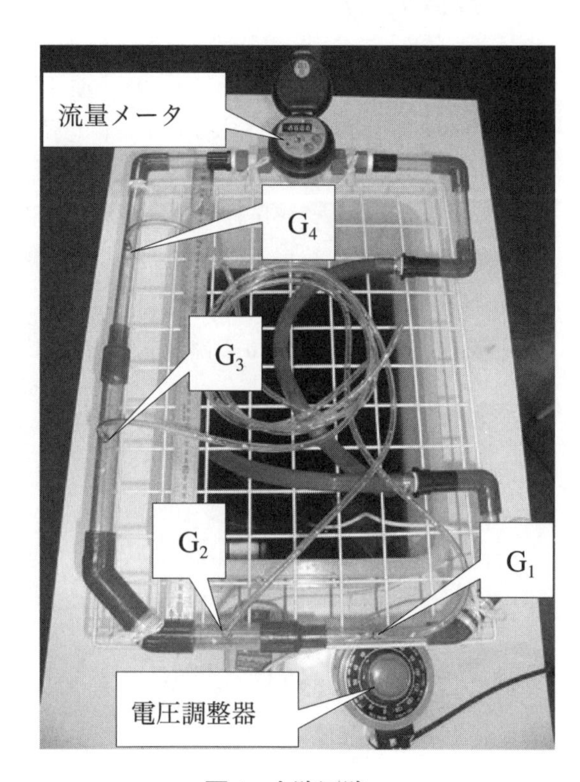

図 1: 水路回路

2–1 水平水路での測定原理

水平水路の場合は，高さ一定（H = const.）である。ベルヌーイの法則は，式 (1) の位置エネルギーに相当する ρgH を考えなくても良いので，

$$\frac{1}{2}\rho v^2 + p = \text{const.} \tag{2}$$

と表される。そこで，各測定点での流速 v と水圧 p を測定してベルヌーイの法則を検証する。

2–1–1 流速の測定（運動エネルギー項）

単位時間あたりに水路回路を流れる水の流量を V（単位 $\mathrm{m^2/s}$）とする。水路回路の測定点 G_i（i = 1〜4）での配管の断面積を S_i（単位 $\mathrm{m^2}$）とすると，測定点での流速 v_i（単位 m/s）は流量を断面積で割った $v_i = V/S_i$ によって与えられる。運動エネルギー項は $\rho v_i^2/2$ によって求まる。この実験では，装置に取り付けられた流量メータとストップウォッチを用いて，10 L（1 L は $10^{-3}\,\mathrm{m^3}$）流れるのに要する時間を計測し，そこから単位時間あたりの流量 V を計算する。また，配管の内径を ϕ_i（単位 m）とすると，測定点での配管の断面積 S_i は $S_i = \pi\phi_i^2/4$ で与えられる。

2–1–2 圧力の測定（圧力項）

水路回路の測定点には透明なビニロンホースが取り付けられており，回路に水が流れているときホースには水柱が立つ。この水柱の高さ h_i（単位 m）を測定することにより，測定点 G_i での圧力 p_i が $p_i = \rho g h_i$ により求まる。この実験では水管の中心軸に及ぼされる圧力を求めるため，図 2 のように水柱の高さを水管の中心軸から測定する。

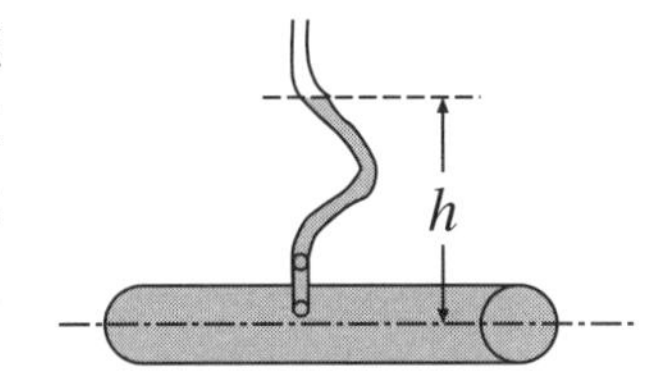

図 2: 水柱の高さ

2–2 垂直水路での測定原理

水路回路を立てることにより，測定点の高さが異なる状況での測定となる。そのためベルヌーイの法則の検証に用いる式は

$$\frac{1}{2}\rho v^2 + \rho gH + p = \text{const.} \tag{3}$$

である。水平水路と同様に流速と圧力を測定し，さらに測定点の高さを次のようにして測定する。

2–2–1 測定点の高さの測定（位置エネルギー項）

回路は水面に垂直に立てられているので，下端の配管の中心を高さの基準とし，各測定点の高さ H_i をこの基準からの高さとして測定する。位置エネルギー項は $\rho g H_i$ により求まる。（p.102 の図 3 参照。）

3 測定

3–1 測定装置

水槽，水路回路，小型ポンプ，電圧調整器（スライダック），スケール（1 m），ストップウォッチ，雑巾

※ **水路回路について** 管の内径は水道管規格で決められており，外径が ϕ18.0 mm の管の内径は ϕ13.0 mm で，外径が ϕ26.0 mm の管の内径は ϕ20.0 mm である。

※ **小型ポンプと電圧調整器（スライダック）について** ポンプの流量は，ポンプの電圧で変化する。電圧調整器の電圧を 50〜70 V の間で設定し，ポンプの流量を調節する。

3–2 測定準備（水平水路, 垂直水路共通）

次の手順で準備を行う。

(1) 水槽に水を水深 10〜13 cm 程度入れる。
(2) 水槽の上に水路回路を倒して置く（水平水路）。または，配管を水面に対して垂直に立てて置く（垂直水路）。
(3) 小型ポンプの流量を変える目的で電圧調整器（スライダック）を用いる。電圧調整器を 100 V の交流電源（コンセント）につなぎ，小型ポンプの電源は電圧調整器からとる。小型ポンプと水路回路をつなぎ，小型ポンプを水槽に沈める。
(4) 水圧測定用の 4 本の透明ビニロンホースは先端を水槽に差込んでおく。電圧調整器の電圧を 50 V 程度に設定し，ポンプのスイッチを押すと水平水路の配管に水が流れ始める。
(5) 電圧調整器の電圧を 70 V 程度に上げ，配管中に気泡が無くなるまで待つ。（70 V を越えないように注意する。）気泡が無くなったら，再度電圧を 50 V にする。
(6) 透明ビニロンホースの先端を水槽から出し，4 本を束ね，ひもで天井からの吊り下げコンセントに吊るす。

3–3 水平水路での測定

電圧調整器の電圧 50〜70 V の間で，ビニロンホースにできる水柱の高さが測定できるような，2 種類の電圧でそれぞれ次の測定および計算を行う。

(1) 水路回路が水平に置かれていることを確認する。
(2) 4 箇所の測定点での配管の外径および内径を記録する。
(3) 設定した電圧で，各測定点でのビニロンホースにできる水柱の高さを測定し，記録する。水柱の高さは配管の中心線からの高さとする。水柱の高さが脈動しているときは平均の高さを測定する。
(4) 設定した電圧で，配管に取り付けた流量メーターで 10 L（流量メーターを読む）流れるのに必要な時間をストップウォッチで計測する。
(5) 流量と配管の内径から，各測定点での流速を求める。

3–4 垂直水路での測定

電圧調整器の電圧 50〜70 V の間で，ビニロンホースにできる水柱の高さが測定できるような，2 種類の電圧でそれぞれ次の測定および計算を行う。

(1) 図 3 のように，水路回路を立てて，下側の配管の中心軸を基準とする。図 3 の場合，測定点 G_1, G_2 の高さ H_1, H_2 は $H_0 = 0.000$ m である。
(2) 4 箇所の測定点での配管の外径および内径を記録する。
(3) 各測定点は基準からの高さを測定し記録する。
(4) 設定した電圧で，各測定点でのビニロンホースにできる水柱の高さを測定し，記録する。水柱の高さは配管の中心軸からの高さとする。水柱の高さが脈動しているときは平均の高さを測定する。
(5) 設定した電圧で，配管に取り付けた流量メーターで 10 L（流量メーターを読む）流れるのに必要な時間をストップウォッチで計測する。
(6) 流量と配管の内径から，各測定点での流速を求める。

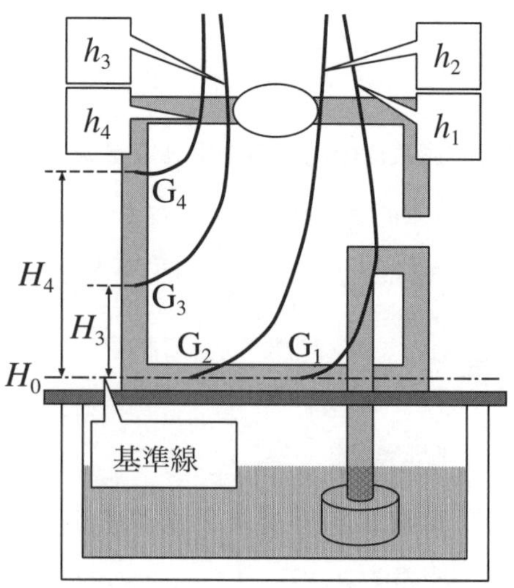

図 3: 垂直水路の実験配置

4 ベルヌーイの法則の検証

測定結果から運動エネルギー項，位置エネルギー項，圧力項を計算し，ベルヌーイの法則が成り立っているか検証する。

4–1 水平水路

(1) 水の密度として $\rho = 1.00 \times 10^3\,\mathrm{kg/m^3}$ を，重力加速度の大きさとして $g = 9.80\,\mathrm{m/s^2}$ を用いる。
(2) 水平水路での流速の結果を用いて，各測定点ごとに運動エネルギー項 $\rho v_i^2/2$ を計算する。
(3) 水平水路での水柱の高さの結果を用いて，各測定点ごとに圧力項 $p_i = \rho g h_i$ を計算する。
(4) $\dfrac{1}{2}\rho v_i^2 + p_i$ を計算する。ベルヌーイの法則が成り立っていれば各測定点での計算結果はほぼ同じ値になっているはずである。

4–2 垂直水路

(1) 水の密度として $\rho = 1.00 \times 10^3\,\mathrm{kg/m^3}$ を，重力加速度の大きさとして $g = 9.80\,\mathrm{m/s^2}$ を用いる。
(2) 垂直水路での流速の結果を用いて，各測定点ごとに運動エネルギー項 $\rho v_i^2/2$ を計算する。
(3) 垂直水路での水面からの高さの結果を用いて，各測定点ごとに位置エネルギー項 $\rho g H_i$ を計算する。
(4) 水平水路での水柱の高さの結果を用いて，各測定点ごとに圧力項 $p_i = \rho g h_i$ を計算する。
(5) $\dfrac{1}{2}\rho v_i^2 + \rho g H_i + p_i$ を計算する。ベルヌーイの法則が成り立っていれば各測定点での計算結果はほぼ同じ値になっているはずである。

5 測定および計算例

5–1 水平水路での測定結果

表 1. 各測定点の配管の外径，内径，水柱の高さの測定結果（水平水路）

測定点	G_1	G_2	G_3	G_4
管の外径	ϕ 18.0 mm	ϕ 26.0 mm	ϕ 26.0 mm	ϕ 18.0 mm
管の内径	ϕ 13.0 mm	ϕ 20.0 mm	ϕ 20.0 mm	ϕ 13.0 mm
電圧 50 V での水柱の高さ	$h_1 = 0.263$ m	$h_2 = 0.295$ m	$h_3 = 0.295$ m	$h_4 = 0.207$ m
電圧 60 V での水柱の高さ	$h_1 = 0.525$ m	$h_2 = 0.580$ m	$h_3 = 0.565$ m	$h_4 = 0.447$ m

表 2. 10 L 流れる時間の測定結果と流量の計算結果（水平水路）

電圧	10 L 流れる時間	流量 V
50 V	91.7 s	$1.09 \times 10^{-4}\,\mathrm{m^3/s}$
60 V	76.7 s	$1.30 \times 10^{-4}\,\mathrm{m^3/s}$

表 3. 各測定点での流速の計算結果（水平水路）

測定点	G_1	G_2	G_3	G_4
管の内径	ϕ 13.0 mm	ϕ 20.0 mm	ϕ 20.0 mm	ϕ 13.0 mm
管の断面積	$1.33 \times 10^{-4}\,\mathrm{m^2}$	$3.14 \times 10^{-4}\,\mathrm{m^2}$	$3.14 \times 10^{-4}\,\mathrm{m^2}$	$1.33 \times 10^{-4}\,\mathrm{m^2}$
電圧 50 V での流速	$v_1 = 0.820$ m/s	$v_2 = 0.347$ m/s	$v_3 = 0.347$ m/s	$v_4 = 0.820$ m/s
電圧 60 V での流速	$v_1 = 0.977$ m/s	$v_2 = 0.414$ m/s	$v_3 = 0.414$ m/s	$v_4 = 0.977$ m/s

表 4. 水平水路でのベルヌーイの法則の検証データ（電圧 50 V の場合）

測定点	流速 v_i	(1) $\rho v_i^2/2$	高さ h_i	(2) p_i	(1)+(2)
G_1	0.820 m/s	3.36×10^2 Pa	0.263 m	2.58×10^3 Pa	2.91×10^3 Pa
G_2	0.347	60.2	0.295	2.90×10^3	2.95×10^3
G_3	0.347	60.2	0.295	2.90×10^3	2.95×10^3
G_4	0.820	3.36×10^2	0.207	2.30×10^3	2.37×10^3

表 5. 水平水路でのベルヌーイの法則の検証データ（電圧 60 V の場合）

測定点	流速 v_i	(1) $\rho v_i^2/2$	高さ h_i	(2) p_i	(1)+(2)
G_1	0.977 m/s	4.77×10^2 Pa	0.525 m	5.15×10^3 Pa	5.62×10^3 Pa
G_2	0.414	85.7	0.580	5.68×10^3	5.77×10^3
G_3	0.414	85.7	0.565	5.54×10^3	5.62×10^3
G_4	0.977	4.77×10^2	0.447	4.38×10^3	4.86×10^3

検証結果

表 4，表 5 の各右欄の (1)+(2) の数値を見るとポンプの電圧が 50 V での値は 2.91×10^3 Pa, 2.95×10^3 Pa, 2.95×10^3 Pa, 2.37×10^3 Pa であり，また，60 V での値は 5.62×10^3 Pa, 5.77×10^3 Pa, 5.62×10^3 Pa, 4.86×10^3 Pa である。測定点 G_1, G_2, G_3 の値はほぼ一致しており，ベルヌーイの法則が成り立っているといえる。しかし，水路後部の G_4 の値が流量（ポンプの電圧）によらず小さい値となっている。

5–2 垂直水路での測定結果

表 6. 各測定点の配管の外径，内径，水面からの高さ，水柱の高さの測定結果（垂直水路）

測定点	G_1	G_2	G_3	G_4
管の外径	ϕ 18.0 mm	ϕ 26.0 mm	ϕ 26.0 mm	ϕ 18.0 mm
管の内径	ϕ 13.0 mm	ϕ 20.0 mm	ϕ 20.0 mm	ϕ 13.0 mm
水面からの高さ	$H_1 = 0.000$ m	$H_2 = 0.000$ m	$H_3 = 0.210$ m	$H_4 = 0.460$ m
電圧 55 V での水柱の高さ	$h_1 = 0.640$ m	$h_2 = 0.675$ m	$h_3 = 0.455$ m	$h_4 = 0.120$ m
電圧 60 V での水柱の高さ	$h_1 = 0.762$ m	$h_2 = 0.808$ m	$h_3 = 0.583$ m	$h_4 = 0.232$ m

表 7. 10 L 流れる時間の測定結果と流量の計算結果（垂直水路）

電圧	10 L 流れる時間	流量 V
55 V	86.7 s	1.15×10^{-4} m^3/s
60 V	76.7 s	1.30×10^{-4} m^3/s

表 8. 各測定点での流速の計算結果（垂直水路）

測定点	G_1	G_2	G_3	G_4
管の内径	ϕ 13.0 mm	ϕ 20.0 mm	ϕ 20.0 mm	ϕ 13.0 mm
管の断面積	1.33×10^{-4} m^2	3.14×10^{-4} m^2	3.14×10^{-4} m^2	1.33×10^{-4} m^2
電圧 55 V での流速	$v_1 = 0.865$ m/s	$v_2 = 0.366$ m/s	$v_3 = 0.366$ m/s	$v_4 = 0.865$ m/s
電圧 60 V での流速	$v_1 = 0.977$ m/s	$v_2 = 0.414$ m/s	$v_3 = 0.414$ m/s	$v_4 = 0.977$ m/s

表 9. 垂直水路でのベルヌーイの法則の検証データ（電圧 55 V の場合）

測定点	流速 v_i	(1) $\rho v_i^2/2$	高さ H_i	(2) $\rho g H_i$	高さ h_i	(3) p_i	(1)+(2)+(3)
G_1	0.865 m/s	3.74×10^2 Pa	0.000 m	0.00 Pa	0.640 m	6.27×10^3 Pa	6.65×10^3 Pa
G_2	0.366	67.0	0.000	0.00	0.675	6.62×10^3	6.68×10^3
G_3	0.366	67.0	0.210	2.06×10^3	0.455	4.46×10^3	6.59×10^3
G_4	0.865	3.74×10^2	0.460	4.51×10^3	0.120	1.18×10^3	6.06×10^3

表 10. 垂直水路でのベルヌーイの法則の検証データ（電圧 60 V の場合）

測定点	流速 v_i	(1) $\rho v_i^2/2$	高さ H_i	(2) $\rho g H_i$	高さ h_i	(3) p_i	(1)+(2)+(3)
G_1	0.977 m/s	4.77×10^2 Pa	0.000 m	0.00 Pa	0.762 m	7.47×10^3 Pa	7.95×10^3 Pa
G_2	0.414	85.7	0.000	0.00	0.808	7.92×10^3	8.01×10^3
G_3	0.414	85.7	0.210	2.06×10^3	0.583	5.71×10^3	7.86×10^3
G_4	0.977	4.77×10^2	0.460	4.51×10^3	0.232	2.27×10^3	7.26×10^3

検証結果

表 9，表 10 の各右欄の (1)+(2)+(3) の数値を見るとポンプの電圧が 55 V での値は 6.65×10^3 Pa, 6.68×10^3 Pa, 6.59×10^3 Pa, 6.06×10^3 Pa であり，また，60 V での値は 7.95×10^3 Pa, 8.01×10^3 Pa, 7.86×10^3 Pa, 7.26×10^3 Pa である。測定点 G_1, G_2, G_3 の値はほぼ一致しており，ベルヌーイの法則が成り立っているといえる。しかし，水路後部の G_4 の値が流量（ポンプの電圧）によらず小さい値となっている。

6 解説

6–1 ベルヌーイについて

ベルヌーイ（Daniel Bernoulli，1700–1782）はスイス生まれの物理・数学者。25 歳からロシアのペテルブルグの数学教授。33 歳のときに健康上の理由でスイスのバーゼルに戻り解剖学・植物学，その後，生理学，物理学を講じた。力学的エネルギーの保存法則を広く解釈し，流体の定常流でのエネルギーの保存法則，すなわち，「ベルヌーイの法則」を定式化した。

6–2 ベルヌーイの法則の証明

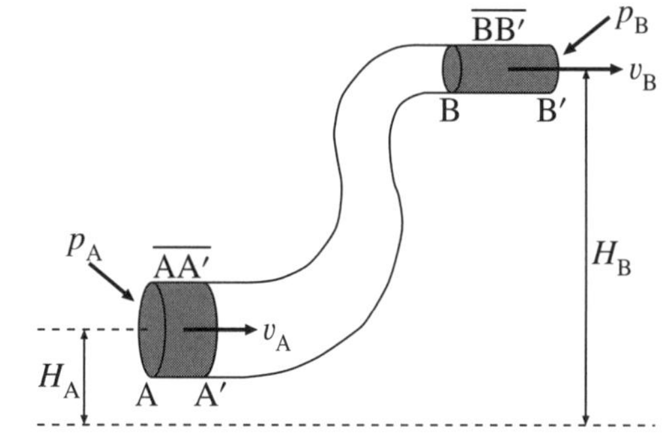

図 4: 流管中の各物理量

図 4 では $\overline{AA'}$ にある流体（「ところてん」のようなものを想像してもよい）が $\overline{BB'}$ に押し出される状態を描写している。時間 Δt の間に流管中を流体 AB が A′B′ に流れたと考えると，端の流体の変動は $\overline{AA'}$ と $\overline{BB'}$ である。管壁から流体の流失（もれ）が無い場合は**連続の式（質量の保存法則）**が成立するので，両端の断面積を S_A, S_B とすると $\overline{AA'}$ 間と $\overline{BB'}$ 間の流体の質量 m は

$$m = \rho S_A v_A \Delta t = \rho S_B v_B \Delta t = \text{const.} \tag{4}$$

である。ここで ρ は流体の密度，v_A, v_B は $\overline{AA'}, \overline{BB'}$ の速さである。このとき，Δt の間の運動エネルギーの変化量は

$$\Delta E_K = \frac{1}{2}mv_B^2 - \frac{1}{2}mv_A^2 \tag{5}$$

である。また，$\overline{AA'}, \overline{BB'}$ の高さを H_A, H_B とすると，Δt の間の位置エネルギーの変化量は

$$\Delta E_P = mgH_B - mgH_A \tag{6}$$

である。ここで g は重力加速度の大きさである。さらに，流体の A 側の端と B 側の端が受ける圧力をそれぞれ p_A, p_B とすると，両端で流体が圧力から受ける仕事はそれぞれ

$$W_A = p_A S_A v_A \Delta t, \quad W_B = -p_B S_B v_B \Delta t \tag{7}$$

である。仕事とエネルギーの関係から，仕事の総和 $W_A + W_B$ が力学的エネルギーの変化分 $\Delta E_K + \Delta E_P$ であり，式 (5), (6), (7) を用いると

$$\frac{1}{2}mv_A^2 + mgH_A + p_A S_A v_A \Delta t = \frac{1}{2}mv_B^2 + mgH_B + p_B S_B v_B \Delta t \tag{8}$$

となり，ここに式 (4) を用いて m を書き換えると

$$\frac{1}{2}\rho v^2 + \rho g H + p = \text{const.} \tag{9}$$

が得られる。また，ρ を m に置き換えると

$$\frac{1}{2}mv^2 + mgH + pV = \text{const.} \tag{10}$$

となり（ただし V は体積），見慣れた力学的エネルギーの保存法則に，流体がされた仕事 pV を考慮した式となる。

7 演習問題

問題 1. 図 5 のように，ところてん（こんにゃく）を入口と出口の断面積が $S_1 = 0.10\,\mathrm{m}^2, S_2 = 0.020\,\mathrm{m}^2$ の管 C に押し込んだ場合，入口 S_1 で長さ $L_1 = 10\,\mathrm{cm}$ のところてんの出口での長さ L_2 はいくらになるか。ただし，ところてんの体積は変わらないものとする。

問題 2. 図 6 のような入口と出口の断面積がそれぞれ S_1, S_2 の流管 C に非圧縮性の流体を流した場合について，入口と出口の流速を v_1, v_2 としたときの，S_1, S_2, v_1, v_2 の間に成り立つ関係式を求めよ。ここで，1 秒あたりの流体の流れる長さは，入口では $\ell_1 = v_1 \times 1\,\mathrm{s}$，出口では $\ell_2 = v_2 \times 1\,\mathrm{s}$ であることに注目せよ。

問題 3. 図 7 のように，S_1 での圧力を p_1，流速を v_1，S_2 での圧力を p_2，流速を v_2，S_1 と S_2 の高低差を H とするとき，S_2 での圧力 p_2 を求めよ。ただし，$S_1 = 0.10\,\mathrm{m}^2, S_2 = 0.020\,\mathrm{m}^2, v_1 = 4.0\,\mathrm{m/s}, p_1 = 1.10 \times 10^2\,\mathrm{Pa}$, $H = 1.0\,\mathrm{m}$ とし，重力加速度の大きさを $9.80\,\mathrm{m/s}^2$ とする。

問題 4. 図 8 の水槽底部から流れ出る水の流速 v を求めよ。ただし，水槽の水位は常に h に保たれているものとし，上部水面および水槽底部の流出孔の圧力を 1 気圧 1 atm とする。また，重力加速度の大きさを g とする。（考え方）水槽内に流管を考え，ベルヌーイの法則を適応する。

問題 5. 図 9 のように，容器 A と B の水面の高低差が H のとき，B に流れ込む流速を求めよ。ただし，重力加速度の大きさを g とする。（考え方）ベルヌーイの法則で圧力がどの場所でも等しいと考える。

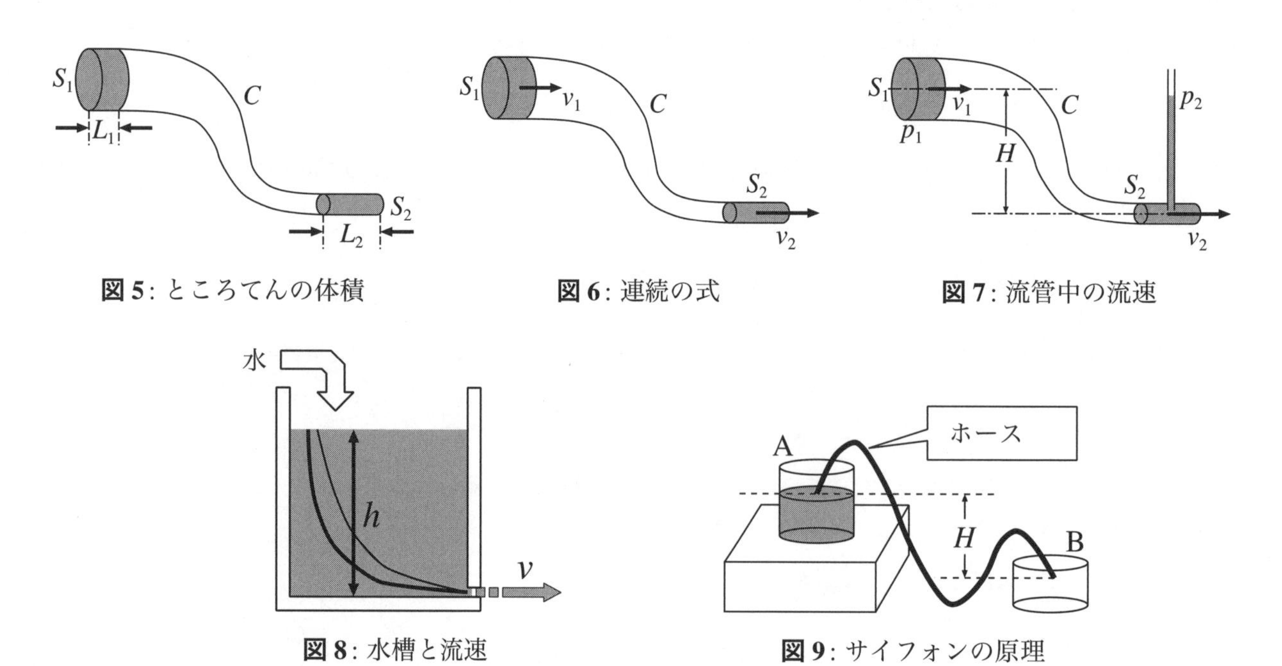

図 5: ところてんの体積

図 6: 連続の式

図 7: 流管中の流速

図 8: 水槽と流速

図 9: サイフォンの原理

§4 波動と光学

§4–1 クントの実験

1 はじめに

波動とは，空間の一部に生じた変化が，隣，その隣へと伝播(でんぱ)していく現象である。単に「波」とも呼ばれる。音や光は波動現象であり，音の場合は，空気中に生じた振動が伝播している。アウグスト・クント（August Kundt, 1839 年ドイツ–1894）は，光学や音響学の分野で大きな業績を残した。この実験では，クントが考案した方法により音の可視化を試みる。

1–1 実験の目的

振動と波動についての知識を深める。とくに，空気中を伝播する音波を定常波の状態にし，それを目で見て波長を測定する。また試料棒中の音速からヤング率を求めてその材質を推測し，この実験がヤング率を測るための動的方法の一つであることを理解する。

1–2 学習のポイント

(1) 定常波のできる仕組みを実験的に理解する。
(2) 音速は気体中よりも固体中のほうが大きいということを見出す。
(3) 試料棒中の音速から試料棒のヤング率が求まることを確認する。

2 測定原理

クントの実験では，発泡スチロール球が入った管の中に定常波を発生させ，その定常波によって発泡スチロール球が動くことを利用して，定常波を可視化する。図 1 のように実験装置を用意し，金属棒の一端（図中の A）を擦ることによって音を発生させる。このとき棒の他端（図中の B）からプラスチック管の中の空気に音波が伝播する。伝播した音波はプラスチック管の端（図中の C）で反射する。B から C へと進む音波と C で反射して B へと向かう音波が重ね合わさることにより定常波が発生する。また，金属棒を擦って音を発生させたとき，その音が棒中を伝播する音速は棒の密度とヤング率によって決まる。

2–1 空気中の音波（プラスチック管の中の空気）

空気中を伝播する音について，波長を λ（小文字のラムダ），振動数を n，そして音速を v とする。これらには

$$v = n\lambda \tag{1}$$

の関係がある。図 1 のプラスチック管の中に発生した定常波によって，管の中の発泡スチロール球が図 1 のような模様を描く。その節と節（または腹と腹）の間隔を l とすれば，波長 λ は

$$\lambda = 2l \tag{2}$$

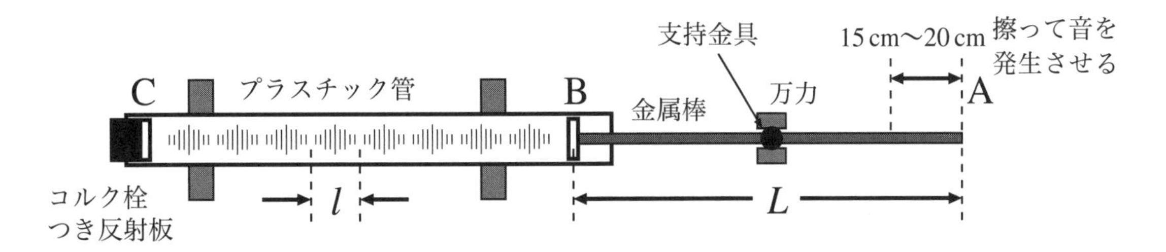

図 1: クントの実験装置

と決まる。一方，気温 t [°C] の空気中の音速 v は

$$v = 331.5 + 0.6t \ \ [\mathrm{m/s}] \tag{3}$$

で与えられる。よって，振動数 n は式 (2), (3) を式 (1) に代入して求められる。

2–2 棒中の音波

波長を Λ（大文字のラムダ），振動数を N，そして棒中の音速を V とする。これらには

$$V = N\Lambda \tag{4}$$

の関係がある。図 2 より棒の長さを L とすると，波長 Λ は

$$\Lambda = 2L \tag{5}$$

である。また，棒の先端の発振円板の振動が空気を振動させているのであるから

$$N = n \tag{6}$$

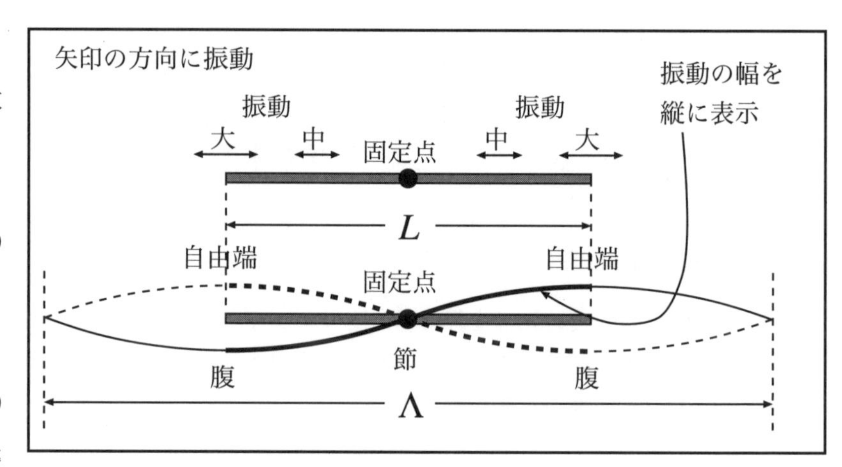

図 2: 中央を固定した棒に生じる定常波

である。よって，式 (5), (6) を式 (4) に代入することにより棒中の音速 V が求められる。

2–3 棒のヤング率

棒（実験では金属棒）のヤング率を E，棒中を伝播する音波の音速を V，棒の密度を ρ とすると

$$V = \sqrt{\frac{E}{\rho}} \tag{7}$$

の関係があり，V と ρ を測定することによりヤング率 E を求めることができる。

3 装置と道具

透明なプラスチック管，試料棒（金属棒），支持金具，コルク栓つき反射板，発泡スチロール球，松脂の粉末，布切れ，万力，スチール製ものさし，管のせ台，温度計（実験室装備のもの）

4 測定手順

(1) 図 1 を参考に装置を準備する。管のせ台の溝に 1 m のスチール製ものさしを置く。
(2) プラスチック管内に発泡スチロール球を少量，全体に一様に分布させる。多すぎると実験がうまくいかない。
(3) 支持金具に試料棒を差し込み，試料棒の中央（**注意参照**）に支持金具が位置するようにし，それを万力でしめる。
注意：誤差 1 mm 以内の程度で正確に合わせないと音が出にくい。
(4) 円板 B がネジで棒の端にしっかりと固定されていることを確認する。また，棒と円板 B は管に接触したり固着してはならない。
(5) 棒を擦ることにより，よく響くきれいな音を出すことが重要である。棒を擦るには，松脂の粉末を少量つけた布切れを端から 20 cm 位の所で棒にあてがい，指でにぎり引き抜く。**にぎり込まないで，親指と人差し指の腹で押しはさんで引くと良い**。強くにぎり過ぎるとギリギリといういやな音がでる。端から 15 cm 位の所から端までの間で音を発する。音が出ているときに，円板 B が管に当たらないように注意する。

(6) 棒を擦って音を出しながら，別の人が管を 5 mm 位ずつ動かし，発泡スチロール球が激しく動く位置を見つける。管内に定常波ができているとき，発泡スチロール球が激しく動く。発泡スチロール球は，振動の腹の位置に集まって最もよく運動し，節の位置には集まらない。振動が終わったとき，管内の発泡スチロール球によって波形が残っている。
(7) この波形の節または腹の間隔は音波の波長の半分である。そこで管の下に置かれた 1 m のスケールを使って，節（または腹）の位置を順次読み取る。なるべく測定値が多い方がよいので，波を多く作るようプラスチック管長一杯に使用した方がよい。
(8) 8 個の節（または腹）の位置を読み取り記録する。8 個よりも多くあるときは両端を除くとよい。

5 測定値の整理

(1) 8 個の測定値を小さい順に $x_0, x_1, \ldots x_7$ とし，次の測定例のように，x_0 から x_3 を左行に，x_4 から x_7 を右行に記し，その差を取って，$4l$ の平均を求める（総説「6. 測定データの整理」の「表を使った整理」(p.16) を参照せよ。）**測定値が 8 個より少ない場合は教員に相談する。また，科目によってはグラフを作成して，グラフから l を求めることもあるので，教員の指示に従うこと。**
(2) 棒の長さを測定して棒中の波長を決める。
(3) 棒の密度と音速から，ヤング率を計算し，棒の材質を推定する。
(4) 実験で得た値と巻末の表の値とを比較する。

6 測定例

6–1 空気中の波長の測定［クントの実験を 2 回行い平均を取る］

クントの実験 1 回目　　測定器具：スチール製ものさし

腹 (節) の位置	読み取り値 x_n	腹 (節) の位置	読み取り値 x_{n+4}	$\lvert x_{n+4} - x_n \rvert$
x_0	19.3 cm	x_4	52.6 cm	33.3 cm
x_1	25.4	x_5	58.7	33.3
x_2	33.2	x_6	66.4	33.2
x_3	42.0	x_7	75.5	33.5
			$4l_1$ の平均	33.3 cm
			l_1 の平均	8.33 cm

クントの実験 2 回目　　測定器具：スチール製ものさし

腹 (節) の位置	読み取り値 x_n	腹 (節) の位置	読み取り値 x_{n+4}	$\lvert x_{n+4} - x_n \rvert$
x_0	19.7 cm	x_4	53.0 cm	33.3 cm
x_1	25.6	x_5	59.1	33.5
x_2	34.2	x_6	67.8	33.6
x_3	42.3	x_7	76.1	33.8
			$4l_2$ の平均	33.6 cm
			l_2 の平均	8.40 cm

$$l = \frac{1}{2}(l_1 + l_2) = \frac{8.33 + 8.40}{2}\,\mathrm{cm} = 8.37\,\mathrm{cm} = 0.0837\,\mathrm{m}$$

空気中の音波の波長：$\lambda = 2l = 2 \times 0.0837\,\mathrm{m} = 0.167\,\mathrm{m}$

6–2 棒の長さの測定

測定器具：スチール製ものさし

回数	ゼロ点	読み取り値	測定値
1	10.00 cm	93.28 cm	83.28 cm
2	20.00	103.26	83.26
3	30.00	113.29	83.29
4	40.00	123.25	83.25
5	50.00	133.28	83.28
		平均 (L)	83.27 cm

棒の長さ：$L = 83.27\,\mathrm{cm} = 0.8327\,\mathrm{m}$

棒中の音波の波長：$\Lambda = 2L = 2 \times 0.8327\,\mathrm{m} = 1.665\,\mathrm{m}$

6–3 棒の直径の測定

測定器具：マイクロメータ（ノギスでもよい）

回数	ゼロ点	読み取り値	測定値
1	0.012 mm	10.002 mm	9.990 mm
2	0.011	10.002	9.991
3	0.012	10.001	9.989
4	0.012	10.002	9.990
5	0.012	10.003	9.991
		平均 (d)	9.990 mm

棒の半径：$r = \dfrac{d}{2} = \dfrac{9.990}{2}\,\mathrm{mm} = 4.995\,\mathrm{mm} = 4.995 \times 10^{-3}\,\mathrm{m}$

6–4 棒の質量の測定

測定器具：電子秤

ゼロ点	読み取り値	測定値
0.00 g	585.00 g	585.00 g

棒の質量：$m = 585.00\,\mathrm{g} = 0.58500\,\mathrm{kg}$

6–5 計算と結果の例

(1) 空気中の音速

気温 $t = 18.5\,°\mathrm{C}$ であったので

$v = 331.5 + 0.6 \times 18.5\,\mathrm{m/s} = 342.6\,\mathrm{m/s}$

(2) 棒中の音速

$$V = v\frac{\Lambda}{\lambda} = 342.6\,\mathrm{m/s} \times \frac{1.665\,\mathrm{m}}{0.167\,\mathrm{m}} = 3.4157 \times 10^3\,\mathrm{m/s} = 3.42 \times 10^3\,\mathrm{m/s}$$

(3) 振動数

$$n = \frac{v}{\lambda} = \frac{V}{\Lambda} = \frac{3.416 \times 10^3\,\mathrm{m/s}}{1.665\,\mathrm{m}} = 2.05 \times 10^3\,\mathrm{Hz}$$

(4) 棒の密度

$$\rho = \frac{m}{\pi r^2 L} = \frac{0.58500\,\mathrm{kg}}{\pi \times (4.995 \times 10^{-3}\,\mathrm{m})^2 \times 0.8327\,\mathrm{m}} = 8.9628 \times 10^3\,\mathrm{kg/m^3} = 8.96 \times 10^3\,\mathrm{kg/m^3}$$

(5) 棒のヤング率

$$E = \rho V^2 = 8.963 \times 10^3\ \mathrm{kg/m^3} \times (3.416 \times 10^3\ \mathrm{m/s})^2 = 1.05 \times 10^{11}\ \mathrm{Pa}$$

(6) 棒の材質：外観から真鍮と仮定
実験結果と巻末の表の値を比べると次のような結果を得る。

物理量	実験結果	表の値
音速	3.42×10^3 m/s	3.48×10^3 m/s
密度	8.96×10^3 kg/m^3	8.6×10^3 kg/m^3
ヤング率	1.05×10^{11} Pa	1.006×10^{11} Pa

棒の材質を真鍮と仮定すると，測定した音速，密度，ヤング率と表の値との差は 4% 以内である。

7 解説

静かな池に石を投げ入れると，水面に沿って，円形の波紋が四方に伝播する。これは石で生じた水の動揺が，順次その周囲に伝わるためである。このように一部分の水の振動や空気の振動が，順次他の部分に伝わる現象を**波動**という。波動を伝える物質を**媒質**という。波動の伝播状況は，場合によって異なるが，いずれの場合も，単に運動の状態が伝播するだけで，媒質の各部は，わずかの範囲で往復するだけである。

媒質の振動が波動の伝播方向に垂直な波動を**横波**といい，振動が伝播方向に平行な波動を**縦波**という。クントの実験で調べる弾性体や空気を伝わる音波は縦波である。横波，縦波とも，ある時刻に，振動の変位が最大になっている点の最短距離を波長という。

媒質中の各点が 1 回の振動をする間に，波形は 1 波長だけ進む。それゆえ，周期 T，波長 λ，伝播速度 v，振動数 n の間には

$$v = \frac{\lambda}{T} = n\lambda \tag{8}$$

の関係がある。単振動が一定方向に伝播する波動の場合，ある時刻 (時間) t における位置 x での変位 y は

$$y = A\cos\left\{2\pi\left(nt - \frac{x}{\lambda}\right) + \delta\right\} \tag{9}$$

で与えられる。ここで A は**振幅**，$\left\{2\pi\left(nt - \frac{x}{\lambda}\right) + \delta\right\}$ は**位相**，δ は**位相定数**と呼ばれる。式 (9) において，時間 t と位置 x の両方が決まることによって位相が決まり，したがって変位 y が決まる。すなわち進行波を表している。$x =$ 一定 とすれば，式 (9) はある一定の位置における振動を表わす式となり，$t =$ 一定 とすれば，式 (9) はある瞬間での波形を表わす式となる（図 3 は $t =$ 一定の場合に相当する)。

波動の特徴として，空間の同じ場所を二つの波動が伝播するとき，干渉という現象が起こる。この現象は，二つの波動が重なって伝播した結果，二つの波動の位相のずれに応じて，小さい振幅の波動や大きい振幅の波動を生ずることである。もし，振幅，振動数，波長がともに同じで，互いに逆向きに進む波動が同時に存在すると，干渉の結果，どちらにも進行していないように見える波動，すなわち**定常波**ができることが理論的に証明できる。定常波が生じると，常に大きく振動する位置と，常に少ししか振動しない位置ができる。前者を**腹**，後者を**節**という（図 4 参照)。

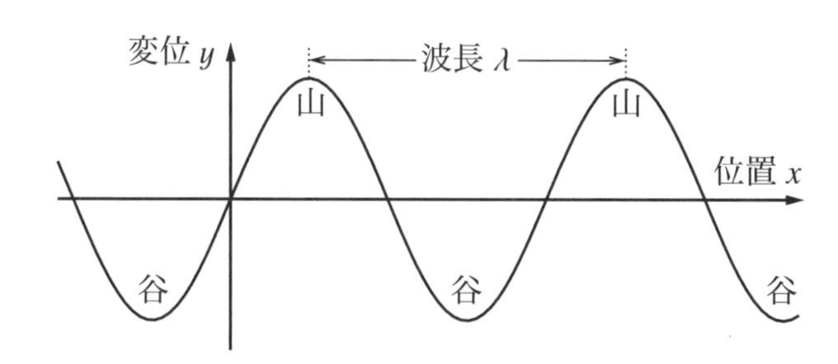

図 3: ある時刻における位置 x と変位 y との関係

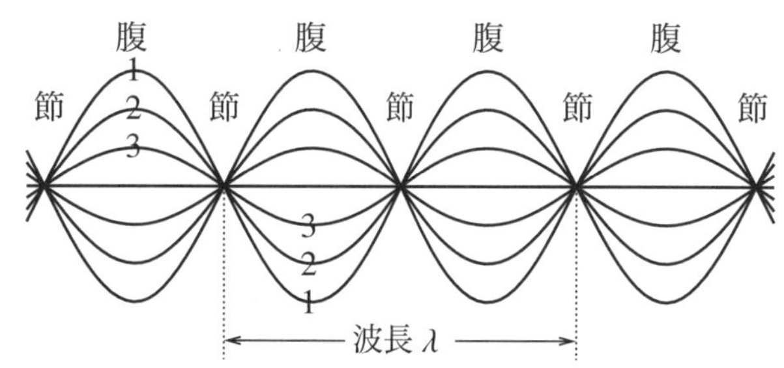

図 4: 定常波の腹と節

8 演習問題

問題 1.　クントの実験で，プラスチック管内に定常波ができたことは，どうしてわかるか。
（ヒント：定常波の特徴は何であったかを思い起こせ。）

問題 2.　実験で求めた量で次の空欄をうめよ。

媒質	波長	振動数	伝播速度
棒			
空気			

問題 3.　波長，振動数，伝播速度のうち，次の条件を満たすものはそれぞれどれか。
(a) 媒質の種類だけによって決まるもの。
(b) 音波の発生物体の大きさ，形状によって決まるもの。
(c) 伝播中に媒質が変わっても変わらないもの。

問題 4.　本文の式 (2) と式 (3) を式 (1) に代入して振動数 n を表す式を求めよ。

問題 5.　本文の式 (5) と式 (6) を式 (4) に代入して棒中の音速 V を表す式を求めよ。

問題 6.　本文の式 (7) から $E = \rho V^2$ を導け。

(探求問題)

探求 A.　互いに逆向きに進む二つの波動

$$y_1 = A\cos\left\{2\pi\left(nt - \frac{x}{\lambda}\right)\right\}$$
$$y_2 = A\cos\left\{2\pi\left(nt + \frac{x}{\lambda}\right) + \delta\right\}$$

が干渉してできる波動 $y = y_1 + y_2$ は定常波（どちらにも進行していないように見える波）となることを証明し，腹および節の位置を求めよ。
ヒント：「どちらにも進行していない」とは $y = (x$ の振動関数$) \times (t$ の振動関数$)$ の形になることである。
また

$$\cos a \cos b = 2\cos\left(\frac{a+b}{2}\right)\cos\left(\frac{a-b}{2}\right)$$

を使う。

探求 B.　本文中の式 (1), (2), (4), (5), (6) から $V = v\dfrac{L}{l}$ を導き，この式において棒中の音速の相対誤差 $\dfrac{\Delta V}{V}$ を見積もってみよ。

探求 C.　解説の中の式 (9) は波動方程式

$$\frac{\partial^2 y}{\partial t^2} = v^2 \frac{\partial^2 y}{\partial x^2} \tag{10}$$

の解になっている。ここで v は波の伝播速度である。弾性体を伝わる縦波の場合の伝播速度は式 (7) で与えられる。式 (9) が式 (10) の解であることを確かめ，式 (7) の導出方法を調べよ。

§4–2 手作り分光器（工作実験）

1 はじめに

人間が見ることができる光は**可視光線**と呼ばれ紫色から赤色（波長 380 nm〜770 nm）の光である。わたしたちの住む地球に到達する光はおもに太陽からの光で，なぜ紫色から赤色の波長範囲しか動物には見えないのかは地球の大気層と関係している。地球の大気である空気層がいわゆる可視光線しか通さず，可視光線以外の赤外線や紫外線のをほとんどを吸収してしまうからである。このことを大気の光の窓（図 1）と呼び，薄暗い室内に外壁の小穴から光線が差し込む様子に似ている。地球に住む生物は長い間，この壁の穴から差し込む光線だけで生きて来た。そのために，地上に住む生物の目は可視光線しか見ることが出来ない。この工作実験では，地球の生物が見ることが出来る光の波長範囲を調べるために分光器を製作する。そして，人間が作り出した光源である電球や蛍光灯やテレビがどんな色の光を出しているのかを調べる。

赤と緑と青の 3 色の光が混ざると，色合いの無い**白色光**に見える。光の色は，光を波と考えるとその波長で分類できる。赤色の光の波長は長く，緑色の光の波長は中間で，紫色の光は短い波長である。光を波長ごとに並べたものを光のスペクトル図といい，赤と緑と青の 3 色の混合光は図 2 のような幅の広い台形の形となる。この幅の広い台形状の光が，人間の目には無色の白色光として見える。

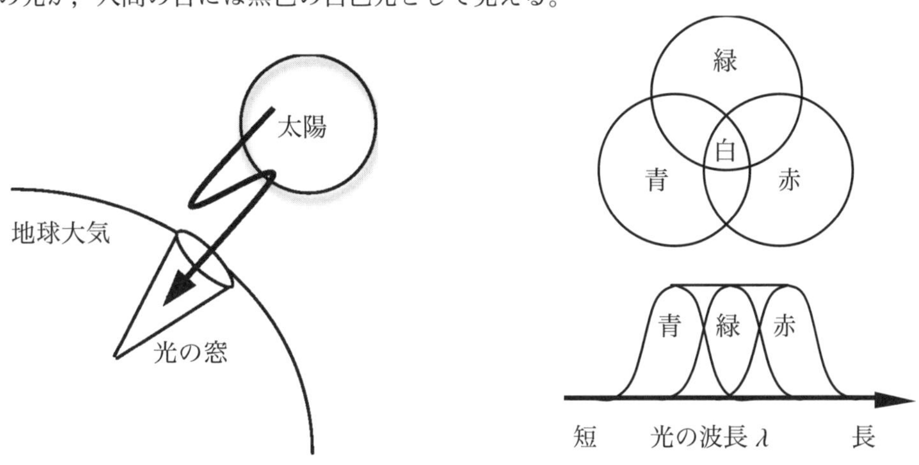

図 1: 大気の光の窓　　**図 2**: 光の 3 原色と波長

1–1 実験の目的

回折格子を用いた手作り分光器を製作し，身の回りの光源からの光を分光してスペクトルを観測する。分光器の製作の過程で光の基本的性質を理解する。

1–2 キーワード

可視光線 (Visible light),
光の 3 原色 (Primary colors of light),
白色光 (White light),
干渉 (Interference),
回折 (Diffraction),
回折格子 (Diffraction grating),
分散 (Dispersion),
線スペクトル (Line spectrum),
連続スペクトル (Continuous spectrum)

分光器を作り，色々な光のスペクトルを観測することで，キーワードに挙げた光の性質について学ぶ。

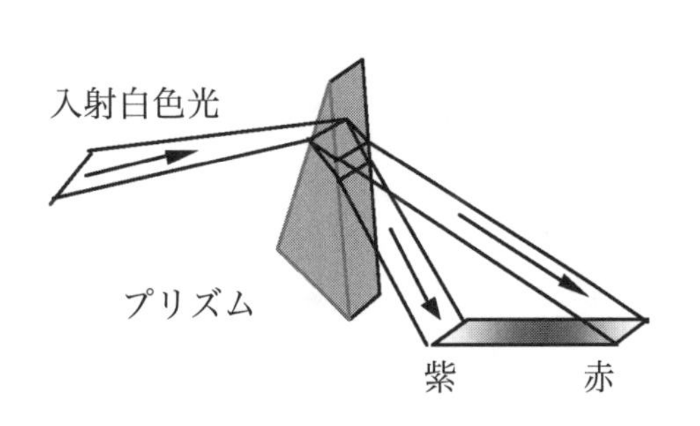

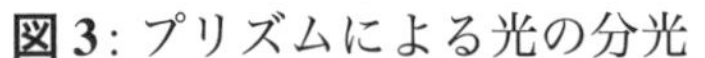

図 3: プリズムによる光の分光

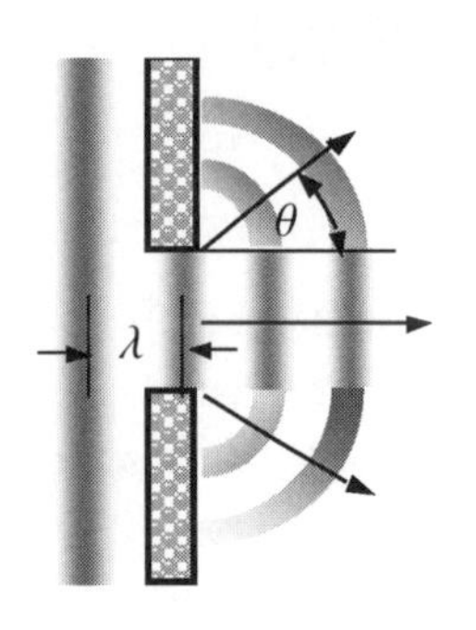

図 4: 波の回折現象

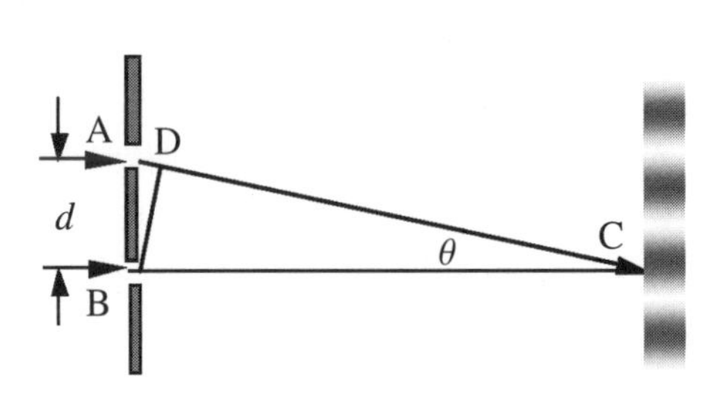

図 5: 回折格子による光の干渉

2 分光の原理

様々な色の光が混ざった光を，元のスペクトルごとの光に分離することを分光といい，分離するにはいくつかの方法がある。

2–1 プリズムによる光の分光

プリズムに白色光を入射すると，プリズムを透過した後，白色光は紫から赤の波長のスペクトルに分かれる（図3）。プリズムの実験で，白色光は赤色から紫色の 7 色のスペクトルから出来ていることがわかる。白色光がプリズムで分光するのは，光の波長によってプリズム内での光の速度が異なるからであり，この現象を**分散**という。

2–2 回折現象

波の進行方向に壁があるとその裏に回り込む性質がある。この現象を回折現象と呼ぶ。この回り込みの度合い θ は，波の波長 λ（波の山から山の間隔）によって異なる（図 4）。

この波長 λ によって回り込みの角度 θ が異なる性質を用いて，光をスペクトルに分離することができる。

2–3 回折格子による干渉

回折格子とは図 5 の A, B の狭い間隔 d に開けたスリットを指し，スリットを通過した 2 本の光が C 点のスクリーン上に明暗の縞模様を形成する。これはスリット A, B を出た 2 本の光の光路の差 $\overline{\mathrm{AD}}$ が

$$\overline{\mathrm{AD}} = d \sin\theta = \lambda n \tag{1}$$

のように，光の波長 λ の整数倍 $(n = 1, 2, 3, \cdots)$ になる角度 θ で，光が強め合って縞模様を作っている。この現象を干渉と呼ぶ。この光の回折現象と干渉現象を用いて光を分離することができる。

2–4 回折格子を用いた反射型分光器

今回は，回折格子による干渉を用いた反射型分光器を作る。スリットから入射した光 A, B は回折格子 D, F で反射して，C 上で像を結ぶ。光路 $\overline{\mathrm{DC}}$ と $\overline{\mathrm{EC}}$ の光路差は $\overline{\mathrm{DF}}$ であるから

$$\overline{\mathrm{DF}} = d \sin\theta = \lambda n \quad (n = 0, 1, 2, 3, \cdots \text{は整数}) \tag{2}$$

の条件を満たす波長の光が角度 θ 方向の C 点近辺に虹模様のスペクトルを形成する。これが反射型の回折格子の原理である。

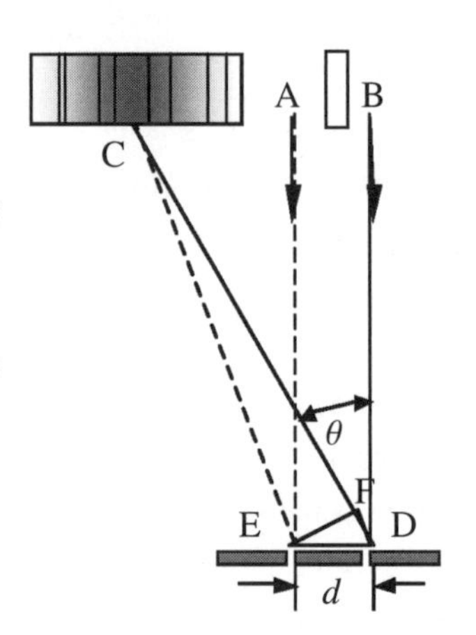

図 6: 反射型回折格子の原理

3 回折格子フィルムを用いた反射型分光器の製作

3–1 用具

台形型の分光器の型紙，工作用紙，回折格子フイルム（各 1 枚/1 人）
（今回用いる回折格子フィルムの格子間隔は $d = 1/1000$ mm = 0.001 mm である。）

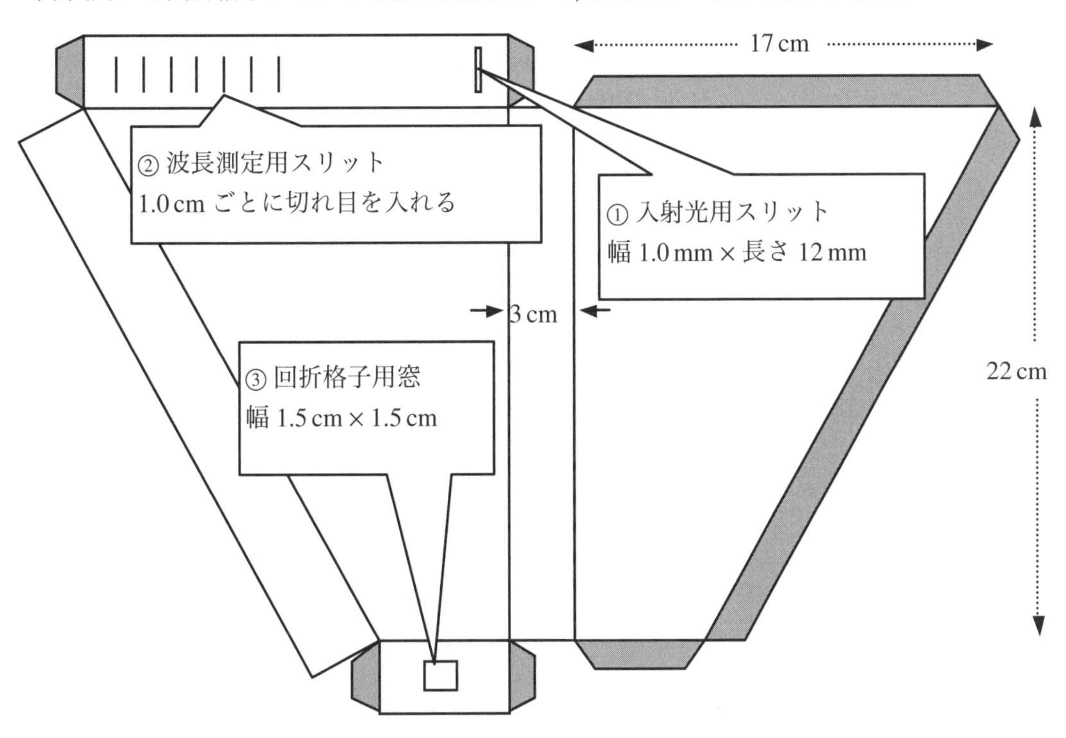

図 7: 分光器の型紙

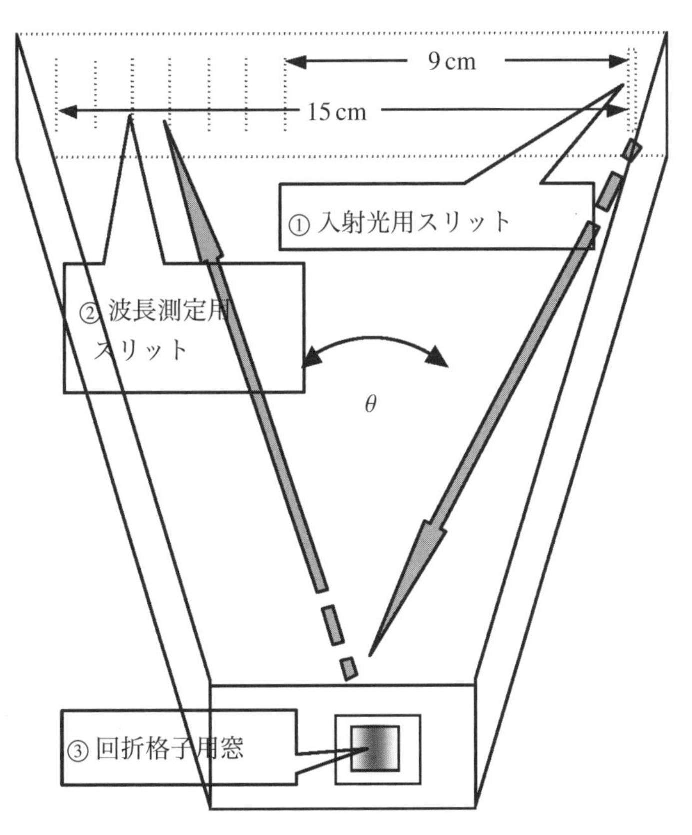

図 8: 組み立て図

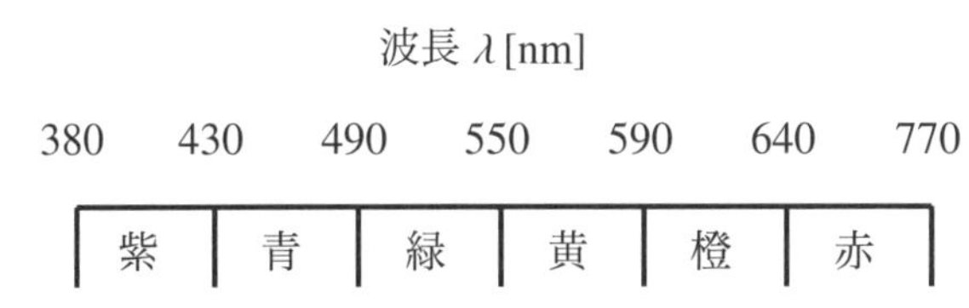

図 9: 可視光部の波長色コード

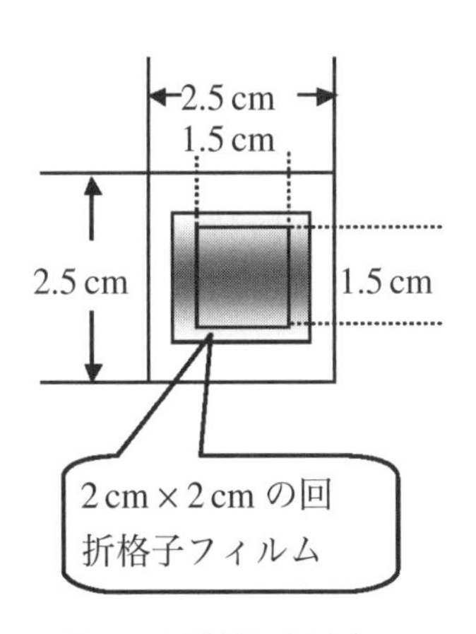

図 10: 回折格子用窓

3–2 分光器の製作手順

(1) 分光器の型紙（図 7）を工作用紙に貼る。
(2) 図 8 を参考に，折り曲げやすいように折り曲げ線上に物差しを当てボールペンで強く線を引く。
(3) カッター用ゴム板の上で，型紙を貼った工作用紙をはさみやカッターで切り抜く。
(4) 図 7 ① の入射光用スリットをカッターで切り抜く。太陽光等の明るい光を観測する場合は入射スリット幅は狭く，暗い光の場合は広く，通常は 1 mm とする。
(5) 図 7 ② の波長測定用スリットに 1.0 cm ごとに切れ目を入れる。図 9 に示した波長別色コードを貼り付ける。
(6) 図 10 の回折格子フィルム用窓枠 2.5 cm × 2.5 cm （内枠 1.5 cm × 1.5 cm）にのりを付け，2 cm × 2 cm の回折格子フィルムを貼り付ける。回折格子フィルムにのりが付くと使用できなくなるので，のりを付けないように注意する。
(7) 回折格子フィルムには格子の方向があるため，その確認を行う。(5) で作った回折格子フィルム付きの窓を図 7 ② の回折格子用窓部に当て，室内の蛍光灯照明等の照明器具を見る。虹模様のスペクトルが見えない場合は，窓枠を 90° 回転し再度観測する。
(8) スペクトルが見えたら，回折格子用窓を貼り付け，のりしろ部にのりを付けて分光器を組み上げる。分光器の折り曲げ部から光が漏れるようであったら，セロハンテープ等で整形して光の漏れをなくす。
(9) 各自が製作した分光器に氏名と製作日を記入する。

4 分光器による光スペクトルの観測

太陽光や蛍光灯の観測

製作した分光器で太陽光を観測し，紫の端を 380 nm，赤の端を 770 nm とした図 9 の可視光部の波長色コードを確認する。曇りの場合は室内の蛍光灯で代用するが，蛍光灯では赤外から赤の 770～640 nm は観測されない。

発光体のスペクトルの測定

トンネル等の照明灯に用いられているナトリウム灯 (Na, λ_{NaD} = 590 nm) で 600 nm の波長位置を確認する。

その他

自宅に持ち帰り，様々な色の蛍光を分光器で観測して，蛍光灯のどの色が強いか（よく見えるか）を観察する。

5 演習問題

問題 1. 分光器の回折角 $\theta = 30°$ で観測されるスペクトル波長はいくらか。式 (2) で与えられている $\overline{\mathrm{DF}} = d \sin\theta = \lambda n$ と $d = 1/1000$ mm = 0.001 mm を用いて求めよ。またその色は何色かを，図 10 の可視光部の波長色コードを参考に答えよ。

問題 2. 夜行性の動物である猫やふくろうは，夜間の闇の中で行動し獲物を捕獲する事ができる。これらの動物の視覚能力は人間に比べてどこが優れているのだろうか。受光部である眼，特に可視光外の赤外領域での感度なのか，それとも光を受けて解析する頭脳部（ソフト）が優れているのか，考察せよ。

6 探求

6–1 線スペクトル（輝線スペクトル）と連続スペクトル

希薄ガスの放電による原子からの発光スペクトルは線スペクトルとして観測される。水素ガスの放電では数本の線スペクトルが観測できる。一方，ガスの圧力を高くすると線スペクトルが連続した連続スペクトルとして観測される。重水素ランプからのスペクトルは連続スペクトルである。

6–2 吸収スペクトル

太陽光（白色光）を分光器で観測すると，赤から紫色の連続したスペクトルの帯が観測される。一方，蛍光灯を分光器で観測すると，赤から紫色の連続したスペクトルと同時に，色の濃い（蛍光灯の場合，青色と緑色）線状のスペクトルが観測できる。これを線スペクトルと呼ぶ。線スペクトルは気体が励起された場合に観測され，蛍光灯に封入されているガス（気体）により線スペクトルは異なる。

§4–3 光の強さ・明るさ

1 はじめに

建築設計や施工において室外からの採光や室内照明は必要不可欠である。光は宇宙創生以来存在するものであったが,「光とは何か」という問いに対しては古代から様々な議論がなされてきた。光の正体は 17 世紀のニュートンらの粒子説，ホイヘンス，ヤングらの波動説を経て，20 世紀になり量子論の登場により光は二重性（粒子でもあり波動でもある性質）を持つことで決着がなされ今日に至った。

1–1 実験の目的

ここでは，電球からの光を太陽電池に当て，そのときの太陽電池の出力電圧を測定することにより，採光や室内照明の基礎知識に必要な「光の強さ（明るさ)」についてその特性を調べる。

2 原理

2–1 距離に対する光の強さの関係

点光源から出た光は，図 1 左のように光源を中心とする同心球面状に広がっていく。球の半径 r に対して球面の面積は $4\pi r^2$ で与えられるため，光源から距離が離れるに連れて照射される面積は大きくなり，光源からの距離が 2 倍になると照射される面積は 4 倍となる（図 1 右)。光源からでた光が一定量なのに対し，照射される面積が広がっていくため，光源から離れれば離れるほど，同じ面積を通過するエネルギーの量が小さくなる。すなわち，光の強さが弱くなる（暗くなる)。この光の強さは距離の 2 乗に反比例する関係にある（逆二乗の法則)。

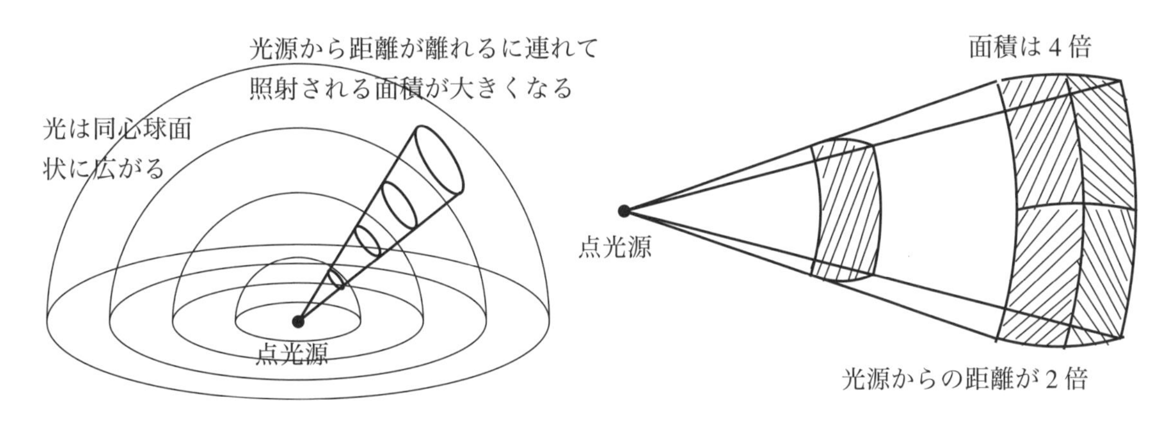

図 1: 点光源からの距離と光の強さの関係

2–2 照射角度に対する光の強さの関係

図 2 に示すように左から光が入射してきた場合，太陽電池面で受ける光は，太陽電池面が垂直の場合に最も多く，角度が大きくなるにつれて小さくなり，受光面が平行になった場合最小となる。このように受光面に対して，入射角度 θ で光の強さ I_0 の光（平面波）が入射した場合，受光面に射影された実効的な光の強さ I は入射角度 θ と

$$I = I_0 \cos\theta \tag{1}$$

の関係がある。

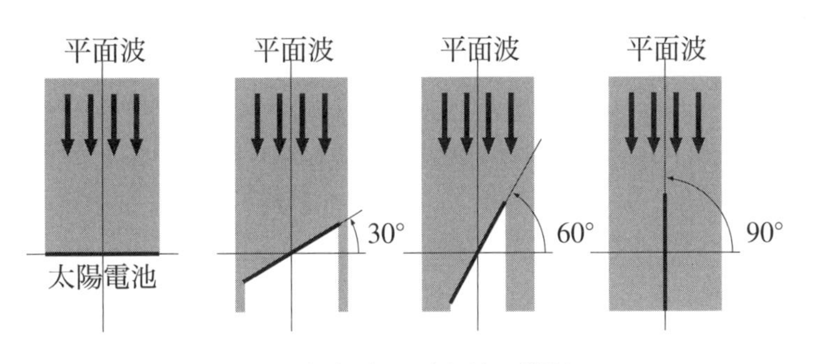

図 2: 照射角度と受光量の関係

3 実験装置

実験器具　電球（60 W），太陽電池（抵抗付き），電圧計，ものさし（1 m 以上），分度器

太陽電池は，太陽電池面に入射した光の強度に応じて電流が生じる半導体素子で作られている。一般に太陽電池は，この現象（光起電力効果）を利用し，太陽光発電に用いられている。この実験では，光の強さ（明るさ）を測定するために太陽電池を測定器として利用する。ここでは，おおよそ光の強さ（明るさ）は太陽電池の出力電圧に比例すると考える。

（実験にあたっての注意）

(1) 周囲の光（部屋に射し込む太陽光，部屋の蛍光灯の光，机や周辺にあるものの反射光など，他の班の電球の光にも注意）の影響が大きいので太陽電池に直接光が入り込まないような配置，場所などを考えて行うこと。
(2) 電球は点灯時に熱くなるので直接，素手では触らないこと。
(3) 太陽電池の表面を絶対に傷つけたり汚したりしないこと。
(4) リード線を無理に引っ張らないこと。

4 実験方法

太陽電池の電圧出力（負荷抵抗 100 Ω の両端を測定）を電圧計で測定する。

4–1 ［実験 1］距離と明るさの関係

(1) 電球を点灯し，図 3 のように太陽電池面を電球に対してできるだけ垂直に設置し，真っ直ぐに移動させ電球からの距離と出力電圧を記録する。同じ実験を 2 回行い平均値を求める。
(2) 距離 $r = 60$ cm のときの電圧（平均値）V_{60} を基準値として，$V = V_{60}\left(\frac{60}{r}\right)^2$ によって計算値を求め，表に記入する。
(3) 距離–電圧（平均値）と距離–電圧（計算値）を方眼紙にプロットする。
(4) 距離–電圧（平均値）と距離–電圧（計算値）を両対数紙にプロットする。このとき，縦軸，横軸の読み方に注意する。
(5) 両対数紙にプロットされた距離–電圧（平均値）のデータに対して，最も近い近似直線を引く。ただし，電球からの距離が近いデータを除外して近似直線を考える。（除外する理由は各自考察せよ。）
(6) 両対数紙に引かれた直線の傾きを求める。傾きは，直線上の任意の 2 点を選び，2 点間の横の長さ，縦の長さをものさしで直接測って，この結果から求める。
(7) 傾きから光の強さが距離の何乗に反比例していたかを求める。（図 4 の例では，傾きが −1.62 となり，光の強さは距離の 1.62 乗に反比例するという実験結果が得られたことになる。）

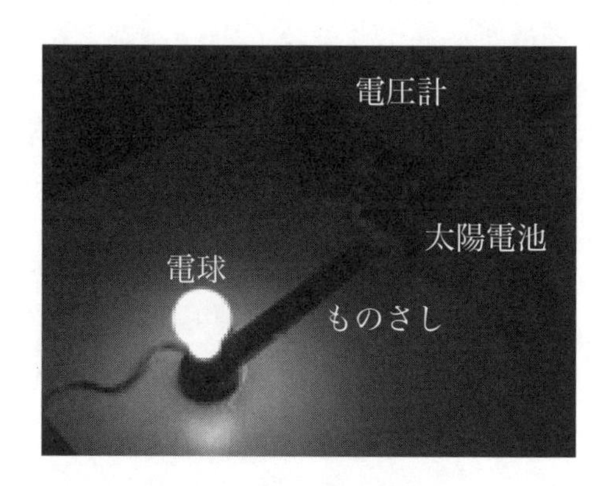

図 3: 実験 1 の設置図

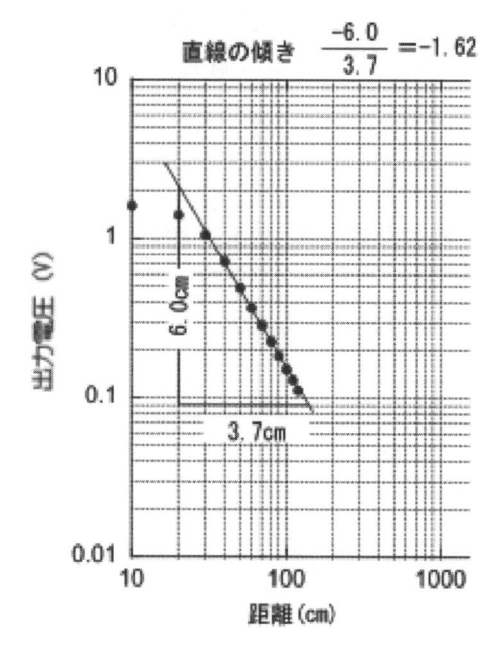

図 4: 距離と電圧（平均値）の関係（両対数紙）

4–2 ［実験 2］角度と明るさの関係

(1) 電球を点灯し，太陽電池面を電球に対してできるだけ正面を向くように設置する（角度 0°）。

(2) 図 5 のように，太陽電池面を電球に対して 10° ずつ傾けていき，このときの角度と出力電圧を記録する。同じ実験を 2 回行い平均値を求める。

(3) 0° のときの電圧（平均値）を I_0，角度を θ として，式 (1) による計算値 $I = I_0 \cos\theta$ を角度ごとに求める。

(4) (2) とは逆向きに 10° ずつ傾けていき，このときの角度と出力電圧を記録する。同じ実験を 2 回行い平均値を求める。

(5) (3) と同様にして計算値を求める。I_0 として (2) の 0° のときの電圧（平均値）を用いる。

(6) 角度–電圧（平均値）と角度–電圧（計算値）を方眼紙にプロットする。

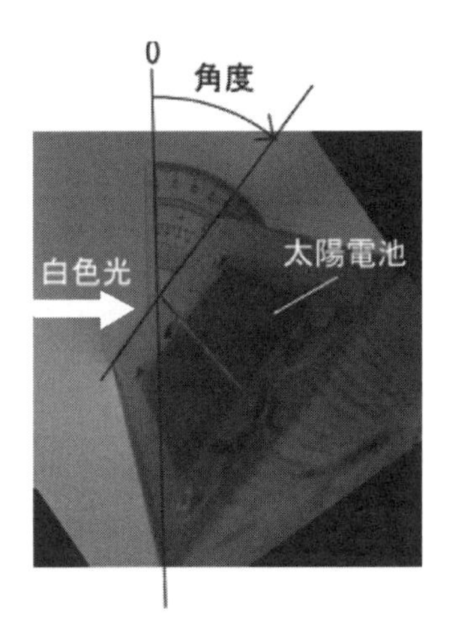

図 5: 実験 2 の設置図

5 測定例

［実験 1］距離と明るさの関係

距離 [cm]	10	20	30	40	50	60	70	80	90	100	110	120
電圧 [V] 1 回目	1.606	1.419	1.061	0.715	0.495	0.366	0.285	0.226	0.185	0.154	0.130	0.111
電圧 [V] 2 回目	1.603	1.418	1.066	0.720	0.498	0.365	0.285	0.228	0.186	0.154	0.130	0.112
電圧 [V] 平均値	1.605	1.419	1.064	0.718	0.497	0.366	0.285	0.227	0.186	0.154	0.130	0.112
電圧 [V] 計算値	13.176	3.294	1.464	0.824	0.527	0.366	0.269	0.206	0.163	0.132	0.109	0.092

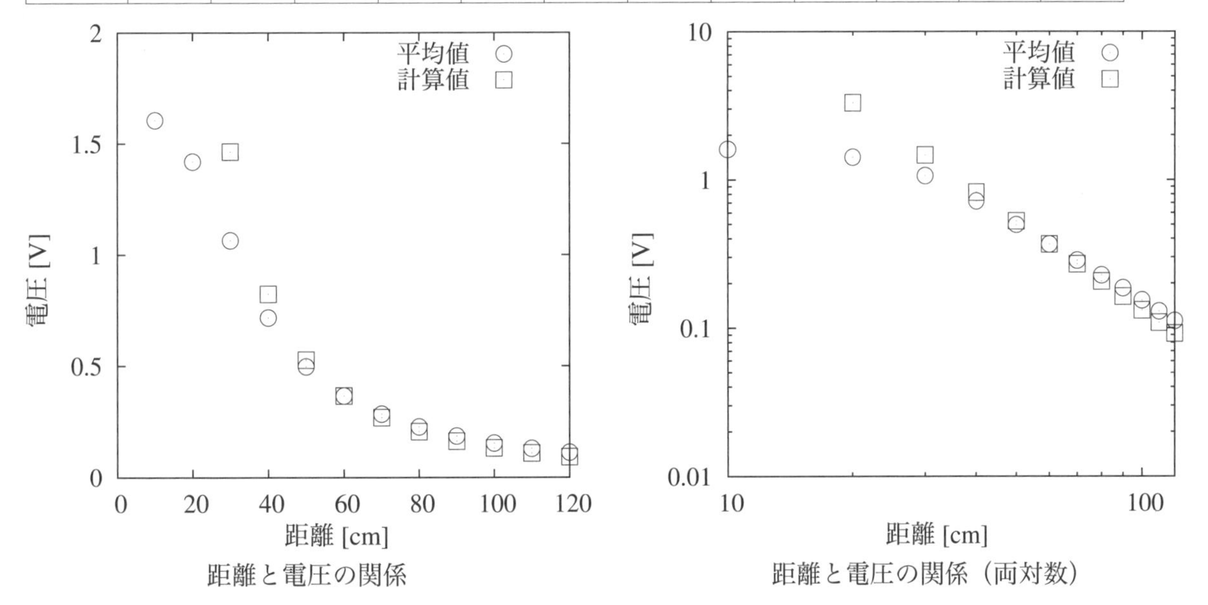

距離と電圧の関係　　距離と電圧の関係（両対数）

［実験 2］角度と明るさの関係

測定位置（電球からの距離） 60 cm

角度 [°]	0	10	20	30	40	50	60	70	80	90
電圧 [V] 1 回目	0.362	0.357	0.343	0.316	0.277	0.228	0.167	0.106	0.052	0.030
電圧 [V] 2 回目	0.365	0.359	0.343	0.315	0.279	0.239	0.177	0.105	0.046	0.028
電圧 [V] 平均値	0.363	0.358	0.343	0.316	0.278	0.234	0.172	0.105	0.049	0.029
電圧 [V] 計算値	0.363	0.358	0.342	0.315	0.278	0.234	0.182	0.124	0.063	0.000

角度 [°]	−10	−20	−30	−40	−50	−60	−70	−80	−90
電圧 [V] 1 回目	0.362	0.344	0.321	0.283	0.237	0.187	0.127	0.063	0.021
電圧 [V] 2 回目	0.360	0.343	0.322	0.290	0.239	0.188	0.108	0.061	0.021
電圧 [V] 平均値	0.361	0.344	0.322	0.286	0.238	0.187	0.118	0.062	0.021
電圧 [V] 計算値	0.358	0.342	0.315	0.278	0.234	0.182	0.124	0.063	0.000

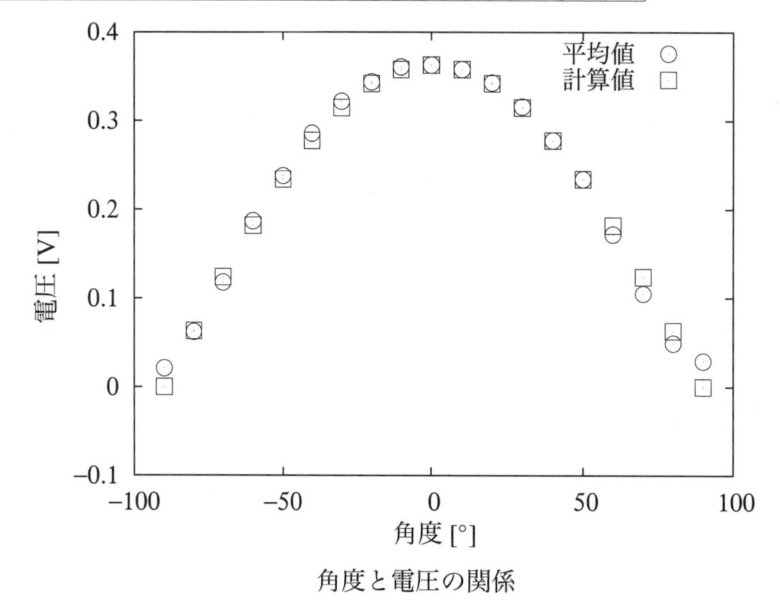

角度と電圧の関係

6 補足：両対数グラフ

(1) 両対数グラフは数値 (x, y) を両対数 $(\log x, \log y)$ でプロットしたものである。
(2) 両対数グラフは関数が $y = cx^a$ の場合にグラフを直線表示する方法である。
(3) 両対数グラフの直線の傾きから，測定データを $y = cx^a$ としたときの係数 a を求める方法として実験でよく用いられる。
(4) 市販の対数グラフ用紙は，使用者が対数値 $(\log x, \log y)$ を計算しなくても直接プロットできるように罫線が引かれている。

両対数グラフにより，$y = cx^a$ が直線で表示されるのは次の理由による。式

$$y = cx^a \tag{2}$$

の両辺の対数を取ると，

$$\log y = \log(cx^a) = \log c + \log x^a = \log c + a \log x \tag{3}$$

となる。ここで $Y = \log y, X = \log x$，$C = \log c$（定数）と置き換えを行うと，

$$Y = aX + C \tag{4}$$

となり，傾き a の直線の方程式が得られる。

7 演習問題

問題 1. 太陽電池の受光面の実効的な面積が $\cos\theta$ になることを確かめるため，図 2 の各角度の場合について有効的な面積を答えよ。ただし，入射角が 0° の場合の実効面積を 1 とする。

問題 2. 角度 θ に対して $y = \cos\theta$ のグラフがどうなるか考え，概略図を書け。

問題 3. 太陽電池（ソーラーパネル）を屋根の上に設置する場合，どのように設置したら発電能力を最大にすることができるか考えよ。

§5 熱

§5–1 熱電対の製作と温度測定（工作実験）

1 はじめに

我々は「今日は暑い」とか,「このジュースは冷たい」のように，肌や手の温感で暑い・冷たいを判断することができる。しかし，正確に気温や体温を計測するにはどうしたらよいのだろうか。体温計で体温を測るとき，通常 3〜5 分の時間を必要とする。室温を 20 °C，体温を 36 °C とすると最初体温計の温度は室温の 20 °C 近辺にあり，体に体温計を差し込むと高温の身体から低温の体温計へ熱が流れはじめ，同一の温度になるまで流れ続ける。両者の温度が同一となり，熱の流出入が止まった状態を「熱平衡状態」といい，この状態ではじめて体温計で体温を正確に測ることができる。この熱平衡状態が温度測定の原理である。

温度計には，アルコールや水銀の温度による体積膨張を用いた液体温度計，異種金属の接合点の温度による電位差を用いた熱電対温度計，さらに物体から放射される光（電磁波）の放射強度を用いた放射温度計などがある。温度を測ると一口に言っても，測定する温度範囲と被測定物の状態や形状によって，用いる温度計が異なってくる。日常見かけるアルコール温度計（–90 °C〜100 °C）や水銀温度計（–30 °C〜150 °C）の測定温度範囲は液体の凝固点と沸点の間が測定範囲となる。

この実験では，科学技術の分野で特殊な物体の温度を計測するには，どのような温度計を用いる必要があるかを考えるにあたり，比較的熱量の小さな，例えば，ろうそくやライターの「炎」の空間温度分布を計測する温度計として，熱電対温度計を製作する。作り方は簡単で 2 本の異種金属線の先端をより合わせるだけである。製作した熱電対で温度を計測するには温度校正が必要なため，水の凝固点（0 °C）と沸点（100 °C）を用いて温度特性表を作り，指の温度測定や，ろうそくの炎の空間温度分布の測定に挑戦する。

1–1 実験の目的

二つの異種金属線を用いて熱電対温度計を製作し，指の温度測定や，ろうそくの炎の空間温度分布の測定を行う。製作の過程で，温度校正の方法，温度特性表の作り方を学ぶ。

1–2 学習のポイント

【用語，キーワード】
温度計：thermometer，熱平衡：thermal equilibrium，ゼーベック効果：Seebeck effect，熱伝対：thermo coupler，絶対温度：absolute temperature，デジタル・マルチメータ：Digital multi-meter

2 温度目盛

温度目盛には，セ氏温度，絶対温度，カ氏温度がある。

(1) セ氏温度（摂氏温度，セルシウス温度，記号 °C，A. Celsius に因む）
1 気圧での水の氷点を 0 °C，沸点を 100 °C とした温度目盛である。日本で日常用いられる。

(2) 絶対温度（ケルビン温度，記号 K，Lord Kelvin に因む）
水の氷点 0 °C を 273.15 K，0 K を –273.15 °C とした温度目盛である。

(3) カ氏温度（華氏温度，ファーレンハイト温度，記号 °F，G. Fahrenheit に因む）
1 気圧での水の氷点を 32 °F，沸点を 212 °F，人体の血液温度を 96 °F とした温度目盛である。主として米国で用いられている。

3 熱電対の原理

熱電対温度計の原理は，ゼーベック (T. Zeebeck, 1770–1831) 効果で説明することができる。ゼーベック効果とは，二つの異種金属の接点を異なった温度に保つと 2 端子間に熱起電力を生ずる現象をいう。逆に 2 接点間に電流を流すと，各接点間に温度差を生ずる現象をペルティエ (J. Peltier, 1785–1845) 効果といい，電子式冷却法として小型の電気部品を冷やすのに用いられている。熱電対には，高温度用熱電対（1000 °C 以上）としてタングステン／レニウム，白金／ロジウム等があり，極低温度用（–200 °C）として銀・金／金・鉄，銅・金／コバルト等があり，常温用としては今回使用する銅／コンスタンタン等各種多様の熱電対がある。

4 製作と測定

4–1 熱電対の製作

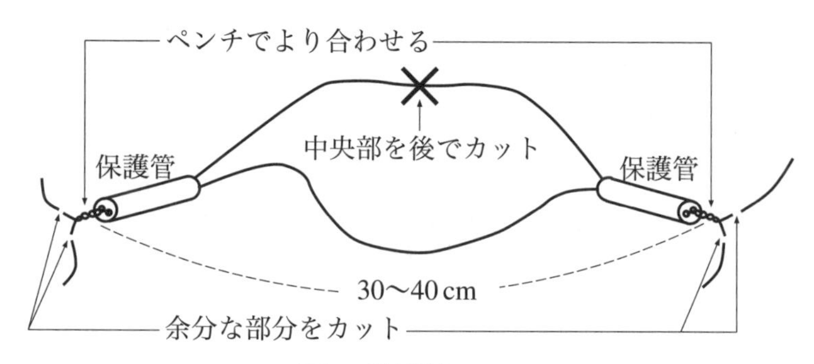

図 1: 熱電対

【準備品・用具】

銅線 1 本（長さ 30〜40 cm），
コンスタンタン線 1 本（長さ 30〜40 cm），
熱電対用保護管（ϕ3 mm，l = 5 cm，二つ穴），
ペンチ

【金属線の切断】

図 1 を参考に，長さ 30〜40 cm の異種金属線 2 本を熱電対用保護管に通し，先端部をペンチでより合わせる。できるだけ微小な熱電対測定センサー部を製作するために余分な部分はペンチで切り取る。

4–2 熱起電力の特性の測定

【測定用具】

熱電対（4–1 で製作したもの），デジタル・マルチメータ (DM),
投げ込みヒータ，温度計 2 本，撹拌用の棒，
耐熱カップ，氷の入ったカップ，
（氷の入ったカップは冷凍庫にある。
使用後に必ず水を補充して冷凍庫に戻す。）

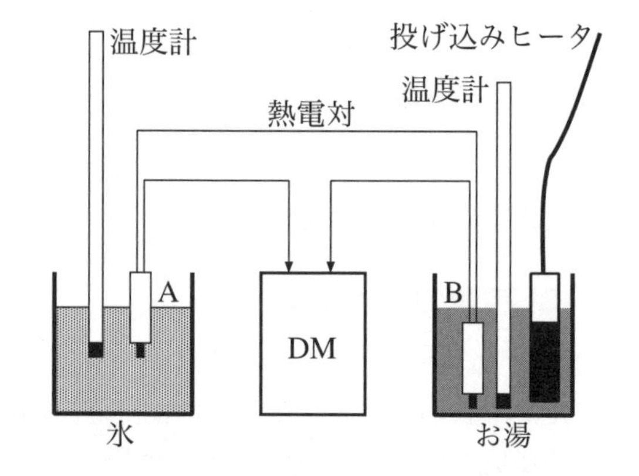

図 2: 熱起電力測定の概略図

【測定手順】

注意：最初から投げ込みヒータを電源コンセントに入れないこと（空焚きするとすぐに壊れる）

(1) **氷水による冷接点の製作**　ペット容器の氷にドリルで ϕ7.0mm の穴を 2 個（熱電対用と温度計用）あける。

(2) **デジタル・マルチメータ (DM) への配線**　自作した熱電対の金属線（どちらでもよい）の途中をペンチでカットして，図 2 のようにデジタル・マルチメータ (DM) に取付ける。DM への接続は冷接点（氷水）側を A 端，お湯側を B 端とする。

(3) **測定**　冷接点を T_A，お湯の温度を T_B，熱起電圧を V とする。

(3-1) 熱電対の A 端を冷接点（氷水）に入れ温度計で T_A を監視する。冷接点は熱電対の基準温度（0 °C）として用いるが，氷の温度が正確に 0 °C であるとは限らない。

(3-2) 水を五分目入ったビーカーに熱電対の B 端を差し込み，ヒータと温度計を入れる。

(3-3) DM で電圧を確認し，DM の表示が負の電圧値の場合，熱電対の A 端と B 端を入れ換える。電圧値の正負は，熱電対（銅線・コンスタンタン）のどの金属線を測定しているかによる。

(3-4) 測定を開始する。投げ込みヒータを電源コンセントに入れ，温度が均一になるよう撹拌用の棒で撹拌しながら，温度 T_B が約 10 °C 上昇した時点での DM の表示を読み記録する。測定点は総計 7〜8 点，温度範囲は 20〜70 °C 程度とする。

4–3 測定値の例

表 1: 熱起電力の測定結果

熱電対の長さ：40 cm　　　測定者：日工 太郎

温度 T_B [°C]	8	18	26	36	47	54	69	82	90	98
温度 T_A [°C]	1	1	1	1	1	1	1	1	1	1
温度差 [°C]	7	17	25	36	46	53	68	81	89	97
電圧 V [mV]	0.276	0.666	1.027	1.480	1.933	2.234	2.912	3.552	3.828	4.200

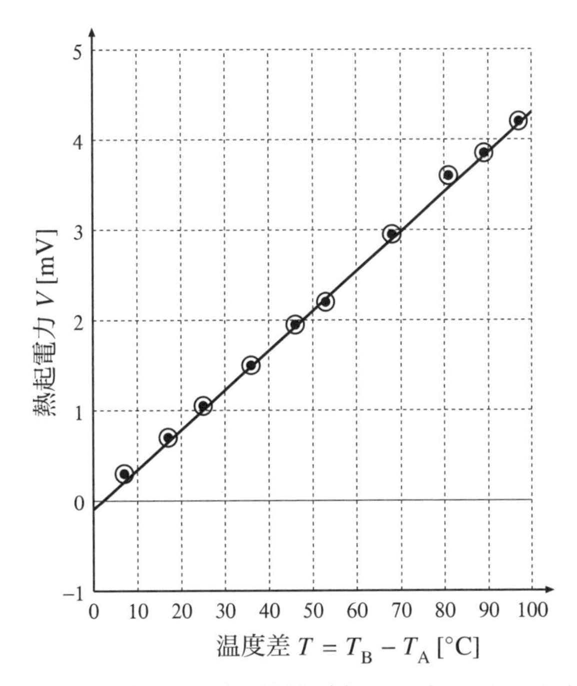

図 3: 熱電対の温度–熱起電力特性（表 1 をプロットしたもの）

4–4 熱起電力特性の計算

図 3 の温度–熱起電力特性グラフより，直線近似で $V = \alpha T + \beta$ の係数 α, β を実験値から求める。（下の例では 0 〜100 °C 間で求めた。）

$$\alpha = \frac{4.3\,\mathrm{mV} - (-0.1\,\mathrm{mV})}{100\,^\circ\mathrm{C} - 0\,^\circ\mathrm{C}} = 4.4 \times 10^{-2}\,\mathrm{mV}/^\circ\mathrm{C},$$

$$\beta = -0.1\,\mathrm{mV}$$

（縦軸の切片 β の値は，熱電対の両端 A, B を 0 °C 氷水に浸けて DM の値を読むことにより，実験的に求めることもできる。）この係数 α, β は，熱電対に使用した線材とその長さにより異なる。温度の基準点として水の凝固点と沸点を用いた。この温度範囲（0〜100 °C）では，熱起電力は温度にほぼ線形（直線的に）に変化しているようだが，アルコールランプの炎の温度（数 100 °C 以上）では直線近似の保証はない。（理科年表等で確認せよ。）

5 自作熱電対を用いた温度測定

5–1 熱伝対体温計

自作した熱電対で，各自の手の指の温度を測定する。A 端は氷水に漬け，B 端を数秒間指にはさみ，DM の数値が変化しなくなった状態での電圧値を読む。この値を V とするとき，熱起電力特性 $V = \alpha T + \beta$ より温度を求める。指の温度はどのくらいになるか。（人体の温度は身体各部で大きく異なる。）

5–2 炎の温度分布の測定

自作した熱電対で，ろうそくの炎もしくはアルコールランプの炎の温度（数 100 °C）の空間分布を測定する（図 4）。より合わせた金属線部分が炎で燃えて，熱電対が壊れるので，炎の温度ができるだけ低くなるように小さな炎に対して測定を行う。

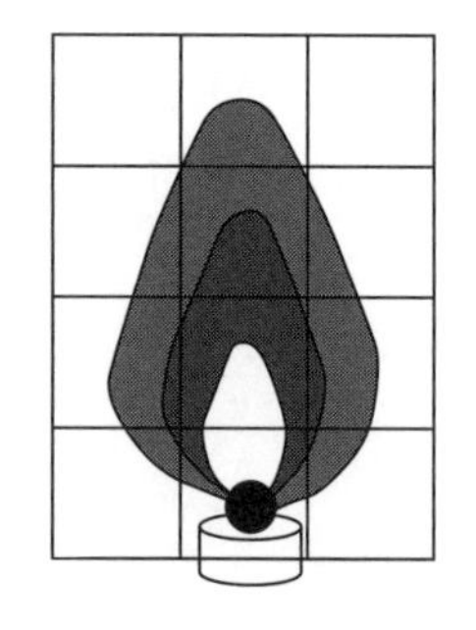

図 4: 炎の温度分布

6 問題

問題 1. 図 2 の温度–熱起電力特性のグラフを用いて，温度 0〜50 °C 間での $V = \alpha T + \beta$ の係数 α, β を求めよ。

問題 2. セ氏温度を t，絶対温度を T とする。セ氏温度 t を絶対温度 T に変換する式,，絶対温度 T をセ氏温度 t に変換する式をそれぞれ書け。

問題 3. 次の各物質の温度を，セ氏温度は絶対温度で，絶対温度はセ氏温度で答えよ。
(1) 液体酸素の 1 気圧での沸点 90 K
(2) 液体窒素の 1 気圧での沸点 77 K
(3) 液体水素の 1 気圧での沸点 20 K
(4) 液体オゾンの 1 気圧での沸点 111 K
(5) ドライアイスの 1 気圧での昇華温度 −79 °C
(6) エチルアルコルの 1 気圧での融点 −115 °C
(7) 人間の体温 約 36 °C

問題 4. できるだけ微小な熱電対を製作した理由を答えよ。熱量の小さなライターや小さな昆虫の体温を測定する場合の熱平衡状態との関係を述べよ。

問題 5. 熱平衡状態について説明せよ。

問題 6. 冷凍庫の氷の温度は冷凍庫内の温度（−10〜−20 °C）である。氷水（氷と水の混合体）で 0 °C の温度を得るにはどうしたら良いか答えよ。

§5–2 熱気球の実験（工作実験）

1 はじめに

製紙業を営むフランスのモンゴルフィエ (Montgolfier) 兄弟は，紙の袋に空気より軽い気体を閉じ込め空中に舞い上がる乗り物を研究し続け，1783 年 6 月 5 日に湿った藁を燃やした煙を袋に吸い込ませ見事浮揚に成功した。さらに 3ヶ月後，パリのベルサイユ宮殿前広場で，国王ルイ 16 世の見守る中，バスケットに羊，アヒル，雄鶏それぞれ 1 匹ずつ載せて 2.4 km の飛行にも成功した。同年 11 月 21 日，若者ロジェとダルランド侯爵の二人を乗せたモンゴルフィエ気球は，ブローニュの森から浮上し，高度 90 m で 25 分間飛行した。人類が初めて空中を飛行した乗り物として記録されている。

この実験では，浮上原理を理解した上で，ポリエチレンのごみ袋で熱気球を製作し浮上させる。浮上原理の理解と熱気球の浮上成功とは必ずしも一致しないが，浮上の失敗は製作過程での浮上原理の理解不足が本質的原因となるであろう。

1–1 実験の目的

ポリエチレンのごみ袋で熱気球を製作し浮上させる。また，浮上温度の予測を行い，熱電対を用いて実際に浮上温度を測定する。

1–2 学習のポイント

【用語，キーワード】
浮力 : buoyancy, アルキメデスの原理 : principle of Archimedes, モル質量 : molar mass, シャルルの法則 : law of Charles

2 熱気球の浮上原理

2–1 気球の運動方程式

地表では総重量 M の熱気球に働く力は，重力と浮力と空気の抵抗力で，静止流体（風がない場合）中での落体の運動方程式は

$$M\frac{\mathrm{d}v}{\mathrm{d}t} = F - Mg - R_f \tag{1}$$

で与えられる。ここで，右辺の第 1 項目の F は浮力である。右辺の第 2 項目の $-Mg$ は重力で，g は重力加速度の大きさであり，負号は下向きに働いていることを示す。右辺の第 3 項目の R_f は気球を急上昇させる場合の空気抵抗力で，気球がゆっくり上昇する場合の上昇速度は 0 に近く R_f は無視できる。式 (1) より，気球が浮上するための必要条件は浮力が気球の総重量より大きいこと，すなわち

$$F > Mg \tag{2}$$

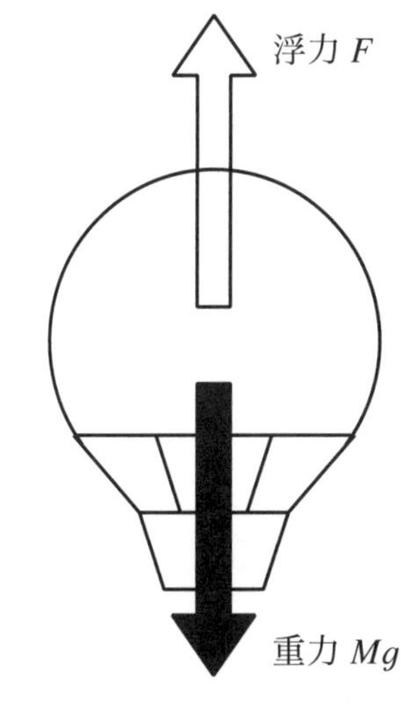

図 1: 気球に働く力

となることである。水素 (2.0 g/mol) を詰めた風船やヘリウム (4.0 g/mol) 気球が浮き上がるのは，空気 (29.0 g/mol) 中の浮力が一定なのに対して，水素風船やヘリウム気球の重量が小さいためである。熱気球は，気球内部の空気を暖めて体積膨張させ（シャルルの法則），気球重量を外気の空気より軽くして上昇させる。

2–2 気球の材料と質量の総和

今回製作する熱気球は，加工したポリ袋の下部にリングを取り付けたものとなる。熱気球の総質量 M は，ポリごみ袋の質量 m_1，下部リング材の質量 m_2，気球内部の空気の質量 m_3 の総和である（$M = m_1 + m_2 + m_3$）。まず，熱気球を浮上させるにはこれらの熱気球部材 ($m_1 + m_2$) をいかに軽く作れるかにある。17 世紀に仏のモンゴルフィエ兄弟が熱気球に成功したのは，丈夫で軽い球皮を作ることができたからである。今回は身近にあるポリ袋で熱気球を作る。質量 $m_1 + m_2$ は気球の製作後に天秤で計測できる。浮力 $F = \rho_0 Vg$ と気球内部の空気の質量 m_3 は，気球の容積 V と温度 T で決まり次で計算する。

2–3 浮力の計算

アルキメデスの原理によると，流体（気体や液体）中にある物体には，物体が押しのけた流体の重量分の浮力が働く。気球には，気球の体積 V に相当する空気の質量 $\rho_0 V$ 分だけ浮力

$$F = \rho_0 V g \tag{3}$$

が働く。気球の浮力を計算するには，空気（気球外部）の密度 ρ_0 を求める必要がある。標準状態（温度 0 °C，1 気圧）の気体 1 mol の質量はその分子量に等しく，体積は 22.4 L である。空気は窒素分子・酸素分子・アルゴン分子等の混合気体で，表 1 をもとに空気の換算モル質量を計算で求めると 29.0g/mol である。

表 1: 空気中の分子量とその混合比率

分子名	窒素 (N_2)	酸素 (O_2)	アルゴン (Ar)
分子量	28	32	40
比率 (%)	78.0	21.0	1.0

【例題 1】表 1 より空気 1 mol あたりの質量 m を計算せよ。

$$m = 28\,\mathrm{g} \times 0.78 + 32\,\mathrm{g} \times 0.21 + 40\,\mathrm{g} \times 0.01 = 29.0\,\mathrm{g}$$

【例題 2】標準状態（温度 0 °C，1 気圧）での空気の密度 ρ_0 を計算せよ。

$$\rho_0 = \frac{29.0\,\mathrm{g}}{22.4\,\mathrm{L}} = 1.29\,\mathrm{g/L}$$

【例題 3】外気温 0 °C，1 気圧の中で，容積 60 L の気球に働く浮力 $F = \rho_0 V g$ を重力単位で計算せよ。

重力単位では $g = 1\,\mathrm{gw/g}$ なので $F = 1.29\,\mathrm{g/L} \times 60\,\mathrm{L} \times 1\,\mathrm{gw/g} = 77.4\,\mathrm{gw}$

（1 円アルミ硬貨は 1.0 g なので，空気 60 L は 77 円分の重さである。空気の重さをイメージしてみよ。）

2–4 気球内部の空気の質量の計算

シャルルの法則によると，温度が 1 °C 上昇するごとに，気体の体積は 1/273 膨張する。0 °C で体積 V の気体の温度を 0 °C から t [°C] に上げると，その体積 V' は

$$V' = V\left(1 + \frac{t}{273}\right) \tag{4}$$

である。温度上昇にともない気体の体積は増えるが質量は変化しないので，気体の密度は小さくなる。0 °C のときの空気の密度を ρ_0 とする。体積 V の空気の質量は $M = \rho_0 V$ である。t [°C] のときの空気の密度を ρ とすると，

$$\rho = \frac{M}{V'} = \frac{\rho_0 V}{V\left(1 + \frac{t}{273}\right)} = \rho_0 \frac{273}{273 + t} \tag{5}$$

となる。外気温 0 °C，1 気圧のもとで，容積 V の気球が t [°C] まで暖められたとき，気球内部の空気の密度は式 (5) で与えられるので，その質量 m_3 は

$$m_3 = \rho V = \rho_0 V \frac{273}{273 + t} \tag{6}$$

で与えられる。

【例題 4】1 気圧の中で，温度 0 °C，体積 60 L の空気を，温度 91 °C に上げたときの体積を計算せよ。

$$V' = 60\,\mathrm{L} \times \left(1 + \frac{91\,^\circ\mathrm{C}}{273\,^\circ\mathrm{C}}\right) = 60\,\mathrm{L} \times \frac{4}{3} = 80\,\mathrm{L}$$

【例題 5】外気温 0 °C，1 気圧の中で，容積 60 L の気球を 91 °C まで熱したとき，気球内の空気の密度を計算せよ。

$$\rho = 1.29\,\mathrm{g/L} \times \frac{273\,^\circ\mathrm{C}}{273\,^\circ\mathrm{C} + 91\,^\circ\mathrm{C}} = 1.29\,\mathrm{g/L} \times \frac{3}{4} = 0.968\,\mathrm{g/L}$$

2–5 気球の浮上条件

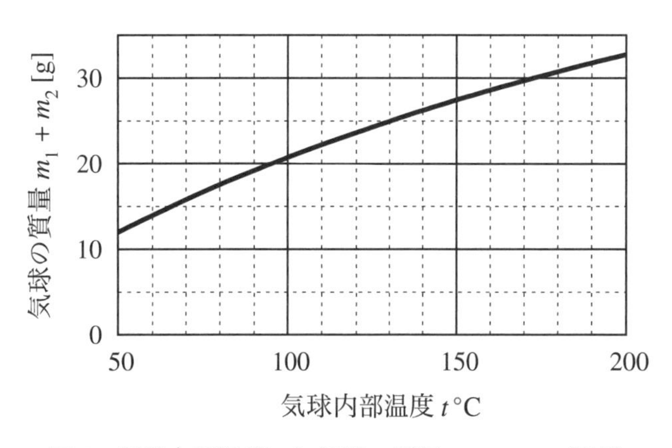

図 2: 気球内部温度 t と気球の質量 $m_1 + m_2$ の関係

気球が浮上するためには，式 (2) のように気球に働く浮力が，重力よりも大きければよい。式 (3) と式 (5) を用いると，式 (2) は

$$\rho_0 V g > \left(m_1 + m_2 + \rho_0 V \frac{273}{273 + t} \right) g \tag{7}$$

と書くことができ，これより

$$\rho_0 V \frac{t}{273 + t} > m_1 + m_2 \tag{8}$$

を得る。気球が完成した時点で，気球の容積 V と質量 $m_1 + m_2$ は決まっており，外気の空気の密度 ρ_0 もわかっているとすると，式 (8) から気球の浮上に必要な温度 t を求めることができる。図 2 に気球の容積 60 L，外気温 0 °C での気球内部温度 t °C と気球が浮上するための質量 $m_1 + m_2$ の上限の関係を示した。外気温を 0 °C として，気球の質量が 20 g の場合，これを浮上させるには 100 °C 近くまで加熱しなければならないことがわかる。

【例題 6】外気温 0 °C，1 気圧の中で，容積 60 L の気球を 91 °C で浮上させるためには，気球の質量 $m_1 + m_2$ をどのくらい軽くしなければならないか計算せよ。

$$m_1 + m_2 < 1.29\,\mathrm{g/L} \times 60\,\mathrm{L} \times \frac{91\,°\mathrm{C}}{273\,°\mathrm{C} + 91\,°\mathrm{C}} = 1.29\,\mathrm{g/L} \times 60\,\mathrm{L} \times \frac{1}{4} = 19.4\,\mathrm{g}$$

3 熱気球の製作と浮上実験

3–1 製作 1: 浮上温度測定まで

【準備品・用具】 実験工作では製作に必要な部品を決める段階で作品の性能の 50% は決まる。ここでは気球浮上を確認済みの材料をもとに揃えてある。

（気球本体）ポリエチレン袋（容積 45 L，厚さ 0.015 mm），ストロー，セロテープ
（気球製作の用具）はさみ，シーラー（ポリ袋封着用）
（浮上温度測定の用具）アルコールランプ，ライター，熱電対つきバケツ，デジタルマルチメーター (DM)

【気球の製作】 熱気球の基本としてできる限り減量して作る。図 3 を参考にする。

(1) 気球下部リングをストロー（3 本又は 4 本）で組む。ストローは切らないで使用する。下部リングの寸法が大きい方がポリ袋が燃えない。
(2) 気球本体（ポリ袋）の下部を，(1) のリング寸法に合わせてカットし，シーラーで熱封着する。
(3) 加工したポリ袋下部に (1) のリングをセロテープで止める。
(4) 減量のためポリ袋上部もカットし，シーラーで熱封着する。減量は必要だが，暖かい空気を十分に溜められるだけの容積も必要である。どのような形がよいか考えながらカットする。

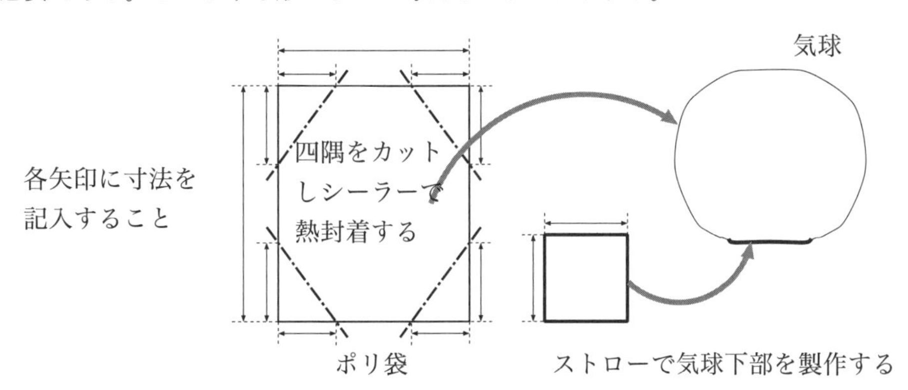

図 3: 気球の製作

【浮上温度の計算】 外気温 0 °C，1 気圧として，製作した熱気球の浮上温度を見積もる。

(1) ポリ袋をどのくらいカットしたかを考えて容積を見積もる。(カットしていないポリ袋の容積は 45 L である。)
(2) 気球（カットしたポリ袋とストローできたリングをセロテープで止めたもの）の質量を電子秤で測定する。
(3) 式 (8) を用いて，(1) の体積と (2) の質量から浮上温度を見積もる。

【浮上実験】 図 4 を参考にする。(注意) 気球が燃え出しても慌てないこと。床に落ちてからゆっくり足で踏み消せばよい。

(1) バケツに取りつけられた熱電対と DM をつなぐ。DM の温度表示に設定する。
(2) アルコールランプにライターで火をつけ，バケツをかぶせる。
(3) アルコールランプの炎が真下に来るように気球をかぶせ手で支える。熱電対が気球の中心付近に来るように熱電対の位置を調整する。気球が炎に近づきすぎないように気球下部のリングとアルコールランプの炎の間に十分に距離をとる。
(4) 気球が加熱し溶け出さないように気をつけながら気球が浮上するまで待ち，浮上し出した時の温度を記録する。

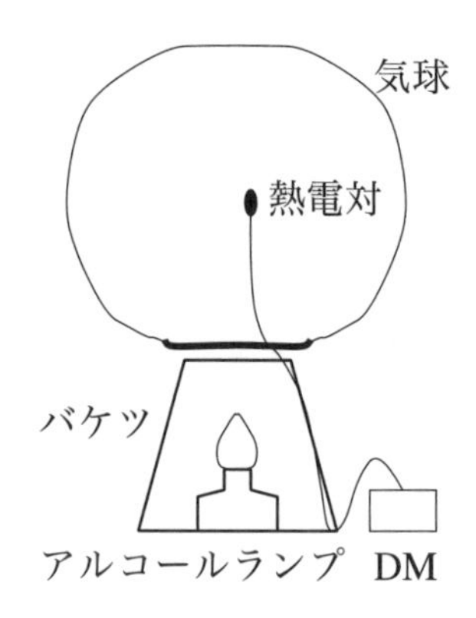

図 4: 浮上温度測定

3–2 製作 2: 燃料を積んだ熱気球の浮上実験

【準備品・用具】 3–1 で製作した気球，金属線，アルミ箔の皿，ティッシュペーパー，アルコール

【気球の製作】

金属線を数本使って，3–1 で製作した気球の下部リングにアルミ箔の皿をつるす。このアルミ箔の皿が燃料を積んだゴンドラ部に相当する。あとでアルミ箔の皿にアルコールを入れて火を付けるので，アルコールの炎が気球内部を暖められること，気球本体や金属線に引火しないことを考慮して，アルミ箔の皿のつるし方を考える。

【浮上実験】 図 5 を参考にする。(注意) 気球が燃え出しても慌てないこと。床に落ちてからゆっくり足で踏み消せばよい。

(1) ティッシュペーパーを 2 cm × 2 cm 程度に切り取り，少量（1 cc 程度）のアルコールをしみ込ませ，アルミ箔の皿に入れる。
(2) 気球上部を持ち上げて支える。
(3) アルミ箔の皿に入れたティッシュペーパーにライターで火をつける。
(4) 炎で気球が加熱し溶け出さないように気をつけながら，気球が浮上するまで待つ。炎が弱くなったら，二，三度アルコールを追加する。引火している液体アルコールを皮膚や衣服に付着させないように注意する。

図 5: 気球の浮上実験

4 問題

外気温 0 °C，1 気圧の中で，容積 40 L の気球を浮上させる。以下の問題に答えよ。

問題 1. 70 °C で浮上させるためには，気球の質量をいくつ以下にしなければならないか答えよ。

問題 2. 100 °C で浮上させるためには，気球の質量をいくつ以下にしなければならないか答えよ。

問題 3. 130 °C で浮上させるためには，気球の質量をいくつ以下にしなければならないか答えよ。

問題 4. 質量 14 g の気球が浮上するには，温度をいくつ以上にしなければならないか答えよ。

問題 5. 質量 17 g の気球が浮上するには，温度をいくつ以上にしなければならないか答えよ。

問題 6. 質量 20 g の気球が浮上するには，温度をいくつ以上にしなければならないか答えよ。

§6 電気と磁気

§6–1 オシロスコープによる電圧波形の観測

1 はじめに

オシロスコープは工学のあらゆる分野で広く使われている測定器である。速い速度で変化する電気現象を視覚的に捉える装置で，特に周期的に変化する信号を観測するのに適している。

1–1 実験の目的

オシロスコープの基本操作，および，オシロスコープを使った電圧波形の測定の基本を体験を通して学ぶ。

1–2 学習のポイント

(1) 各種ダイヤルやスイッチの役割
(2) 画面の時間軸（横軸）と電圧軸（縦軸）
(3) 目盛の読み方
(4) トリガ機能
(5) 振動数と周期
(6) 2 現象観測

について理解する。

2 オシロスコープの原理

ブラウン管オシロスコープの基本構造は CRT (Cathode Ray Tube) と呼ばれ，図 1 に示すように電子銃，偏向装置，および表示画面（蛍光面）からなっている。デジタルオシロスコープの原理はこれとは異なるがこの節を理解しておくことは役に立つ。

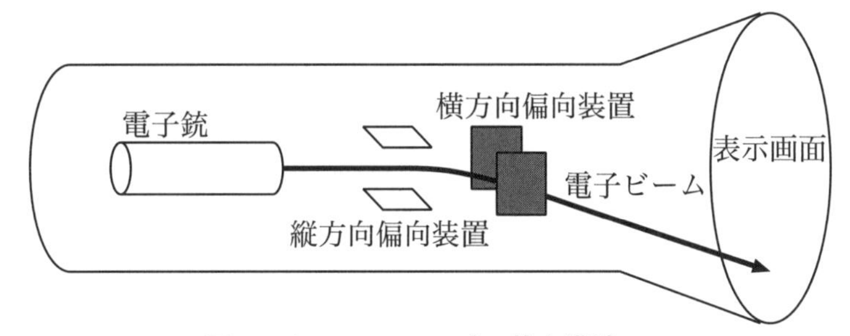

図 1: オシロスコープの基本構造 (CRT)

真空中で，電子銃から発せられた細い高速電子の流れ（電子ビーム）は，偏向装置によって縦および横方向に偏向力を受けた後，表示画面にぶつかり輝点を作る。この輝点の明るさ (Intensity) と収束度 (Focus) は，電子銃に備わっている電子ビームの強度調整機能とレンズ機能によって調整される。偏向装置に時間的に変化する電圧が加わると，電子ビームの軌道が振れ，表示画面上の輝点が様々な図形を描く。詳しくは 4–1, 4–2 で説明する。

3 実験

3–1 オシロスコープの操作

SS7802, SS7804 型（IWATSU 製）のオシロスコープの操作について述べる。操作パネルを図 2 に示す。操作パネル上の機能は，**(1) 基本制御部**，**(2) 時間 (*t*)**，**同期（トリガ）調整部**，**(3) 電圧 (*V*) 調整部**の三つに大別できる。調整方法はボタン式とダイヤル式がある。ボタン式は押すごとに機能が切り替わる切り替え式である。ダイヤル式は左右にまわすことによって単位が切り替わる。この型の重要な特徴は，全ての表示が画面上に示され，ダイヤルに目盛はついていないということである。

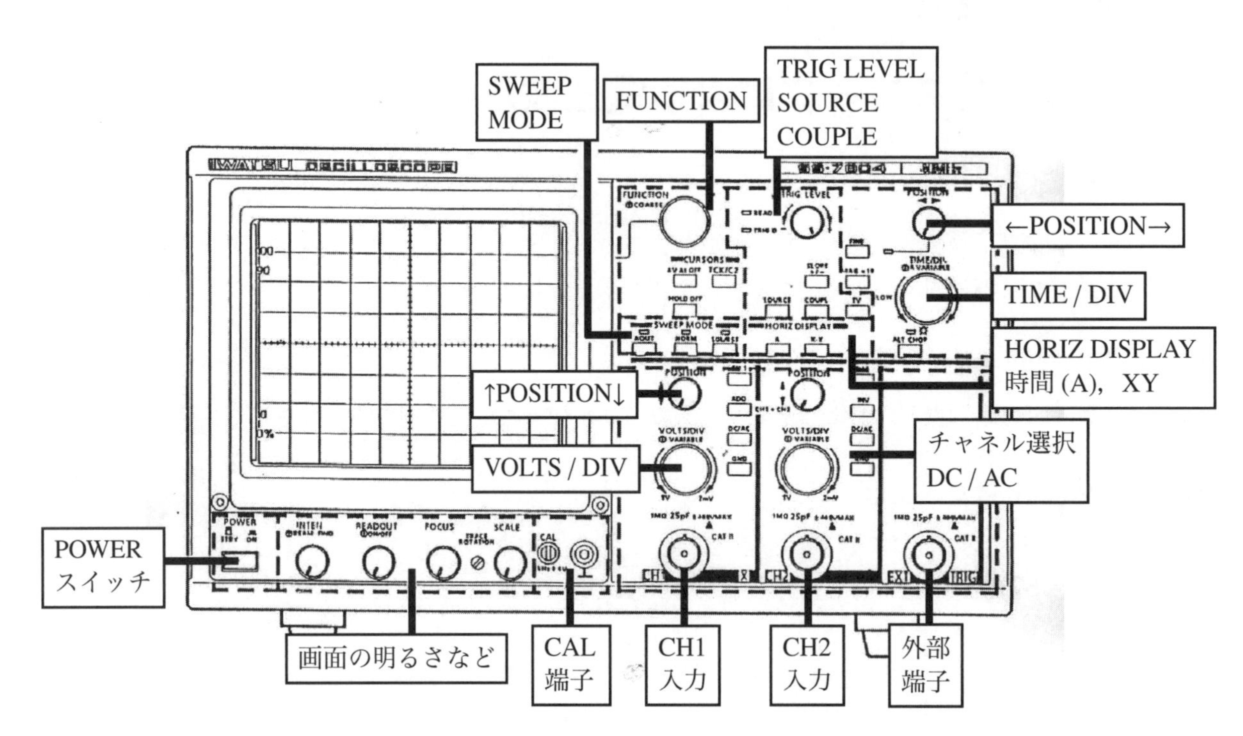

図 2: オシロスコープ SS7802 / SS7804 の操作パネル

(1) 基本制御部　オシロスコープの基本的機能を制御する部分である。

(1–1)　POWER：100 V 電源をオン・オフするスイッチである。このスイッチは一度オンにしたら実験が終わるまで切らない。

(1–2)　INTEN (intensity)：輝点の強度の調整に使う。

(1–3)　FOCUS：輝点の収束度の調整に使う。

(1–4)　CAL：いろいろな回路の較正に使う矩形波信号を取り出す端子である。本実験では入力信号としても使う。

(1–5)　アース端子：他の装置とアースをつなげる場合や CAL 出力を使う場合に使う。

(2) 時間 (*t*)，同期（トリガ）調整部

(2–1)　TRIG LEVEL (trigger level)：トリガ・レベルを設定する。右に回すと高く，左に回すと低く設定される。

(2–2)　SLOPE：トリガの傾斜を設定する。+ では入力電圧が上昇しているとき，– では入力電圧が下降しているときにトリガがかかる。

(2–3)　SWEEP MODE：AUTO と NORMAL の選択ができる。AUTO でも NORMAL でも入力信号のトリガ条件（レベルと傾斜）が満たされたときに掃引が行われる。AUTO の場合は入力信号がないときでも一定間隔で掃引が行われる。入力信号が連続的な場合は AUTO に，断続的で入力間隔が大きい場合は NORMAL に設定する。

(2–4)　SOURCE：二つの電圧信号入力 CH1, CH2 のどちらの信号によってトリガをするかを選択できる。SWEEP MODE が NORMAL の場合は，ここで選んだチャネルの入力端子に電圧信号が入らなければ掃引は起こらない。

(2–5)　COUPL (coupling)：同期信号の結合方式を選択する。本実験では常に DC にしておく。

(2–6)　EXT TRG：外部信号によるトリガを行うときに使う。掃引の開始を，測定する入力信号ではなく，この端子から入る信号によってトリガする。本実験では使わない。

(2–7)　←POSITION→：画面上の横方向の振れの範囲を設定する。(画面に出ている図形を横方向に移動させる。)

(2–8)　TIME / DIV：電子ビームの横方向の掃引速度を調整する。画面に現れる数字は，電子ビームが 1 division (1 cm) 振れる時間である。時間の単位に注意する。

(2–9)　ALT CHOP：2 現象の表示方法である。周波数が高いときは ALT，低い時は CHOP である。

(2–10)　HORIZ DISPLAY：A の場合は横軸が時間である。XY の場合は横軸が CH1 の信号である。

(3) 電圧 (*V*) 調整部　入力信号の選択や感度の調整をする。以下の (3–5), (3–6) 以外では端子，つまみ，スイッチは CH1, CH2 ごとに 1 個ずつある。

(3–1)　入力端子 (INPUT)：入力信号用 BNC コネクタである。（BNC コネクタは，信号を伝える導体芯の周りを絶縁物を隔ててアース金属が覆い，信号を外部からの雑音から保護する機能を持ったコネクタである。パネルにつけるタイプとケーブルにつけるタイプがある。）

(3–2)　↑POSITION↓：画面上の縦方向の振れの範囲を設定する。（画面に出ている図形を縦方向に移動させる。）

(3–3)　VOLTS / DIV：画面上の縦方向の振れの感度を調整する。画面に現れる数字の単位は V/cm および mV/cm である。

(3–4)　CH1, CH2：チャネル切り替えボタンで，画面上に現れる図形が CH1 か CH2 か，あるいは，2 現象かを選択する。どちらか一方が押されているときはそのチャネルの入力信号を表示し，両方が押されているときは 2 現象となる。

(3–5)　ADD：2 現象のとき，これが押されると二つの信号の和が表示される。

(3–6)　INV：極性反転スイッチで，CH2 の入力信号の正負を反転させる。

(3–7)　DC / AC：入力信号結合切り替えボタンで，DC では電圧そのものが，AC では変化分だけが表示される。

(3–8)　GND：これを押すことによって 0 V の位置が分かる。

3–2　使用する装置と用具

(1) 発振器　オシロスコープで観測する正弦波電圧信号を作る装置 AUDIO GENERATOR 27A を使う。振動数が 10 Hz から 1 MHz の間で連続可変の正弦波や矩形波を出力する。図 3 にパネル面を示す。

(2) リード線　導線を絶縁物で覆い，両端に接続のための端子を取り付けたものである。あまり速く変化しない電気信号を伝える。本実験で使用するのは赤い線（信号用）と黒い線（アース用）がある。どちらも，片方にはわにロクリップ（挟む）が，他方にはバナナクリップ（挿入）が着いている。

(3) プローブ　電子回路の様々な点の電圧波形を調べる用具である。図 4 にプローブを示す。先端が細くまた引っかけることができるように曲がっている。回路に触れることによって，触れた点の電圧波形を変化させないように，入力抵抗を 10 倍（電圧は 1/10）にする機能を持つ。アース用わにロクリップがついている。オシロスコープには BNC コネクタでつなげる。

(4) 簡単な電子回路　この実験では 2 種類の回路を用いる。回路 1 は発振器からの信号に位相の進みや遅れを生じさせる。詳細は 3–3 のステップ 3 で説明する。回路 2 は発振器からの信号を使って共振の実験を行うために用いる。詳細は 3–3 のステップ 4 で説明する。

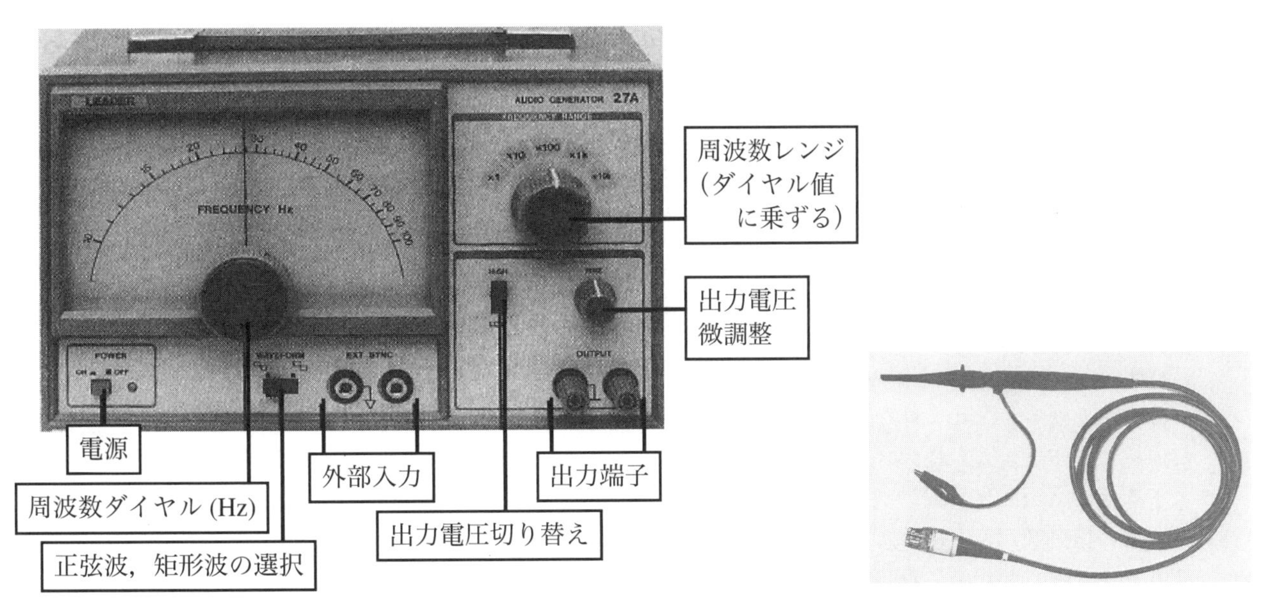

図 3: 発信器の操作パネル　　**図 4**: プローブ

3–3 測定

【ステップ 1】 オシロスコープに慣れる
使用する装置：オシロスコープ，プローブ

オシロスコープの画面上に測定すべき図形を正しく出現させ，正しい測定を行うにはかなり注意深い操作が必要である。慣れた人でも，うっかり操作を間違え，何も図形が現れないということもあり得る。まずはとにかく，オシロスコープというものは，横方向の輝点の左から右への振れの繰り返し（掃引）と縦方向の輝点の振動（電圧変化）が組み合わさって図形が描かれるのだということを頭にたたき込んでもらいたい。次の操作をしてみよう。

(1) 電源をオンにし，SWEEP MODE を AUTO，HORIZ DISPLAY を A，SOURCE を CH1，入力チャネルを CH1，GND をオンにする。ここで左から右へ動く輝点，または水平な輝線が現れるはずである。現れなければ，INTENSITY や ↑POSITION↓ つまみを動かしてみる。
(2) 輝線が現れたら，TIME / DIV のつまみをまわして掃引速度が変わることを確かめる。画面の数値をよく読む。
(3) HORIZ DISPLAY を XY にする。止まった輝点が現れる。←POSITION→ つまみを動かして，図形が横方向に平行移動することを確かめる。
(4) 再び HORIZ DISPLAY を A にして輝線を表示する。↑POSITION↓ によって輝線が上下に動くことを確かめる。GND がオンの状態では CH1 への入力電圧は 0 V であるから，この輝線の位置が 0 V の位置である。
(5) 同じことを CH2 および 2 現象の場合でも行う。↑POSITION↓ を動かすと，今出ている図形が CH1 のものか，あるいは，CH2 のものかを確かめることができる。TIME / DIV は CH1, CH2 で共通である。

次に，いよいよ入力信号を入れてみよう。

(6) DC / AC スイッチを DC にし，輝点の動きが輝線になる程度の掃引速度とする。
(7) CH1 の入力端子にのみプローブを取り付ける。プローブの抵抗切替えを ×10 にする。これで，プローブを通して入る信号電圧は 1/10 になっている。切り替えがないプローブはそのままでよい。
(8) プローブのアースクリップをアース端子につなげ，プローブの先端を CAL 端子にひっかける。ここで，プローブを CAL 端子から離すと画面が乱れることを確かめる。このように，プローブを入力端子につけたまま先端を浮かせているとノイズ波形が現れる。プローブを CAL 端子にしっかりと接触させると，画面に矩形波が現れるはずである。
(9) 矩形波が現れたら，TIME / DIV, VOLTS / DIV, ←POSITION→, ↑POSITION↓ を調整して，適当な大きさの矩形波が画面上に静止するようにする。図形が静止しない場合は同期がとれていないので TRIG LEVEL を調整する。

課題 1　矩形波の高さ，周期，振動数を画面から読み取れ。
課題 2　トリガの傾斜 (SLOPE) を正，負にしてみて図形がどう違うかを調べよ。
課題 3　TRIG LEVEL, SOURCE, SWEEP MODE を変えると画面に出ている図形がどうなるか調べよ。

【ステップ 2】 正弦波を観測する
使用する装置：オシロスコープ，発振器，リード線，プローブ（倍率：1/10）

発振器で発生させた正弦波の波形をもった電圧信号をオシロスコープで観測する。画面から正弦波の振幅（縦軸の目盛），周期（横軸の目盛）を読み取ることができれば，この電圧信号の最大電圧と振動数がわかる。

(1) 発振器の電源コードをコンセントに差し込み，電源をオンにする。赤，黒のリード線のバナナクリップを発振器の OUTPUT につなげる。
(2) 1 本のプローブの BNC コネクタをオシロスコープの CH1 の INPUT につなげ，アースクリップを黒いリード線に，先端を赤いリード線につなげる。これで VOLTS / DIV や TIME / DIV を調整すると画面上に正弦波が現れるはずである。もし現れなければ，ステップ 1 で行った操作を思い出して図形が適当な位置に静止するようにする。
(3) 発振器の振動数可変ダイヤルを回して，画面上に 10 kHz および 100 kHz の振動数を持った正弦波を表示させる。それぞれの場合に対して，TIME / DIV を調整して正弦波を適当な大きさの図形にし，グラフ用紙に写し取る。グラフの横軸と縦軸に目盛と単位を正しく記入する。

課題 4　画面上の正弦波の周期が $T = 1/f$ となっていることを確認せよ。ここで f は振動数である。

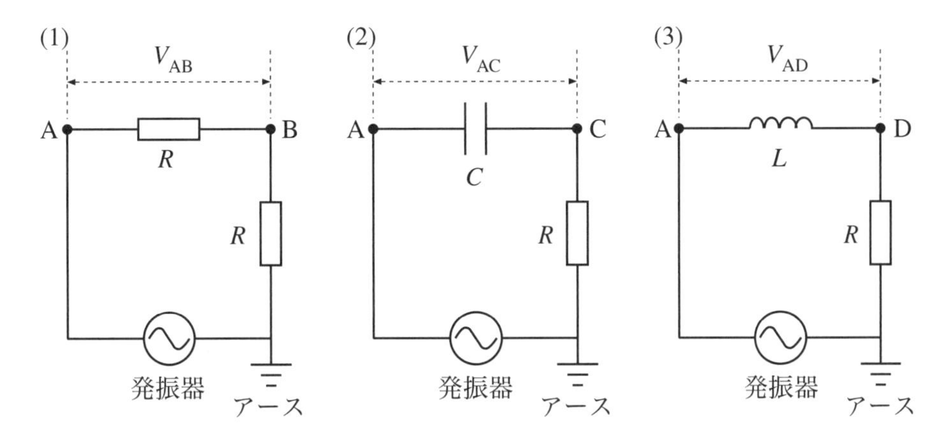

図 5: 回路 1 に組み込まれた回路，(1) 2 個の抵抗，(2) コンデンサーと抵抗，(3) コイルと抵抗

【ステップ 3】 二つの正弦波の位相差を測定する

使用する装置：オシロスコープ，発振器，リード線，プローブ 2 本，回路 1

回路 1 には図 5 (1), (2), (3) の 3 種類の回路が組み込まれている。(1) は 2 個の抵抗，(2) はコンデンサーと抵抗，(3) はコイルと抵抗である。回路定数は $R = 3\,\mathrm{k}\Omega, C = 0.001\,\mu\mathrm{F}$ で，L は実験結果より決定する（5. 問題の 2）。回路 1 を用いて二つの正弦波の同時観測と XY 方式による測定を行う。まず，二つの正弦波の同時観測を行う。

(1) 発振器の出力端子にリード線を差し込み，信号クリップを回路 1（図 5）の A 点，アースクリップを回路 1 のアースにつなげる。A 点への入力信号が

$$V_A = a\sin(\omega t) \tag{1}$$

という正弦波であったとすると，B 点，C 点，D 点の電圧変化はそれぞれ

$$V_B = \frac{a}{2}\sin(\omega t), \tag{2}$$

$$V_C = c\sin(\omega t + \delta), \tag{3}$$

$$V_D = d\sin(\omega t - \varepsilon) \tag{4}$$

となる。これらの式の導出，および，$c, \delta, d, \varepsilon$ の値は 4–3 を参照せよ。入力信号に対して，B 点の位相は変わらず，C 点の位相は δ だけ進み，D 点の位相は ε だけ遅れる。

(2) 用意したプローブ 1, 2 をそれぞれオシロスコープの CH1, CH2 につなげる。SOURCE を CH1 にし，CH1, CH2 をオンにする。

(3) プローブ 1 を回路 1 の A 点につなげ，プローブ 2 を回路 1 の B 点につなげる。ここで画面上には位相が揃った二つの正弦波が現れるはずである。TIME / DIV や VOLTS / DIV を調整して適当な大きさにする。発振器の振動数ダイヤルを回して 25 kHz にする。オシロスコープの画面上で 25 kHz であることを確かめる。A 点での波形 (CH1)，B 点での波形 (CH2) をグラフ用紙に書き写す。グラフの横軸と縦軸に目盛と単位を正しく記入する。

(4) プローブ 2 を回路 1 の C 点につなげで CH2 の正弦波を観測し，CH1（A 点）の波形と比べて位相が進んでいることを確認する。A 点での波形 (CH1)，C 点での波形 (CH2) をグラフ用紙に書き写す。グラフの横軸と縦軸に目盛と単位を正しく記入する。

(5) プローブ 2 を回路 1 の D 点につなげで CH2 の正弦波を観測し，CH1（A 点）の波形と比べて位相が遅れていることを確認する。A 点での波形 (CH1)，D 点での波形 (CH2) をグラフ用紙に書き写す。グラフの横軸と縦軸に目盛と単位を正しく記入する。

図 6 (1) にグラフの例（コンデンサーと抵抗の場合）を示す。続いて，XY 方式による測定を行う。

(6) HORIZ DISPLAY を XY，SOURCE を CH1 にする。プローブ 1 (CH1) を回路 1 の A 点につなげ，プローブ 2 (CH2) を C 点，D 点につなげたとき，それぞれ画面上には図 6 (2) のようなリサージュ図が現れる。リサージュ図については 4–4 を参照せよ。これらをグラフ用紙に写し取る。グラフの横軸と縦軸に目盛と単位を正しく記入する。

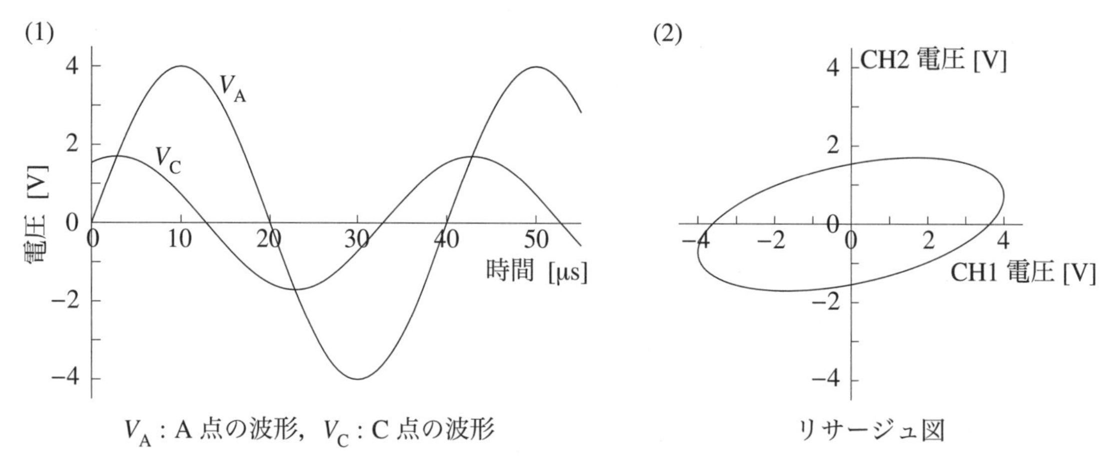

図 6: (1) 正弦波の測定，(2) リサージュ図（回路 1 (2) コンデンサーと抵抗の場合）

(7) (4), (5) で作成したグラフを用いて，$t = 0, 5, 10, 15, 20, 25, 30, 35\,\mu s$ に対する点 (x, y) を (6) で作成した各リサージュ図に書き込む。x が CH1 での読み，y が CH2 での読みである。

課題 5　A 点，C 点，および，D 点での正弦波の振幅はそれぞれいくらか答えよ。また，C 点の波形は A 点の波形に対して何 μs 進んでいるか，D 点の波形は A 点の波形に対して何 μs 遅れているか答えよ。

【ステップ 4】 共振の測定を行う

使用する装置：オシロスコープ，発振器，リード線，プローブ 2 本，回路 2

図 7 の回路 2（共振回路）に正弦波電圧を入力し，振動数を変えることにより，共振の条件を求める。この回路がなぜ共振回路と呼ばれるかについては，4–5 を参照せよ。回路定数は $C = 0.001\,\mu F$, $R = 3\,k\Omega$ で，L は実験結果より決定する（5. 問題の 3)。次の手順で測定を行う。

(1) 発振器の出力端子およびアース端子にそれぞれリード線を接続し，信号クリップを回路 2（図 7）の A 点に，アースクリップをアースにつなぐ。

(2) オシロスコープの V MODE を DUAL にし，2 本のプローブを使って CH1 に A 点，CH2 に B 点の電圧波形を入力する。画面には二つの正弦波が多少時間方向にずれて観測できる。ここで正弦波の振動数を変えると，B 点の正弦波の振幅が変化することを確認する。

(3) 図 8 (1) は B 点の波形を表している。図の周期 T および振幅 Y を画面から読み取る。T から振動数 $f = 1/T$ を求め，点 (f, Y) をグラフ用紙にプロットする。あらかじめ Y が 0 V になる T を求めておき，その点を中心に 20 点ほどプロットする。例を図 8 (2) に示す。例の場合では共振振動数は 23 kHz である。

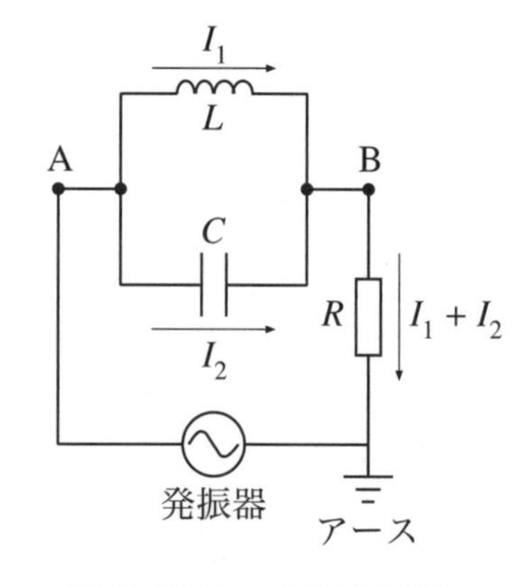

図 7: 回路 2（共振回路）

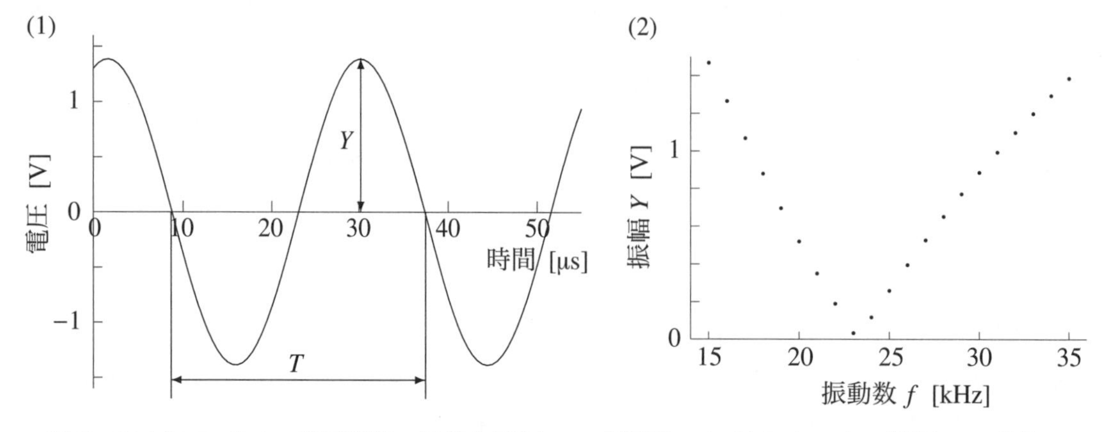

図 8: (1) 図 7 B 点での電圧波形の周期と振幅，(2) 振動数 f に対する B 点の振幅 Y の変化

4 解説

ここでは実験手順で省略した，現象についての理論的な解説を行う。より高いものを求める学生はぜひ読んでもらいたい。図や式は前節のものを参照することがあるので注意せよ。

4–1 変化する電圧の表示

例として，図 9 (1) のような電圧変化を測定する場合を考えよう。この電圧変化は y 方向（縦方向）の偏向電圧となる。x 方向（横方向）には図 9 (2) のように，周期的な（この場合は周期 50 μs）電子ビームの振れを起こす偏向電圧がオシロスコープ内部で作られる。式で書くと輝点の x 座標 (cm) は時間 t [μs] に対して

$$x = 0.2t \quad (0 \le t < 50\,\mu\text{s}) \tag{5}$$

のように変化し，y 方向の偏向電圧は y [V] が t に対して

$$y = 4\sin(0.05\pi t) \tag{6}$$

のように変化する。そうすると x と y の間の関係は，式 (5), (6) より

$$y = 4\sin(0.25\pi x) \tag{7}$$

という式で表される。式 (7) が実際にオシロスコープの画面に現れる図形の式である。画面上で y 方向には 1 V の偏向電圧によって 1 cm 輝点が振れるようになっているとすると，$0 \le x \le 10$ cm, $-4 \le y \le 4$ cm の範囲で図形が現れる。すなわち，x 方向は 5 μs/cm の速度で，$0 \le x \le 10$ cm の範囲で輝点が振れ，それに y 方向の入力信号が乗るのである。x 方向は時間に比例して輝点が動くのだから，x 軸は時間そのものとみなしてよい。この例の場合は，x 方向 5 μs/cm（掃引速度），y 方向 1 V/cm（垂直感度）という設定となる。これでわかるように，オシロスコープによる時間測定が正確であるためには，時間と x 方向の輝点の振れの比例性が正確でなければならない。

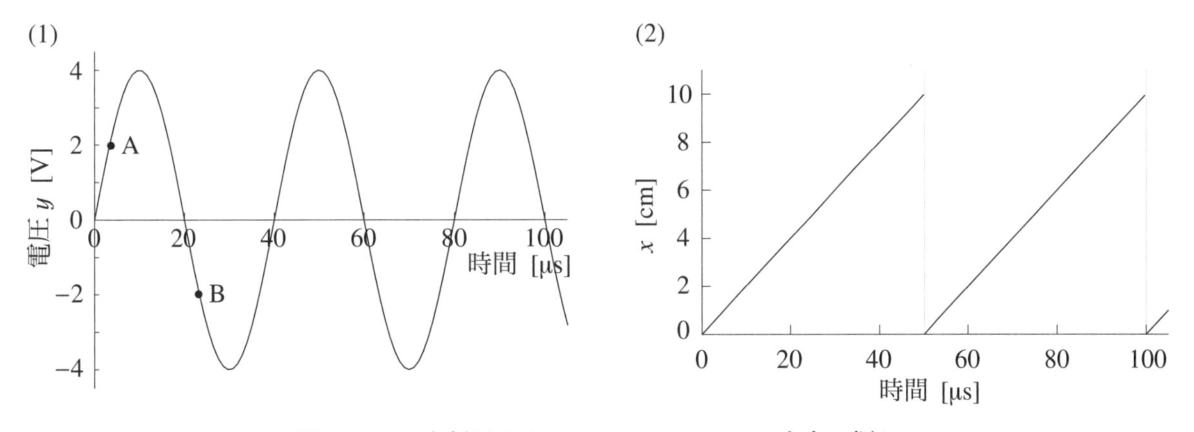

図 9: (1) 入力信号とトリガ・レベル，(2) x 方向の振れ

4–2 オシロスコープの図が静止して見える理由

さて，オシロスコープが入力信号に関係なく図 9 (2) のような輝点の掃引（x 方向に振れること）を行ったとすると，図形の位置が定まらず，波形の観測が困難になる。それを避けるために，オシロスコープにはトリガ（引き金）機能というものが備わっている。すなわち y 方向の入力信号が，設定された入力電圧（トリガ・レベル），および，設定されたスロープ（正または負）になったとき，掃引が始まるのである。例として，図 9 (1) の A (2 V, スロープ正), B (−2 V, スロープ負) の位置にトリガが設定された場合，それぞれ図 10 (1), (2) のような図形が描かれる。すなわち，トリガ・レベルとスロープを設定することにより，オシロスコープは入力波形の決まった位置からいつも掃引を始める。これが，どんなに速い信号でも繰り返し信号ならば静止して見える理由である。

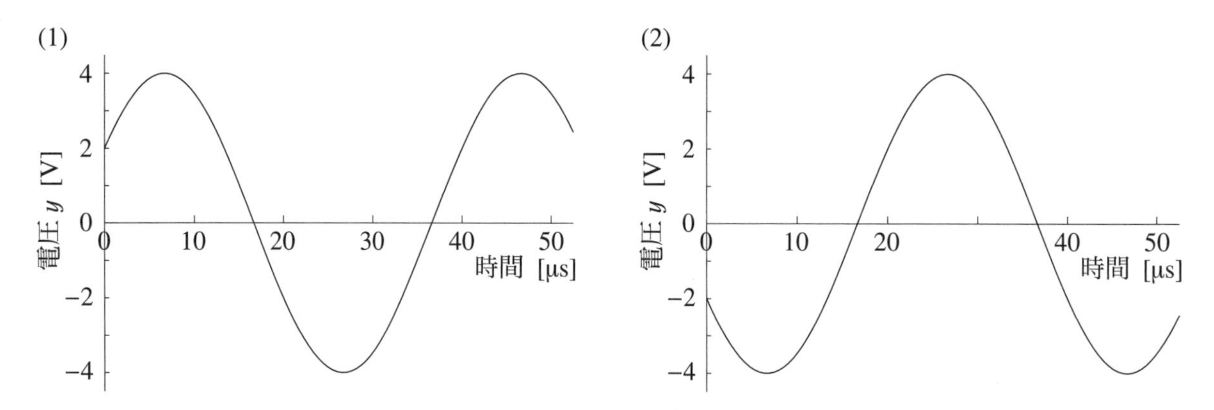

図 10: (1) トリガ・レベルが 2 V でスロープが正の場合，(2) トリガ・レベルが –2 V でスロープが負の場合

4–3 コンデンサー，コイルによる位相のずれ

図 5 (1), (2), (3) の回路の A 点に式 (1) で表されるような，振動数 $f = \omega/2\pi$ の正弦波電圧が加わったとき，電流の変化がどうなるか考えよう。ここで，R は抵抗（単位 Ω（オーム）)，C はコンデンサーの電気容量（単位 F（ファラッド)），L はコイルの自己インダクタンス（単位 H（ヘンリー)）である。B，C，D 点に対する A 点の電圧 $V_{AB} = V_A - V_B$, $V_{AC} = V_A - V_C$, $V_{AD} = V_A - V_D$, を図 5 中に示した。いずれの場合も B, C, D 点とアースの間にオームの法則を適用すると

$$V_B = IR, \tag{8}$$

$$V_C = IR, \tag{9}$$

$$V_D = IR \tag{10}$$

である。図 5 (1) の場合は，

$$I = \frac{V_A}{2R} = \frac{a}{2R}\sin(\omega t) \tag{11}$$

となり，式 (8) より式 (2) の V_B が得られる。ここで ωt を位相という。電流が抵抗を流れる場合は，直流であっても交流であっても抵抗の両端の電圧に対する位相のずれは 0 である。

直流に対する抵抗はコンデンサーでは無限大であり，コイルでは 0 であるが，交流電圧に対しては位相がずれた交流電流が流れる。図 5 (2), (3) の場合において位相のずれを求めてみよう。図 5 (2) の場合は，コンデンサーに蓄えられた電荷 Q と両端電圧の間には

$$V_{AC} = V_A - V_C = \frac{Q}{C} \tag{12}$$

が成り立つので，これに式 (1), (9) を代入して

$$a\sin(\omega t) - IR = \frac{Q}{C} \tag{13}$$

を得る。ここで，電流はコンデンサーに蓄えられる電荷 Q の変化であり，

$$I = \frac{dQ}{dt} \tag{14}$$

と書くことができる。I と Q が t の関数であることに注意して，式 (13) の両辺を t で微分し整理すると，方程式

$$R\frac{dI}{dt} + \frac{1}{C}I - a\omega\cos(\omega t) = 0 \tag{15}$$

を得る。この方程式の解を

$$I = p\sin(\omega t) + q\cos(\omega t) \tag{16}$$

とおいて式 (15) に代入すると

$$Rp\omega\cos(\omega t) - Rq\omega\sin(\omega t) + \frac{1}{C}p\sin(\omega t) + \frac{1}{C}q\cos(\omega t) - a\omega\cos(\omega t) = 0 \tag{17}$$

となる。この式が常に成り立つためには

$$Rp\omega + \frac{1}{C}q - a\omega = 0, \tag{18}$$

$$-Rq\omega + \frac{1}{C}p = 0 \tag{19}$$

でなければならないので，これを p, q について解いて

$$p = \frac{aRC^2\omega^2}{1 + R^2C^2\omega^2}, \tag{20}$$

$$q = \frac{aC\omega}{1 + R^2C^2\omega^2} \tag{21}$$

を得る。したがって

$$I = \frac{aRC^2\omega^2}{1 + R^2C^2\omega^2}\sin(\omega t) + \frac{aC\omega}{1 + R^2C^2\omega^2}\cos(\omega t) \tag{22}$$

となり，式 (9) に代入して

$$V_C = \frac{aR^2C^2\omega^2}{1 + R^2C^2\omega^2}\sin(\omega t) + \frac{aRC\omega}{1 + R^2C^2\omega^2}\cos(\omega t) \tag{23}$$

を得る。この式を式 (3) に書き直すことができる。式 (3) に三角関数の加法定理を用いると

$$V_C = c\cos\delta\sin(\omega t) + c\sin\delta\cos(\omega t) \tag{24}$$

であるので，これを式 (23) と比較すると c と δ はそれぞれ

$$c = \frac{aRC\omega}{\sqrt{1 + R^2C^2\omega^2}}, \tag{25}$$

$$\delta = \tan^{-1}\left(\frac{1}{RC\omega}\right) \tag{26}$$

であればよいことがわかる。V_C の位相は V_A に対して δ だけ進み，R, C, ω が小さいほど位相の進みは大きい。

図 5 (3) の場合は，コイルを流れる電流の変化に比例した起電力が電流変化を打ち消す向きに生ずる。すなわち

$$V_{AD} = V_A - V_D = L\frac{dI}{dt} \tag{27}$$

である。ここに式 (1), (10) を代入して整理すると，方程式

$$L\frac{dI}{dt} + RI - a\sin(\omega t) = 0 \tag{28}$$

を得る。図 5 (2) の場合と同様に方程式の解を式 (16) として代入すると

$$Lp\omega\cos(\omega t) - Lq\omega\sin(\omega t) + Rp\sin(\omega t) + Rq\cos(\omega t) - a\sin(\omega t) = 0 \tag{29}$$

となる。この式が常に成り立つためには

$$Lp\omega + Rq = 0, \tag{30}$$

$$-Lq\omega + Rp - a = 0 \tag{31}$$

でなければならないので，これを p, q について解いて

$$p = \frac{aR}{L^2\omega^2 + R^2}, \tag{32}$$

$$q = -\frac{aL\omega}{L^2\omega^2 + R^2} \tag{33}$$

を得る。したがって

$$I = \frac{aR}{L^2\omega^2 + R^2}\sin(\omega t) - \frac{aL\omega}{L^2\omega^2 + R^2}\cos(\omega t) \tag{34}$$

となり，式 (10) に代入して

$$V_\mathrm{D} = \frac{aR^2}{L^2\omega^2 + R^2}\sin(\omega t) - \frac{aRL\omega}{L^2\omega^2 + R^2}\cos(\omega t) \tag{35}$$

を得る。この式を式 (4) に書き直すことができる。式 (4) に三角関数の加法定理を用いると

$$V_\mathrm{C} = d\cos\varepsilon\sin(\omega t) - d\sin\varepsilon\cos(\omega t) \tag{36}$$

であるので，これを式 (35) と比較すると d と ε はそれぞれ

$$d = \frac{aR}{\sqrt{L^2\omega^2 + R^2}}, \tag{37}$$

$$\varepsilon = \tan^{-1}\left(\frac{L\omega}{R}\right) \tag{38}$$

であればよいことがわかる。V_D の位相は V_A に対して ε だけ遅れ，R が小さいほど，また，L, ω が大きいほど位相の遅れは大きい。

4–4 リサージュ図

ある点が横方向に単振動し，また，縦方向にも単振動しているとき，この点が描く図形をフランスの物理学者の名を取ってリサージュ (Lissajous) 図という。とくに二つの単振動の振動数が整数比になる場合には閉曲線が描かれる。オシロスコープの XY 方式では，CH1 からの入力信号を画面の横方向（X 方向）に，CH2 からの入力信号を画面の縦方向（Y 方向）に出力する。単振動は正弦波で表されるので，二つの入力信号が正弦波のとき，画面にはリサージュ図が描かれる。例として

$$x = 4\sin(0.05\pi t), \tag{39}$$

$$y = 4\sin(0.05\pi(t + 5)) \tag{40}$$

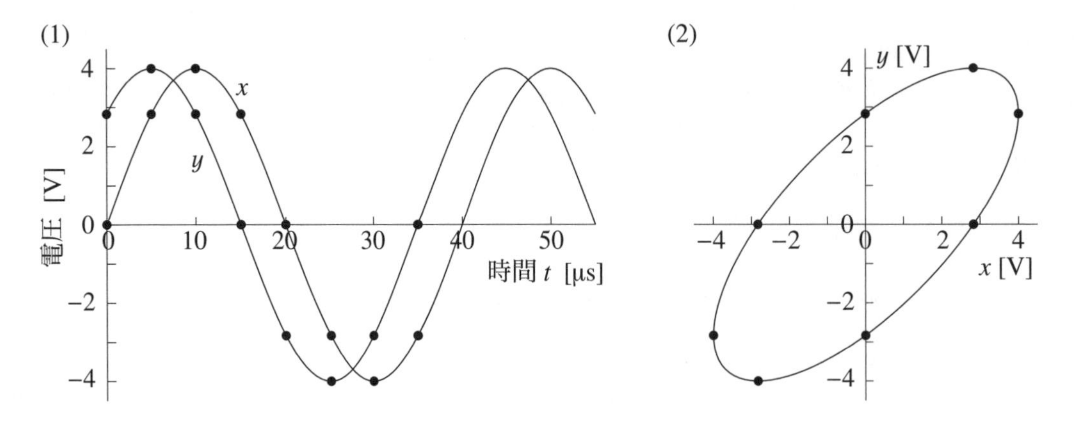

図 11: (1) 位相が異なる二つの正弦波，(2) リサージュ図

という信号が入力した場合を考えよう。式 (39), (40) は図 11 (1) のように，振幅 4 V，周期 40 μs で，x に対して y が 5 μs（1/8 周期）進んでいる正弦波である。x を横軸に，y を縦軸にして x–y 平面上にプロットすると図 11 (2) のような図形が得られる。x と y は振動数の比が 1 : 1 であるので，図形は閉曲線となる。図中の黒丸は，$t = 0, 5, 10, 15, 20, 25, 30, 35, 40$ μs に対して，$(x, y) = (0, 2.82), (2.82, 4), (4, 2.82), (2.82, 0), (0, -2.82), (-2.82, -4), (-4, -2.82), (-2.82, 0), (0, 2.82)$ V を表している。各点が何に対応しているかは各自で確認せよ。

4–5 共振の原理

図 7 においてインダクタンス L のコイルを流れる電流を I_1，電気容量 C のコンデンサーを流れる電流を I_2，コンデンサーに蓄えられている電荷を Q とすると，抵抗値 R の抵抗を流れる電流は $I_1 + I_2$ であるから B 点の電位は $R(I_1 + I_2)$ である。ところが $I_1 + I_2 = 0$ となるようなことがあると，電流は抵抗には流れずコンデンサーとコイルが作る閉回路を流れ続ける。このとき，コンデンサーとコイルの両端間の電圧は最大になるので「共振」と呼ばれる。

共振が起こる条件は以下の通りである。コンデンサーとコイルの両端の電圧（A, B 間の電圧）は常に等しいので，

$$\frac{Q}{C} = -L\frac{dI_1}{dt} \tag{41}$$

である。この式の両辺を t で微分すると

$$\frac{1}{C}\frac{dQ}{dt} = -L\frac{d^2 I_1}{dt^2} \tag{42}$$

を得る。また，I_2 は Q が減る割合に等しいので

$$I_2 = -\frac{dQ}{dt} \tag{43}$$

である。$I_1 + I_2 = 0$ が実現するときには

$$I_1 = \frac{dQ}{dt} \tag{44}$$

と書くことができる。式 (42) と (44) より

$$\frac{d^2 I_1}{dt^2} = -\frac{1}{LC}I_1 \tag{45}$$

を得る。いま，A 点に加わる交流の振動数を f とすると I_1 も同じ振動数を持つと考えられるので，その形は

$$I_1 = a\sin(2\pi ft + \delta) \tag{46}$$

となる。これを式 (45) に代入すると

$$f = \frac{1}{2\pi\sqrt{LC}} \tag{47}$$

を得る。すなわち，この振動数に対してこの回路は共振し，B の電圧は 0 V になるのである。オシロスコープ上に図 7 の B 点の電圧 V_B の波形を描かせ，振動数を変えながら振幅を測定することにより，この興味深い共振の様子を観測することができる。この種の共振回路は，例えばラジオ，TV，携帯電話等の通信機器において，様々な周波数の信号の中から目的の周波数のみを選択する必要がある場合など，工学の多くの分野で応用されている。

5 問題

問題 1. 3–3 ステップ 3 の実験から，回路 1 のコイルのインダクタンス L を決定せよ。

問題 2. 3–3 ステップ 4 の実験で求めた共振条件から，回路 2 のコイルのインダクタンス L を決定せよ。ただし，単位は H（ヘンリー）とする。

問題 3. 4–4 において x, y の間に時間のずれがない場合は，どんなリサージュ図になるか。

§6–2 静電気の実験

1 はじめに

冬の乾燥した日に，何かに触るとバチッという音がして，手に不快感を感じることがある。これは摩擦によって生じた静電気が放電を起こしたためである。静電気は電気を通さない物質上に生じると「貯まる」性質があり，そこに電気を通しやすい物質が近づくと逃げていく，すなわち，放電する性質がある。(いわゆる「火花が散る」という現象は空気を通しての放電である。) 電気を貯めることや放電の過程は工学から見て重要なことである。この実験では，静電気を「生じさせ」,「貯めて」,「放電させる」という過程を調べる。

1–1 実験の目的

物をこするという身近な方法で電気を起こしてコンデンサーに蓄え，その量を測定する。また，導線や電気抵抗を通して蓄えられた電気が流れ出す過程，すなわち，放電の過程をオシロスコープを使って観測する。コンデンサーの電気容量，抵抗の抵抗値といった回路定数が，その過程にどのように影響するのかを調べる。

1–2 学習のポイント

(1) 静電誘導
(2) 電荷 q，電圧 V，電気容量 C の関係
(3) オシロスコープによる DC 電圧の測定とオシロスコープのトリガ機能
(4) 抵抗を通して電荷，電圧が減衰する過程と時定数
(5) 指数関数の対数グラフへのプロット

について理解する。

2 原理：実験器具の役割とその使い方

オシロスコープの原理と使い方は「§6–1. オシロスコープによる電圧波形の観測」(p.129) を参照せよ。ここでは，それ以外の実験器具について述べる。

2–1 抵抗とコンデンサー

抵抗（電気抵抗器）は定まった抵抗値を持った回路素子である。抵抗率の大きい金属（ニクロム，コンスタンタン，マンガニン等）や，炭素で作ったもの，これらの物質を絶縁物の上に蒸着させたものが一般的である。コンデンサーは一定の電気容量を持った回路素子である。2 枚の金属箔の隙間に誘電体を挟み，これを多数重ねたり巻いたりして面積を大きく，かつ，コンパクトに作ってある。誘電体は容量を大きくするために挿入される。誘電体の種類によって，電解コンデンサー，セラミック・コンデンサー，マイカ・コンデンサー等がある。

2–2 ターミナル・ボックスおよび各種ケーブル

ターミナル・ボックスは，実験で使う種々の回路をアルミ・シャーシーに組み込み，各種ケーブルをつなぐためのターミナルを取り付けたものである。図 1 に概略図を示す。黒の端子（ターミナル）1, 3, 5 はすべて導線で結ばれ，アース端子として用いる。赤の端子（ターミナル）2, 4, 6 は，これらとアースの間に信号を入力したり，これらとアースの間の電圧を測定したりする端子である。端子 1, 2 は誘導電荷収集実験に用いる。端子 2 にはアルミの電荷収集板がついている。端子 3, 4, 5, 6 は放電の実験に用いる。端子 5 の上部につながっている回路は微分回路の実験用であり，本実験では使用しない。ケーブル類としては，次のものがある。

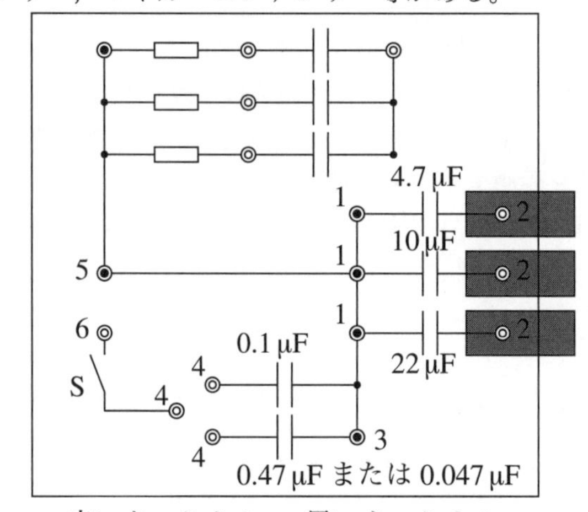

図 1: ターミナル・ボックス

(1) **同軸ケーブル** 信号を伝える導芯体のまわりを絶縁物を隔ててアース金属が覆い，さらにそのまわりを絶縁物で覆ったケーブルである。速く変化する信号の伝達に用いる。通常は両端に BNC コネクタを取り付けるが，信号があまり小さくなく，あまり速くないときはクリップを取り付ける場合がある。本実験では，片方に BNC，他方にクリップを取り付けたものを用いる。クリップは，信号用とアース用と 2 個付いているので間違わないように注意せよ。

(2) **リード線** 導線を絶縁物で覆ったもので，あまり速く変化しない信号伝達に用いる。両端にはワニ口またはバナナクリップが付いている。ターミナル・ボックスのターミナルに接続する。黒いリード線はアースとして使う習慣になっている。

2–3 誘導電荷収集器

この器具は図 2 に示すように，木の板にアルミ箔とアクリル板を張り付けた摩擦電荷発生器 A, B, C と，絶縁棒を金属板に取り付けた電荷収集器 D, E からなる。まず，アクリル板 A を布やコルクでこすって摩擦電荷を生じさせる。仮にこれを正電荷としよう。次に D を持って金属板 E を A の上にしっかりと押しつける。A と E は平面のように見えるが，実は細かい凸凹があり，実際に接触しているのは数点である。その他の部分はわずかな隙間で向かい合っているので，5–4 で述べるように静電誘導によって，E の下面には負電荷が，上面には正電荷が現れる。ここで E の上面をアースに接触させると正電荷は逃げていく。したがって E を A から放すと負電荷のみが E に残り，これをコンデンサーの一端に接触させるとコンデンサーに電荷が貯まるわけである。同じ操作を繰り返すと，アクリル板上に電荷がある限り，どんどん電荷を貯めることができる。

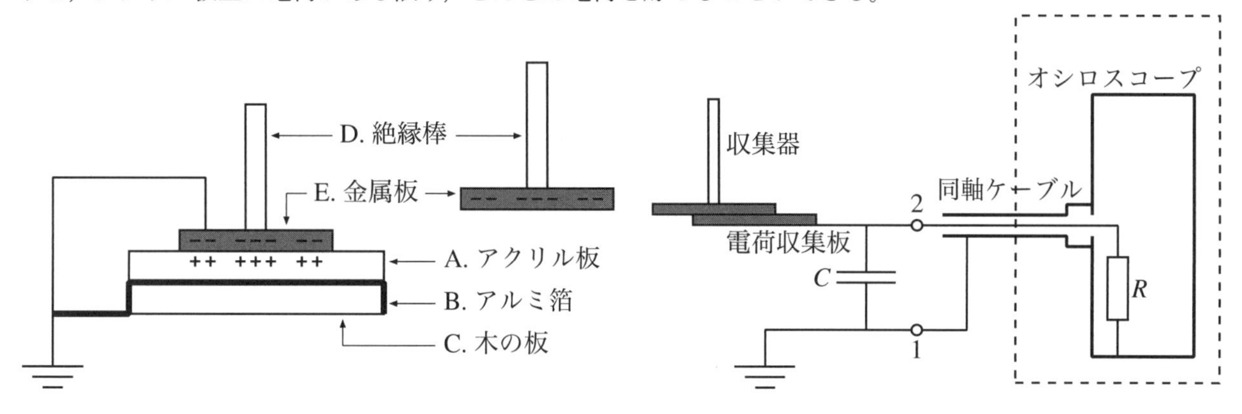

図 2: 誘導電荷収集器　　**図 3**: 誘導電荷収集実験の結線図

3 実験

3–1 ではオシロスコープを単に電圧測定器として用いる。3–2 ではトリガ機能の正しい理解を目指す。オシロスコープの操作は「§ 6–1. オシロスコープによる電圧波形の観測」(p.129) を参照せよ。以下の点に注意する。

(1) COUPL は DC にする。
(2) POLARITY を INVERT にしない。
(3) TIME / DIV および VOLTS / DIV をよく確認する。
(4) 画面が不安定のときは TRIG LEVEL つまみをまわす。

3–1 誘導電荷収集実験

誘導電荷収集器を用いて，摩擦によって生じた電荷をコンデンサーに貯める実験である。貯まった電荷は電圧としてオシロスコープで観察する。結線は図 3 に従って行う。次の手順で実験をする。

(1) オシロスコープの電源を入れる。
(2) ターミナル・ボックスの端子 1 と誘導電荷収集器のアース端子（突出している金属板）をリード線でつなぐ。
(3) 同軸ケーブルの BNC コネクタ側をオシロスコープの CH1 入力端子とつなぎ，バナナ端子側をターミナル・ボックスの端子 2 のどれかと端子 1 につなぐ。つないだ端子 2 に接続しているコンデンサーに電荷が貯まる。

(4) オシロスコープの時間軸 (TIME / DIV) を 1 ms，掃引方式を AUTO にすると輝線が現れる。同軸ケーブルの先が浮いていると輝線が大きく乱れる。輝線が直線になったら，INTENSITY と FOCUS を調節して細く見やすい明るさにする。入力結合を GND にすると輝線の高さが 0 V を示すので，つまみを動かして画面の中央に持ってくる。

(5) 入力信号結合を DC にし，電圧感度 (VOLTS / DIV) を最高の 5 V にする。ここで輝線が画面からはずれるようなときは，端子 2 をアースすると中央に来るはずである。これは端子 2 に始めから貯まっていた電荷を逃がしたためである。

(6) 摩擦電荷の収集に取りかかる。2–3 の説明に従って摩擦電荷発生器のアクリル板に電荷を発させ，それを収集器に移した後，収集器を端子 2 に付けてあるアルミ板に押しつけると，オシロスコープの輝線が上昇（または下降）するのが観察される。収集器をアルミ板から離すと直ちに電荷の放出が始まって電圧が下がり始めるので，これと競争しながら電荷の収集を繰り返す。電圧は徐々に上昇するが，やがて上がらなくなる。最高の電圧をオシロスコープの画面から読み取り記録する。電圧を測るときは VOLTS / DIV を正しく読む。また，電圧が上がりすぎて，輝線が画面からはずれるときは，適宜電圧感度を変える。

(7) コンデンサーは 3 種類用意してあるので，それぞれについて行う。コンデンサーの容量によって電圧の上がり方，および，電荷放出速度がどのように違うかを観察する。

3–2 放電の実験

この実験では，コンデンサーに蓄えられた電荷が抵抗を通して逃げる過程をオシロスコープを使って調べる。図 4 のように結線する。図 4 のコンデンサー（電気容量 C）とオシロスコープの内部抵抗（抵抗値 R）とは図 5 のような回路を構成する。スイッチ S を閉じてコンデンサーに電圧 V_0 を与えた後 S を切ると，電圧は

$$V = V_0 e^{-t/\tau} \tag{1}$$

に従って変化する。(この式の導出は「§6–3. コンデンサーの放電と過渡現象」の「解説」(p.153) を参照せよ。) ここで $\tau = RC$ は時定数と呼ばれ，電荷が逃げていく時間の目安である。

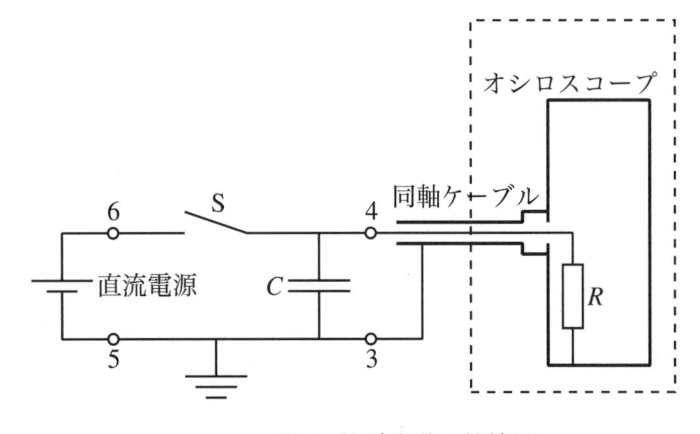

図 4: 放電実験の結線図

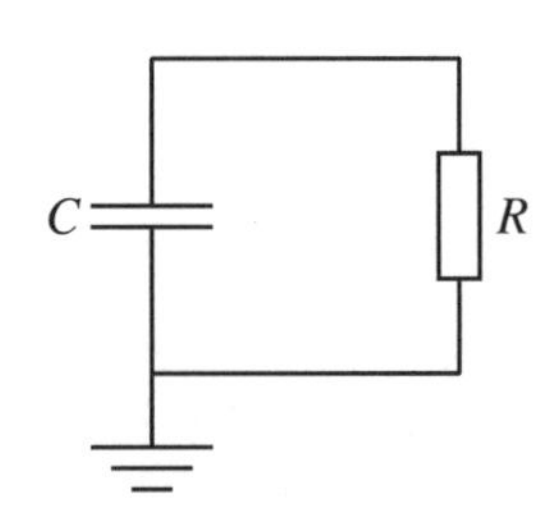

図 5: 放電の回路

(1) オシロスコープの電圧感度 (VOLTS / DIV) を 1 V にし，SWEEP MODE を AUTO，TIME / DIV を 0.05〜0.2 s にすると，画面上を輝点が目で追える速さで掃引されるのが見える。入力信号結合を GND にして ↑POSITION↓ つまみを動かし，0 V の位置を画面の一番下の線に合わせる。

(2) 短いリード線を用いて，端子 3 と 4 の間に入れるべきコンデンサーを選択する。端子 5 と 6 の間に直流電源をつなぎ，同軸ケーブルを 4 に取り付けると，図 5 の回路ができたことになる。R はオシロスコープの入力抵抗である。

(3) 直流電源をオンにし，電圧を 7〜10 V にする。

(4) スイッチ S を入れると画面上を動く輝点は電源電圧の位置まで上がる。そこでスイッチ S を切るとその瞬間から輝点は図 6 のように指数関数的に下降するのがわかる。

(5) これからが本格的測定である。SWEEP MODE を NORMAL にし，SLOPE を負に設定する。TRIG LEVEL を変えてみて，スイッチ S をオフにしたとき降下する輝点が現れるようにする。次のことに注意する。

- TRIG LEVEL を電源電圧の値よりやや下に設定する。
- スイッチ S を十分長い時間押してから離す。押してすぐ離してはならない。
- スイッチ S を押したとき，接触時の電圧ノイズによって輝線が現れることがある。これは気にせずこの輝線が完全に消えてからスイッチ S を離す。
- トリガ・レベルが 7 V を超えていたり，スロープが正になっていたら輝線は現れない。

(6) トリガ・レベル設定の原理を図 6 に示した。(オシロスコープのトリガ機能については「§6–1. オシロスコープによる電圧波形の観測」(p.129) を参照せよ。) スイッチ S をオフにした瞬間からオシロスコープへの入力電圧は下がり始めるが，SWEEP MODE が NORMAL の場合は，入力電圧が設定した同期スロープで（この場合は負，すなわち下がりつつある）設定したトリガ・レベルに達した瞬間（同期時刻）から掃引が始まる。これによって，同じ時間的推移はいつも画面上の同じ位置に現れるようにすることができる。

(7) 指数関数的に降下する輝点の座標を何点か読み取る。そのために ←POSITION→ つまみを動かして輝点の下降の始まりが最も左の縦線上に来るようする。下降が始まってから輝点が通過する位置の座標 $(t_0, V_0), (t_1, V_1), (t_2, V_2), \cdots\cdots$ を読み取っていく。図 7 を参照せよ。ここで $t_0 = 0\,\mathrm{s}$ である。読み取りに慣れるまでに多少時間がかかるかもしれない。読み取るのに適当な TIME / DIV はコンデンサーの電気容量によって異なり，0.47 μF では 0.2 s/div，0.1 μF では 0.05 s/div，0.047 μF では 0.02 s/div がよい。

(8) (7) で得られた座標は式 (1) を満たしている。これを使って時定数 τ を，さらにオシロスコープの入力抵抗 R を求める。式 (1) の両辺の対数をとると

$$\ln V = \ln V_0 - \frac{t}{\tau} \tag{2}$$

であり，$\ln V$ と t は直線関係にある。そこで読み取った数点の座標 (t_i, V_i) $(i = 0, 1, 2, \cdots\cdots)$ を片対数グラフ用紙にプロットし，それらの点に最も近い直線を引く。この直線上の 2 点を $(t_\mathrm{A}, V_\mathrm{A}), (t_\mathrm{B}, V_\mathrm{B})$ とすると

$$\ln V_\mathrm{A} = \ln V_0 - \frac{t_\mathrm{A}}{\tau}, \tag{3}$$

$$\ln V_\mathrm{B} = \ln V_0 - \frac{t_\mathrm{B}}{\tau} \tag{4}$$

であるので，これらより

$$\tau = -\frac{t_\mathrm{B} - t_\mathrm{A}}{\ln V_\mathrm{B} - \ln V_\mathrm{A}} \tag{5}$$

を得る。電気容量 C はわかっているので，τ がわかれば $R = \dfrac{\tau}{C}$ より R を求めることができる。

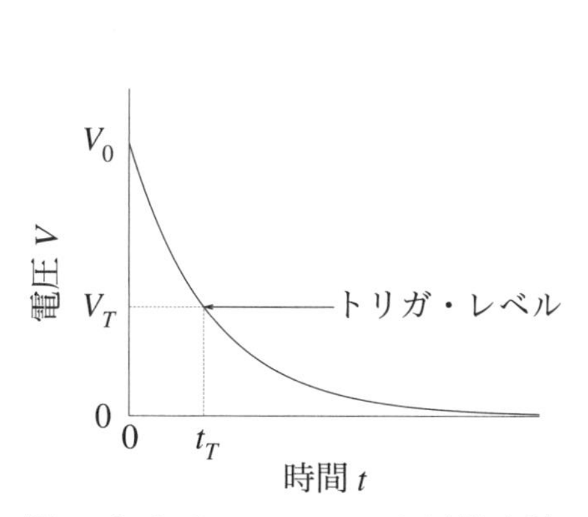

図 6: トリガ・レベル V_T と同期時刻 t_T

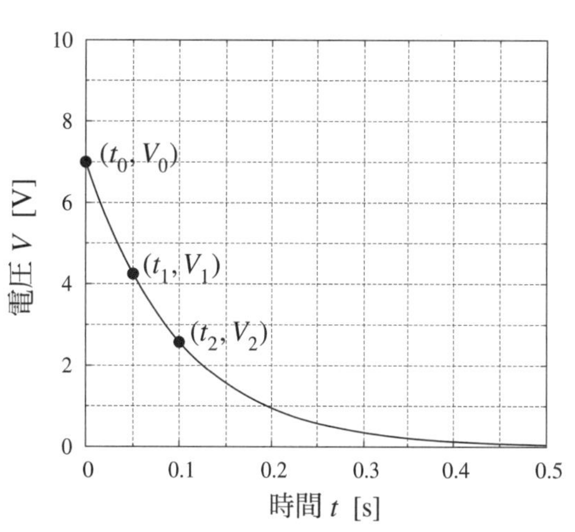

図 7: 輝点の通過点の読み取り

4 測定例

4–1 誘導電荷収集実験

【実験結果】

こすった物質	上昇（下降）した電圧	電気容量	貯まった電荷
コルク	−125 mV	4.7 μF	-5.9×10^{-7} C
コルク	−120 mV	4.7 μF	-5.6×10^{-7} C
コルク	−36 mV	22 μF	-7.9×10^{-7} C
コルク	−32 mV	22 μF	-7.0×10^{-7} C
コルク	−45 mV	10 μF	-4.5×10^{-7} C

4–2 放電の実験

【実験結果】

(a) 用いたコンデンサーの電気容量 $C = 0.47\ \mu\text{F}$

時間 t [s]	0.00	0.10	0.20	0.30	0.40	0.50
電圧 V [V]	7.0	5.7	4.6	3.7	3.0	2.5

(b) 用いたコンデンサーの電気容量 $C = 0.1\ \mu\text{F}$

時間 t [s]	0.00	0.05	0.10	0.15	0.20	0.25
電圧 V [V]	7.0	4.2	2.6	1.4	0.8	0.6

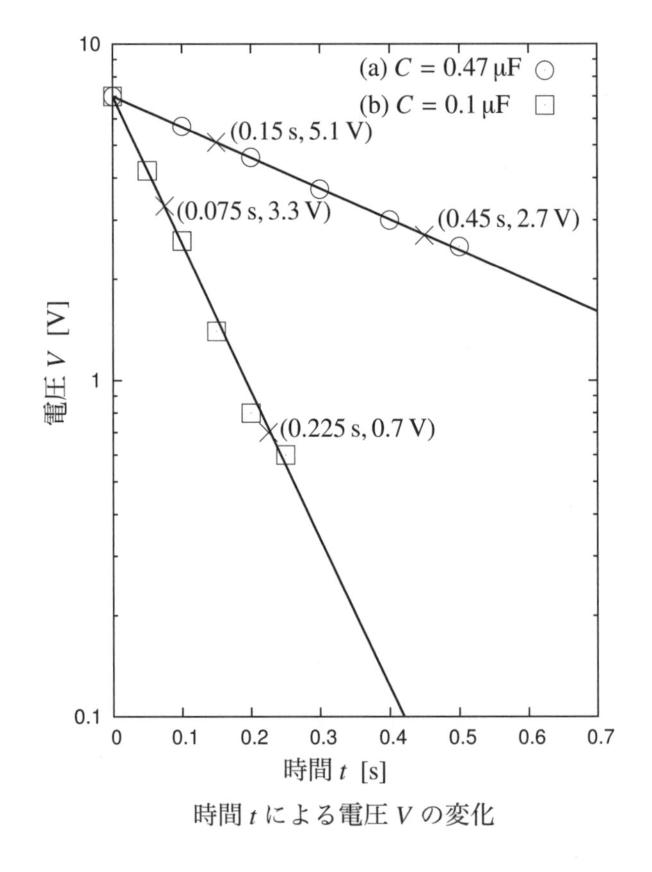

時間 t による電圧 V の変化

(a) $C = 0.47\ \mu\text{F}$

時定数：

$$\tau = -\frac{0.45 - 0.15}{\ln 2.7 - \ln 5.1}\ \text{s} = 0.4717\ \text{s} = 0.472\ \text{s}$$

入力抵抗：

$$R = \frac{\tau}{C} = \frac{0.4717\ \text{s}}{0.47\ \mu\text{F}} = 1.00\times10^{6}\ \Omega = 1.00\ \text{M}\Omega$$

(b) $C = 0.1\ \mu\text{F}$

時定数：

$$\tau = -\frac{0.225 - 0.075}{\ln 0.7 - \ln 3.3}\ \text{s} = 0.09674\ \text{s} = 0.0967\ \text{s}$$

入力抵抗：

$$R = \frac{\tau}{C} = \frac{0.9674\ \text{s}}{0.1\ \mu\text{F}} = 0.967\times10^{6}\ \Omega = 0.967\ \text{M}\Omega$$

5 解説

5–1 電気の基本的性質

歴史的にいうと，電気は，物体をこすったり他の物体と接触させたりするとき，その物体に宿る（帯びるともいう）ものとされてきた。電気が宿った物体の間には力が働く。宿った電気は**電荷**と呼ばれ，電荷には正，負の2種類があり，同種の電荷は互いに反発し合い，異種の電荷は互いに引きつけ合う。電荷の量と電荷間に働く力との関係は**クーロンの法則**によって表される。すなわち，距離 r だけ離れた二つの点電荷（電荷が存在する範囲が小さく，点と見なされる）q_1, q_2 の間に働く力の大きさは，k を定数として

$$F = k\frac{q_1 q_2}{r^2} \tag{6}$$

で与えられる。ここで単位として F に N，r に m，q_1, q_2 に C（クーロン）を使うと

$$k = 8.9874 \times 10^9 \text{ N·m}^2/\text{C}^2 \tag{7}$$

である。現在の物理学では，電気は物質を作っている陽子および電子という素粒子の属性の一つとされている。これを，陽子は正の電荷を帯び，電子は負の電荷を帯びているということもできる。（電気の性質を持った素粒子は他にもある。）陽子と電子の帯びている電荷の絶対値は等しく

$$e = 1.6021917 \times 10^{-19} \text{ C} \tag{8}$$

である。この量は電荷の最小単位で**電気素量**または**素電荷**と呼ばれている。通常の状態では物質中のどの部分も陽子の数と電子の数はほとんど等しいので正負の電気が相殺して中性を示す。しかし，何かが原因となってある部分から電子が取り去られるとその部分は正に帯電し，逆に電子が過剰になると負に帯電した状態となる。

物質には，その一部が帯電すると直ちに電荷が物体全体に広がってしまう**導体**と，いつまでも電荷が一部にとどまっている**絶縁体**がある。また，その中間の性質を持つものとして**半導体**もある。導体の性質は多くの金属に見られる。これは金属中の原子の配置が，**自由電子**（物質中を容易に動き回る電子）が存在できるようになっているためである。一方，絶縁体の性質は木材，石英ガラス，プラスチック，および，多くの気体に見られる。これは，電子が原子に堅く結びついた状態でしか存在できないようになっているためである。現実には，完全な導体も完全な絶縁体もなく，このような性質は程度の問題である。陽子は電子の 1840 倍も重く，原子核の構成要素となっているため，動きにくい。固体中では実質的に電荷を運ぶのは電子である。液体や気体中では電荷を持った原子，すなわち**イオン**も電荷を運ぶ。電子やイオンのように電気を帯びた微小粒子を**荷電粒子**と呼ぶ。

物質中を電荷が移動するとき，単位時間あたりに運ばれる電荷の量は**電流**と呼ばれる。電荷の単位を C で表したとき電流の単位は A である。すなわち 1 A = 1 C/s である。現在では，A の方が基本単位で，1 A の電流が 1 s 間に運ぶ電荷が 1 C とされている。なお，電気力には式 (6) で表される静電気力のほかに電流間に働く力がある。この力は一方の電流によって生じる**磁場**と他方の電流，すなわち，速度を持った荷電粒子との間に働く力といってもよい。この二つの力はともに電気現象を扱う際に重要であるが，ここでは静電気力に関する現象だけを扱う。

5–2 電場と電位

空間のある位置に電荷 q の荷電粒子があるとき，これに力が働くのは付近に別の電荷が分布しているときである。ある位置での荷電粒子に働く力は，付近にある電荷からの静電気力が重なったものであり，その大きさと向きは電荷の分布によって決まる。また，この空間のどの位置に荷電粒子を置いても，力の大きさは荷電粒子の電荷 q に比例し，その比例定数は位置の関数となる。したがって，その空間は荷電粒子がそこに来れば q に比例した力が作用する特別な場ということができる。このような場を**電場**という。電場はベクトル $\vec{E}$ で表し，これを**電場ベクトル**といい，電場の強さは $|\vec{E}|$（ベクトル $\vec{E}$ の大きさ）で表す。作用する力のベクトル $\vec{F}$ は

$$\vec{F} = q\vec{E} \tag{9}$$

によって求められる。$\vec{E}$ は単位電荷あたりの力と考えることができる。

電場は位置の関数なので，重力の場合のように，それに対応した位置エネルギーが考えられる。それが**電位**である。いま，静電気の場の中で，点 A から点 B まで q [C] の電荷を移動するのに qV [J] の仕事を要したとすると，B は A より V [V] だけ電位が高いという。この例で，大きさが一定値 E の電場ベクトルが B から A に向いていたとし，AB 間の距離を Δx とすると，AB 間の電位差（A に対する B の電位）ΔV は

$$\Delta V = E\Delta x \tag{10}$$

となる。

5–3 オームの法則

物質中の 2 点間に電位差があると，そこに電場が生じ，電子を動かそうとする力が生じる。この 2 点間の電位差を**電圧**という。しかし，電子はこの電位差による力ばかりでなく周りの物質粒子から抵抗力を受ける。この抵

抗力は物質によって異なり，金属のように電子が動きやすい状態にある場合は非常に小さく，絶縁体の場合は大きい。電位差による力とこの抵抗力が釣り合ったところで電子は一定の速度で物質中を移動する。この速度を**移動速度**という。これを $\vec{v}$ とすると $\vec{v}$ は電位差による電場ベクトル $\vec{E}$ に比例する。$\vec{E}$ に比例する量として実際に使われるのは**電流密度**である。電流密度は単位断面積あたりの電流である。式 (3) の電気素量 e と電子密度（単位体積あたりの電子の数）n を用いて，電流密度は

$$\vec{j} = -en\vec{v} \tag{11}$$

と書くことができる。マイナス記号がついているのは，電流は電子の移動速度と反対に流れるからである。この $\vec{j}$ と電場ベクトルの間には

$$\vec{j} = \sigma\vec{E} \tag{12}$$

が成り立ち，σ は**電気伝導率**と呼ばれる。

図 8 のように断面積 S，長さ L の円筒部分の両端に電圧 V が加わっているとすると，この円筒内部での電場の大きさは式 (10) より

$$E = \frac{V}{L} \tag{13}$$

で与えられる。電流密度は単位断面積あたりの電流であるから，電流密度の大きさ j は電流 I によって

$$j = \frac{I}{S} \tag{14}$$

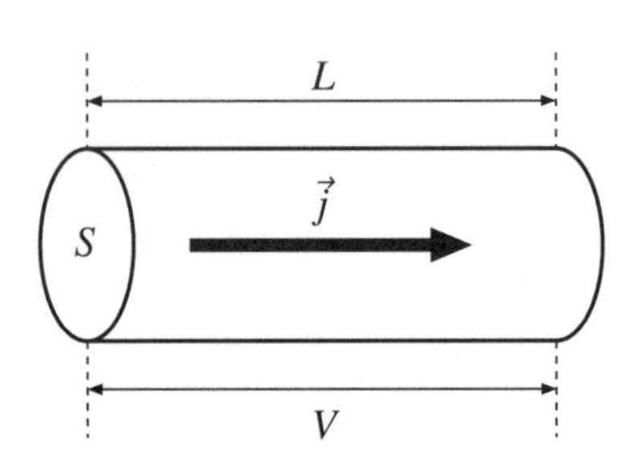

図 8: 円筒内の電流密度

のように表される。式 (13), (14) を式 (12) に代入すると

$$V = \frac{L}{\sigma S}I \tag{15}$$

を得る。ここで

$$R = \frac{L}{\sigma S} \tag{16}$$

として，これを**電気抵抗**または単に**抵抗**という。R を用いると式 (15) は

$$V = RI \tag{17}$$

となる。これはよく知られた**オームの法則**である。式 (16) より，抵抗は電流が流れる物体の長さに比例し，断面積に反比例することがわかる。その比例定数

$$\rho = \frac{1}{\sigma} \tag{18}$$

は**抵抗率**または**比抵抗**と呼ばれ，物質によって決まっている。また，抵抗率は一般に温度とともに大きくなる。ただし，半導体では小さくなることが知られている。種々の物質の抵抗率は巻末を参照せよ。

5–4 静電誘導と電気容量

図 9 に示すように電気的に中性な導体に正の電荷を帯びた物体を近づけると，近づけた電荷に近いところに負の電荷が，遠いところに正の電荷が現れる。このような現象を**静電誘導**という。これは導体中の電子がクーロンの法則に従う力を受けて移動したためである。静電誘導は電荷が動きやすい導体中でしか起こらない。

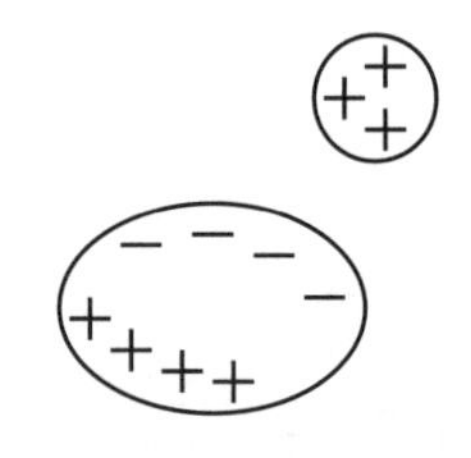
図 9: 静電誘導

次に電荷を一カ所に集めることを考えよう。5–1 で述べたように，絶縁体中では電荷が移動しないので一カ所に蓄えられそうに思われる。しかし，現実には完全な絶縁体は存在せず，電荷は少しづつ逃げていく。ある場所に多くの電荷が貯まればそこで電位は高くなり，オームの法則によってそこから多くの電流が流れて，電荷は失われるのである。

多くの電荷を小さな領域に貯めるには静電誘導を利用すればよい。図10に示すように，2枚の導体板を向かい合わせにおき，一方の導体Aに正の電荷qを与えると他方の導体Bでは静電誘導により，Aと向かい合った側の面に負，反対側に正の電荷が生じる。ところが，正の電荷が生じた面をアースしておくと，正の電荷は逃げていき（すなわち，地球全体に散らばってしまい），Bには負の電荷が残る。ここでAB間の電位差Vと貯まった電荷qの関係を求める。A, Bの面積Sが間隔dに比べて大きい場合，Bに生じる電荷は$-q$であり，AB間の電場の大きさはq/Sに比例する。式(10)で$\Delta V = V$, $\Delta x = d$, $E = kq/S$（kは比例定数）とおくと，大きさだけの関係として

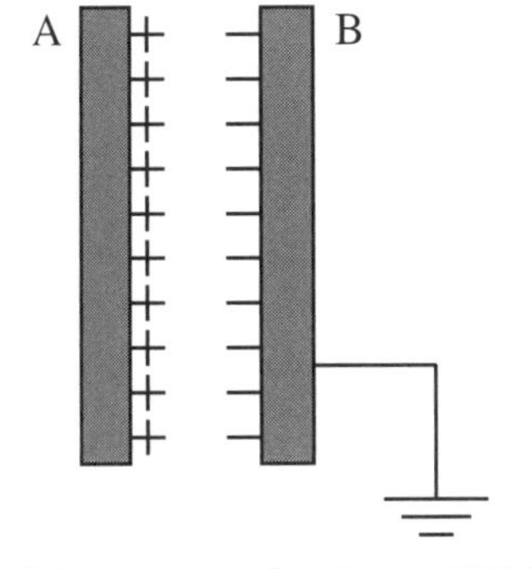

図10: コンデンサーの原理

$$V = k\frac{qd}{S} \tag{19}$$

が成り立つ。これを書き直して

$$q = CV \tag{20}$$

とする。CはAB間の電位差を1V上昇させるのに必要な電荷量で，これを**電気容量**という。Sを大きくしてdを小さくすればCは大きくなり，AB間に多くの電荷を貯めることができる。このような原理で電荷を蓄えるために作られたものを**コンデンサー**という。電気容量Cの単位はF（ファラッド）である。1F = 1C/Vである。通常用いられる電気回路では1Fはかなり大きな量となるので，単位としてμFが用いられる。$1\,\mu\mathrm{F} = 10^{-6}\,\mathrm{F}$である。

5–5 電荷の発生

古代から知られている電荷発生の方法は二つの物体をこすり合わせる方法である。摩擦電荷発生の原理は今日でもよくわかっていないが，こすり合わせた二つの物体は必ず互いに反対に帯電することは経験上知られている。摩擦電荷が生じやすい物体は乾燥した絶縁体である。現在，電力として使用されている電荷は電圧または電流という形で供給される。発電所で作られる電流は電磁誘導によって生じた交流である。この交流を整流して直流に直して供給する直流電源も各種作られている。また，電池は化学エネルギーを電気エネルギーに変換する装置である。

5–6 簡単な電気回路

現在では様々な電気容量を持ったコンデンサーや様々な抵抗値を持った抵抗器（略して抵抗と呼ぶ）が作られている。これらのコンデンサーや抵抗を伝導性のよい導線などで結び，電圧や電流を制御する装置を電気回路といい，コンデンサーや抵抗を回路素子という。回路素子には，この他に，電池，コイル，トランジスタ，ダイオードなどがある。電池，トランジスタなどそれ自身電荷を発生する素子を能動素子といい，それ以外の素子を受動素子という。最近では，一定の機能を持った電気回路をひとまとめにした集積回路(IC)が使われている。本実験では放電の回路（図5）を使用している。

5–7 放電の式の導出

放電の際，電圧が時間とともにどのように減っていくかを表す式(1)については，§6–3「コンデンサーの放電と過渡現象」の「解説」(p.153)にて式の導出を行っているので，そちらを参照するとよい。

6 問題

問題1. 抵抗（単位Ω）と電気容量（単位F）の積（すなわち時定数）の単位がsであることを確認せよ。

問題2. 図5の回路でコンデンサーの放電を行った。10.000Vに充電されたコンデンサーの電圧が0.1s後に5.000Vになったとき，0.2s, 0.3s, 0.4s後の電圧をそれぞれ求めよ。

§6–3 コンデンサーの放電と過渡現象

1 はじめに

コンデンサー (condenser) は日本語では蓄電器である。キャパシター (capacitor) と呼ばれることもある。蓄電器は電気（電荷）を貯める働きをする。この実験では，コンデンサーを接続した場合の直流回路（時間的にゆっくりした電気現象）でのオームの法則を確かめると同時に，コンデンサーの働きとその実体を考える。近年では，スーパー・キャパシター（超大容量コンデンサー）と呼ばれる電気二重層を用いたコンデンサーが実用化され，ノートPC用の非常用バックアップ電源などとして使用されている。この実験ではこのスーパー・キャパシターを用いる。

1–1 実験の目的

オームの法則によると，電気抵抗 R の両端に電圧 V を加えると抵抗に流れる電流 I は $I = V/R$ となる。それでは，抵抗の代わりに電気容量 C のコンデンサーを接続するとオームの法則はどうなるだろうか。複雑に見える電気回路（コンピュータのICを含む）は，電気抵抗 R，電気容量 C，インダクタンス L で構成されている。この実験では，抵抗負荷がある場合のオームの法則を確認するとともに，コンデンサーの放電過程（これを過渡現象という）での V と I を測定し，放電過程においてもオームの法則が成り立つことを実験を通して確かめる。

1–2 キーワード

オームの法則，コンデンサー，充電，放電，片対数グラフ，時定数

2 原理

2–1 コンデンサー

コンデンサーは電気を貯めることができる素子である。コンデンサーを直流電源につないで回路を作り，コンデンサーの両端に電圧を加えると，コンデンサーに電荷が流れ込む。そして加わった電圧に応じてコンデンサーには電荷が貯まる。これがコンデンサーの充電である。電荷が貯まった状態で回路から切り離すと，コンデンサーに流れ込む，もしくは，コンデンサーから流れ出る電荷はないので，コンデンサーは電荷が貯まった状態を保つ。すなわち，電気を貯めておくことができる。電荷が貯まったコンデンサーを抵抗につないで回路を作ると，コンデンサーから電荷が流れ出す。これがコンデンサーの放電である。

コンデンサーの両端の電圧 V とコンデンサーに蓄えられる電荷 q との間には

$$q = CV \tag{1}$$

が成り立つ。ここで C は電気容量と呼ばれコンデンサーごとに異なる。コンデンサーの両端に加わる電圧を変えないとき，電気容量 C が大きいコンデンサーほど多くの電荷を蓄えることができる。電気容量 C の単位にはF（ファラッド）を用いる。1 F = 1 C/V である。通常用いられる電気回路では 1 F はかなり大きな量となるので，単位として μF が用いられることが多い。1 μF = 10^{-6} F である。

コンデンサーを使用するときには以下の2点に注意する。

(1) **極性**　コンデンサーには極性を持つものと持たないものがある。極性を持つコンデンサーを +– を間違えて接続し使用すると，回路が正常に動かないだけではなく，コンデンサーが壊れてしまう，ときには，爆発してしまう。極性を持つコンデンサーを使用する場合には，接続の向きをよく確認しなければならない。

(2) **耐電圧**　コンデンサーは加わった電圧に応じて電荷を貯めることができる素子だが，際限なく電荷を貯められるわけではない。コンデンサーの電圧が高くなりすぎる，すなわち，コンデンサーに電荷が貯まりすぎると，コンデンサーは壊れてしまう，ときには，爆発してしまう。コンデンサーに加えてよい電圧の上限を耐電圧という。コンデンサーには耐電圧が記されているので，耐電圧以上の電圧を加えてしまうことがないように注意して使用する。

2–2 コンデンサーの充電

電気容量 C のコンデンサーと抵抗値 R の抵抗を電源につないで図 1 のような回路を作り，電源電圧を V_0 に設定して回路に電気を流したとき，ただちにコンデンサーの電圧が V_0 になるわけではない。すなわち，即座にコンデンサーに CV_0 の電荷が貯まるわけではない。最初に，コンデンサーに電荷が貯まっていないとすると，コンデンサーの電圧は 0 V である。この状態で電気を流し始めた瞬間には，回路を流れる電流は V_0/R である。この電流に応じて，この瞬間にコンデンサーに流れ込む電荷の量が決まる。コンデンサーに電荷が少し貯まり，コンデンサーの電圧が V_1 になったとする。このとき，回路を流れる電流は $(V_0 - V_1)/R$ である。始めと比べるとコンデンサーの電圧が上昇した分だけ，電流が小さくなっている。コンデンサーの電圧が大きくなるほど，回路を流れる電流は小さくなっていき，コンデンサーの電圧が電源電圧 V_0 と等しくなると，回路に電流が流れなくなる。すなわち，充電が終了する。コンデンサーの電圧が電源電圧に近づくほど，その瞬間にコンデンサーに流れ込む電荷の量は減っていく，すなわち，コンデンサーの電圧の上がり方はゆっくりになることに注意する。

2–3 コンデンサーの放電

コンデンサーの放電の場合も，充電の場合と同様，コンデンサーの電圧の変化とともに，回路を流れる電流の大きさが変化する。電圧 V_0 まで充電された電気容量 C のコンデンサーと抵抗値 R の抵抗をつないで図 2 のような回路を作り，コンデンサーを放電させる。始めは回路に V_0/R の電流が流れ，この分だけコンデンサーに貯まった電荷が減る。コンデンサーの電圧が V_1 だけ下降したとすると，このとき回路を流れる電流は $(V_0 - V_1)/R$ である。始めと比べるとコンデンサーの電圧が下降した分だけ，電流が小さくなっている。コンデンサーの電圧が小さくなるほど，回路を流れる電流は小さくなっていき，コンデンサーの電圧が 0 V になると，回路に電流が流れなくなる。すなわち，放電が終了する。コンデンサーの電圧が 0 V に近づくほど，その瞬間にコンデンサーから流れ出る電荷の量は減っていく，すなわち，コンデンサーの電圧の下がり方はゆっくりになることに注意する。

放電過程（過渡現象）におけるコンデンサーの電圧の時間変化は

$$V(t) = V_0 \mathrm{e}^{-t/\tau} \tag{2}$$

である。この式の導出は 5. 解説を参照せよ。ここで t は放電を始めたときからの時間である。$t = 0\,\mathrm{s}$ のときコンデンサーの電圧は V_0 である。また，τ は**時定数**と呼ばれ

$$\tau = CR \tag{3}$$

で与えられる。時定数の単位は s である。電気容量 C が大きいということは，コンデンサーの電圧が小さくなるのに，コンデンサーから多くの電荷が流れ出さなければならないということである。抵抗 R が大きいということは，回路に電流が流れにくいということである。したがって時定数 τ が大きいほど電圧が下降するのに時間がかかることに注意する。

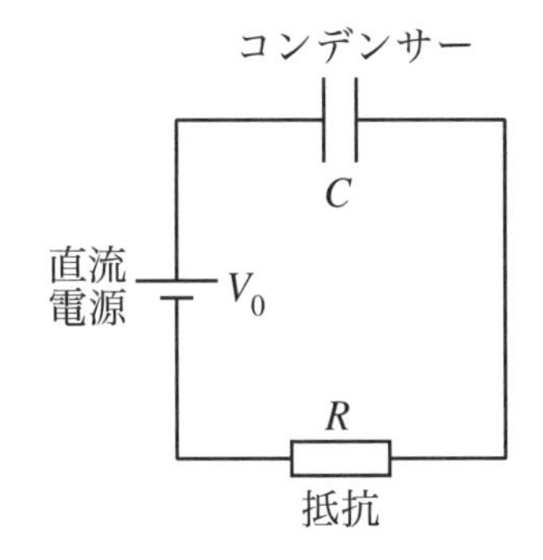

図 1: コンデンサーの充電

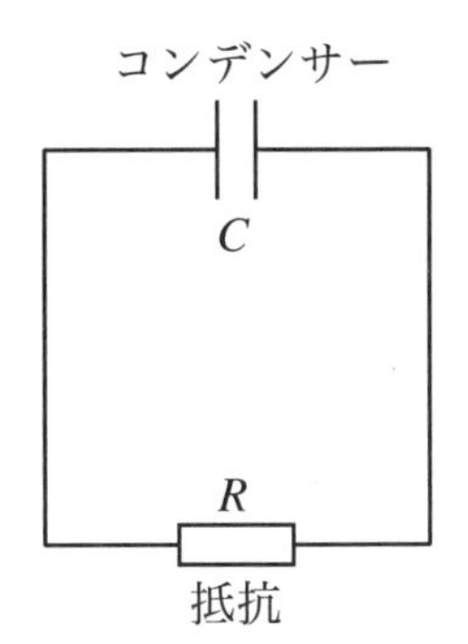

図 2: コンデンサーの放電

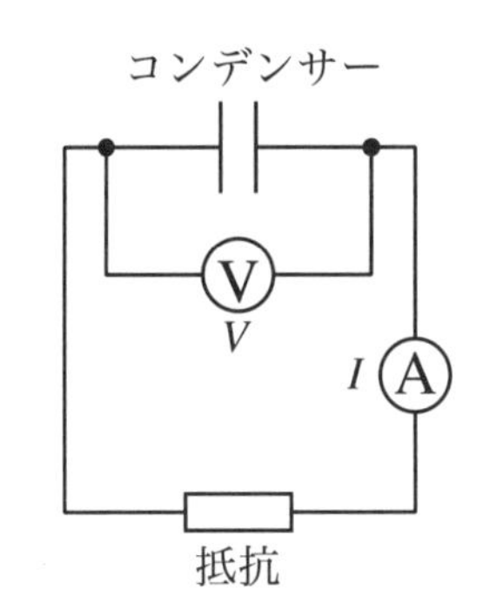

図 3: 電気容量の測定用回路

2–4 電気容量の測定

充電されたコンデンサー，抵抗，電圧計，電流計を用いて，図3のような回路を作り，コンデンサーを放電させながら，電圧計でコンデンサーの電圧 V を，電流計で回路に流れる電流 I を測定する。電圧，電流の時間変化が測定できれば次のようにしてコンデンサーの電気容量 C を求めることができる。

抵抗に加わる電圧はコンデンサーの電圧と等しいので，抵抗の抵抗値 R は

$$R = \frac{V}{I} \tag{4}$$

により求まる。これで時間と電圧の関係を観測できれば，式 (2) より時定数 τ が決定でき，式 (3) より電気容量を

$$C = \frac{\tau}{R} \tag{5}$$

のように決定することができる。しかしながら，式 (2) からわかるとおり，時間と電圧は直線関係ではなく，このままでは時定数 τ を決定するのは難しい。そこで，式 (2) の両辺に対して，自然対数 e を底とした対数をとり，

$$\ln V = \ln(V_0 e^{-t/\tau}) = -\frac{1}{\tau}t + \ln V_0 \tag{6}$$

とすると，電圧の対数 $\ln V$ と時間 t は直線関係となる。したがって，この直線の傾きの逆数に負号をつけたものが時定数を与えることになる。

3 実験

3–1 実験用具

直流電源，実験回路（3種類の抵抗, コンデンサー）, 電圧計, 電流計，ストップウォッチ，リード線

3–2 実験回路

図4 (a) を参考にして図4 (b) の電気回路に直流電源, 電圧計, 電流計を取り付ける。このとき極性（赤は +，黒は –）を間違わないよう気をつける。コンデンサーが爆発する恐れがあるので，+– の接続を間違ったり，充電電圧を 5.5 V 以上にしたりしてはならない。

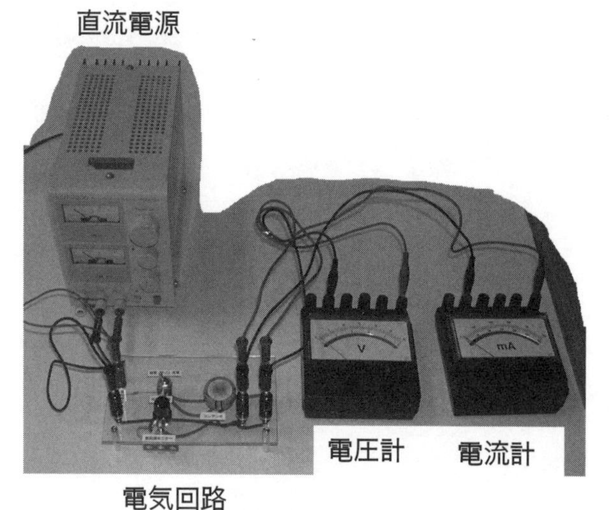

(a) 実験用具の結線

電流モニタ
直流電源
入力端子
SW
コンデンサ
ロータリー
スイッチ
電圧モニタ

(b) 電気回路

図 4: 実験用具

3–3 測定

コンデンサーに充電したあと，放電を行い，コンデンサーの両端の電圧と回路を流れる電流が，時間とともにどのように変化していくか測定する。あらかじめ測定する電圧の値を決めておき，電圧が決められた値になったときの時間と電流を測定する。回路には 3 種類の抵抗が組み込まれているので，ロータリースイッチをまわして，測定に用いる抵抗を選択する。測定は 3 種類の中から 2 種を選び，それぞれに対して行う。

(1) 電気回路のスイッチ (SW) を中立状態にする。
(2) 電気回路にある 3 種類の抵抗から測定に用いる抵抗を選択する。
(3) 直流電源の OUTPUT を押さない状態で，直流電源の電圧計が約 4.5 V を示すように設定する。
(4) OUTPUT を押し，スイッチ (SW) を充電側にする。これにより，コンデンサーへの充電が始まる。電気回路に接続した電圧計の示す値が 4 V を越えたら，スイッチ (SW) を放電側にするとともに，ストップウォッチをスタートさせ，測定を開始する。
(5) 電気回路に接続した電圧計を確認しながら，あらかじめ決めておいた電圧値を示したときの，時間と電流をストップウォッチと電流計で測定し，記録する。値は常に変動しているので，値の読み取りが遅れてしまわないように，あらかじめ測定のしかた，連携の取り方を相談しておくとよい。

3–4 結果の整理

測定で得られた電圧と電流から抵抗の抵抗値を計算し，また，時間と電圧の関係を片対数グラフにプロットし，グラフから時定数を求め，抵抗値と時定数からコンデンサーの電気容量を求める。

(1) 各時刻における電圧と電流の値から抵抗の値を計算する。オームの法則が成り立っているのなら，抵抗の値はほぼ一定となるはずである。
(2) 抵抗の平均値を計算する。
(3) 横軸を時間に縦軸を電圧，電流として，測定値をグラフにプロットする。
(4) 横軸を時間に縦軸を電圧，電流として，測定値を片対数グラフにプロットする。(片対数グラフに電圧の値をそのままプロットすれば，通常のグラフに電圧の対数をプロットしたものと同じ結果を得ることができる。)
(5) 片対数グラフにプロットした点は理論上は一本の直線に乗るはずである。電圧，電流のそれぞれについて一本の直線を引く。
(6) 電圧に対して引いた一本の直線上の 2 点 (t_A, V_A), (t_B, V_B) を選び，

$$\tau = -\frac{t_B - t_A}{\ln V_B - \ln V_A} \tag{7}$$

によって時定数 τ を求める。時定数 τ は直線の傾きの逆数に負号をつけたもので与えられることに注意する。

4 測定例

50 Ω と書かれた抵抗を用いたときの電圧，電流，時間の測定結果

電圧 [V]	4.0	3.6	3.2	2.8	2.4	2.0	1.8	1.6	1.4	1.2	1.0
電流 [mA]	76.2	68.1	60.2	53.0	45.0	37.8	33.2	29.4	25.8	21.9	18.0
時間 [s]	7.015	11.115	16.015	21.751	29.657	39.387	45.949	52.577	60.321	69.512	80.324
抵抗 [Ω]	52.5	52.9	53.2	52.8	53.3	52.9	54.2	54.4	54.3	54.8	55.6

抵抗の平均値 53.7 Ω

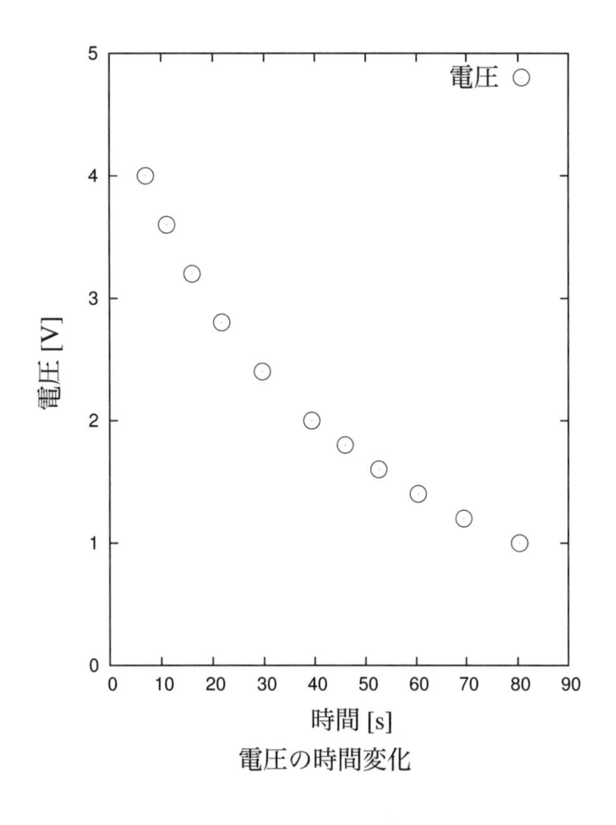

電圧の時間変化

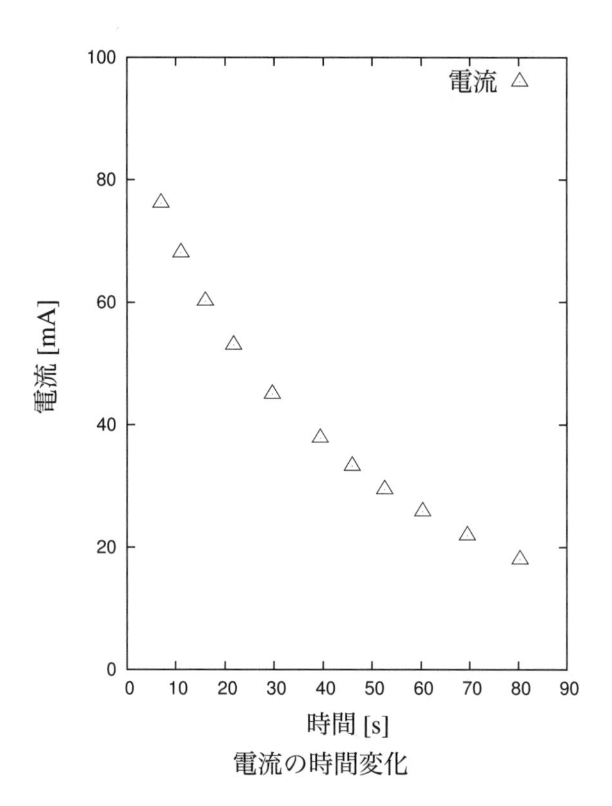

電流の時間変化

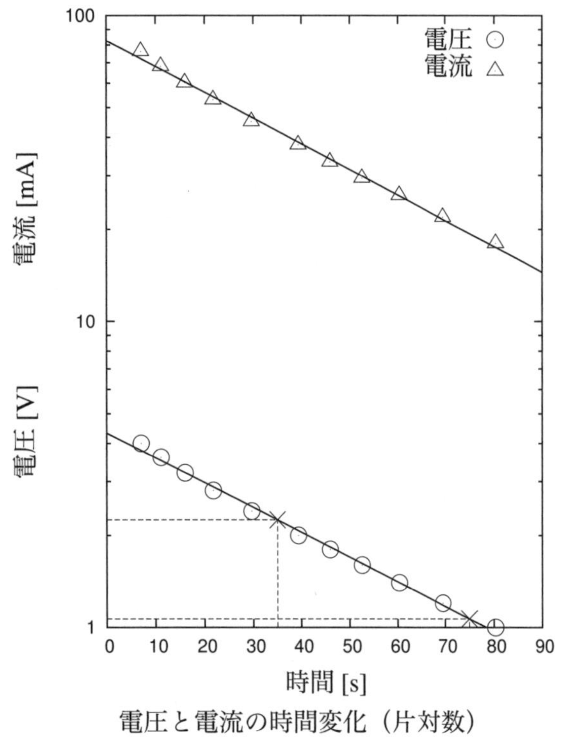

電圧と電流の時間変化（片対数）

電圧に対して引いた一本の直線上の 2 点（×印）

$$(t_A, V_A) = (35\,\mathrm{s}, 2.2\,\mathrm{V}),$$
$$(t_B, V_B) = (75\,\mathrm{s}, 1.1\,\mathrm{V})$$

より，時定数 τ は

$$\tau = -\frac{t_B - t_A}{\ln V_B - \ln V_A} = -\frac{75 - 35}{\ln 1.1 - \ln 2.2}\,\mathrm{s} = 57.7\,\mathrm{s}$$

となった。抵抗の平均値は 53.7 Ω であるので，コンデンサーの電気容量は

$$C = \frac{\tau}{R} = \frac{57.7\,\mathrm{s}}{53.7\,\Omega} = 1.07\,\mathrm{F}$$

となった。

5 解説

電気容量 C のコンデンサーはあらかじめ電圧 V_0 で充電されているとする。このとき，コンデンサーには電荷 $q_0 = CV_0$ が蓄えられている。さて，図 2 のように，このコンデンサーに抵抗値 R の抵抗をつなぎ放電する。放電を開始してからの時間を t とする。時刻 t でのコンデンサーの電荷を $q(t)$ とし，回路を流れる電流を $I(t)$ とすると，コンデンサーの電圧は q/C，抵抗での電圧降下は IR となるので，キルヒホッフの法則から

$$\frac{q}{C} - IR = 0 \tag{8}$$

を得る。また，コンデンサーの電荷の単位時間あたりの減少量が回路を流れる電流となるので，

$$I = -\frac{dq}{dt} \tag{9}$$

である。これを式 (8) に代入して整理すると

$$R\frac{dq}{dt} + \frac{1}{C}q = 0 \tag{10}$$

を得る。$t = 0\,\mathrm{s}$ のとき $q = q_0 = CV_0$ の条件を用いて，式 (10) の微分方程式を解くと，

$$q(t) = CV_0 \mathrm{e}^{-t/RC} \tag{11}$$

の解を得る。したがって，電流は

$$I(t) = -\frac{dq}{dt} = -\left(-\frac{1}{RC}\right)CV_0 \mathrm{e}^{-t/RC} = \frac{V_0}{R}\mathrm{e}^{-t/RC} \tag{12}$$

となり，電圧は

$$V(t) = IR = R\frac{V_0}{R}\mathrm{e}^{-t/RC} = V_0 \mathrm{e}^{-t/RC} \tag{13}$$

となる。これらの式に現れる RC をまとめて

$$\tau = RC \tag{14}$$

としたものを時定数といい，電気現象の時間変化（過渡現象）の時間的度合いを示す。

6 問題

問題 1.　式 (11) を式 (10) に代入することにより，式 (11) が微分方程式 (10) の解であることを確かめよ。

問題 2.　この実験で用いたコンデンサーは，現在，ノート PC のバックアップ電源として使用されているが，他の新しい応用を考えよ。

§6–4 荷電粒子に働く力と電磁推進（クリップモーターの製作）

1 はじめに

電荷を帯びた荷電粒子であるイオンや電子が移動している場合，電流が流れているという。この電流に対して垂直に磁場（磁界）が加わっている場合には，電流はそのまま直進できず，電流と磁場の両方向に垂直な第三の方向に力を受け曲げられてしまう。この力が発生する法則は「フレミングの法則」と呼ばれ，モーターや発電機の原理を説明する法則である。ここでは，モーターに働く力を電磁流体の実験で確かめ，文房具を用いたクリップモーターを製作する。

1–1 実験の目的

モーターが回転する原理は「フレミングの法則」で理解できる。しかし，この法則はベクトル量である電流（正確には電流密度）$\vec{j}$，磁場 $\vec{B}$，力 $\vec{F}$ の方向を指し示すだけである。モーターの回転力については何も教えてくれない。そこでフレミングの法則にかわりに，物理学では次の 2 原理で述べる「ローレンツ力」の関係を用いて，$\vec{j}, \vec{B}, \vec{F}$ の関係を考える。このローレンツ力に関係したいくつかの現象を実験で観測し，自作モーターの回転力をローレンツ力で考える。

1–2 学習のポイント

デモ実験とクリップモーターの自作を通じて次の物理用語を理解することを目的とする。
フレミングの法則 (Fleming's rule)，ローレンツ力 (Lorentz force)，電磁流体 (electoromagnetic flow)，
電場（電界）(electric field)，磁場 (magnetic field)，電気力（クーロン力）(Coulomb force)

2 原理

電場磁場中の荷電粒子の運動は，ローレンツ力

$$\vec{F} = q(\vec{E} + \vec{v} \times \vec{B}) \tag{1}$$

で統一的に表すことができる。ここで，$\vec{E}$ は電場，$\vec{B}$ は磁場，q は荷電粒子の電気量，$\vec{v}$ は荷電粒子の速度，$\vec{F}$ がローレンツ力で，この力が荷電粒子に働く。式 (1) の右辺第 1 項が電気力

$$\vec{F}_E = q\vec{E} \tag{2}$$

で，右辺第 2 項が磁気力

$$\vec{F}_B = q\vec{v} \times \vec{B} = \vec{j} \times \vec{B} \tag{3}$$

である。ここで $\vec{j} = q\vec{v}$ とおいた。式 (3) の「×」記号はベクトルの外積を表す。外積の性質により $\vec{F}_B$ の向きがわかる。フレミングの左手の法則でも力の方向はわかるが，その大きさは式 (3) でないと計算ができない。外積の向きと大きさについては 5 解説を参照せよ。

3 実験

3–1 実験 1：電解質の流体実験

【準備する物】プラスチック容器（お菓子の箱等），電極板，直流電源，500 cc のペットボトル（食塩水を作る）

【実験方法】

(1) 電解質（食塩水）を作る。質量濃度 4% の食塩水を作る。（海水の塩分も濃度は 4% と言われている。）
(2) 図 1 のように，磁石を食塩水上に置き，2 枚の電極を直流電源につなぐ。どちらの電極が陽極か陰極かを判定できるよう色違いのリード線で配線する。このとき，磁石を食塩水に濡らさないように注意する。

(3) 直流電源の電圧を 10 V 程度として電極間に電流を流すと，食塩水が流れ始める。食塩水の流れが確認できないときは，食塩水中にチョークの粉など入れてみる。電圧値と電流値を記録する。
(4) 電極近辺に泡が発生する。泡が出る電極の極性を記録する。

【観測記録】流体の運動の様子を図で記録せよ。各電極の極性，および流れの方向などを詳細に記録する。

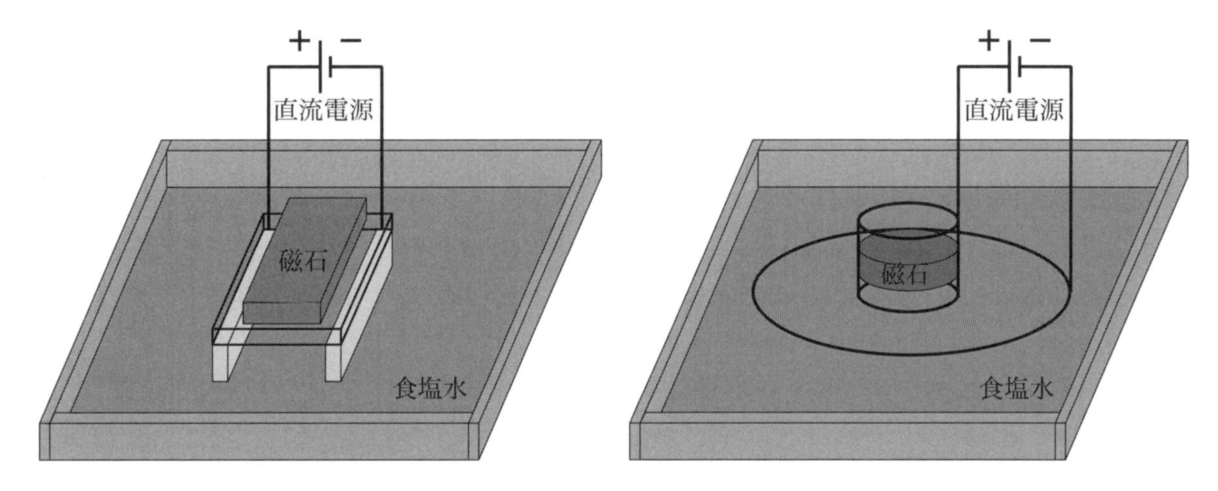

図 1: 電解質の流体実験　　**図 2**: 渦流モデル実験

3–2 実験 2：渦流モデル実験

【準備する物】永久磁石（円形フェライト磁石），他は実験 1 と同じものを用いる

【実験方法】図 2 のように，磁石を置き，中心電極と外周電極に電流を流すと食塩水が回転運動し始める。

【観測記録】流体の運動の様子を図で記録せよ。各電極の極性，および流れの方向などを詳細に記録する。

4 クリップモーターの製作

モーターの原型は英国の物理学者マイケル・ファラデー (Michael Faraday, 1791–1867) により，考えだされたといわれている。ファラデーは電磁誘導の原理を見出し，変圧器，発電機，そして，モーターを考案した。ここでは乾電池と磁石とホルマール線で簡単な直流モーターを製作する。

4–1 使用する材料

(1) 1 m のホルマール線
(2) 単三乾電池 1 個（電源として使用し，他のものを電源に用いてはならない。）
(3) 文房具用の磁石，または，工作用の磁石（持参すること。磁石を準備しなかったものには，フェライト磁石（直径 20 mm 高さ 15 mm）を貸し出すが，授業後に返却すること。）

※ 工具以外の必要な物品は，持参するかごみ箱等から再利用物を捜して用意すること。

4–2 製作例

ここでは，図 3 の円形モーターの例を示す。

(1) **回転子**　モーターの回転子を最初に設計する。回転子の形は単純には円形か矩形である。例えば，直径 $R = 3\,\mathrm{cm}$ の回転子の場合には，軸受け部の長さを考えると，巻き数は 9 回となる。
(2) **モーター軸受と電池ボックス**　電池ボックスは使用済みはがきなどで作る。モーター軸受は強度を考え，クリップなどで作る。そのため，このモーターをクリップモーターと呼ぶことがある。

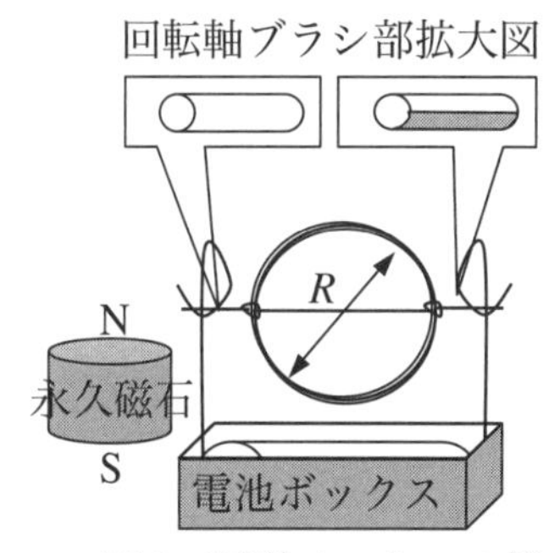

図 3: 円形モーターの例

(3) **回転軸ブラシ部の加工** モーターを回転させるには，理想的には回転子に流す電流を半回転ごとに逆転させる必要がある。製作上難しい場合には，半回転ごとに電流を ON–OFF させ，電流が ON のとき駆動し，OFF のときは惰性回転させる。一般的には，一方の軸は絶縁塗料を全面かき取り，他方は半面かき取る。

(4) **注意点**

・回転子の軸は回転バランスが良い位置になるよう調整する。

・磁石を近づけるだけで，自然に回転するようにするには，モーター軸受の下面を半面かき取る。

5 解説

5–1 静電場と荷電粒子の運動

ローレンツ力の式 (1) の右辺第 1 項にあたる $\vec{F}_E = q\vec{E}$ の関係を調べよう。イオンや電子等の電荷 q（正イオンは $+q$，電子や負イオンは $-q$ とする）が静電場 $\vec{E}$ の中にあると，静電気力 (Electro static force) $\vec{F}_E$ を受ける。

(1) 電極の極性

2 枚の電極に直流電源を結線すると高電位側が陽極となり，低電位側が陰極となる。直流電源により陽極には正電荷 $(+q)$ が蓄積し，陽極には負電荷 $(-q)$ が蓄積する。

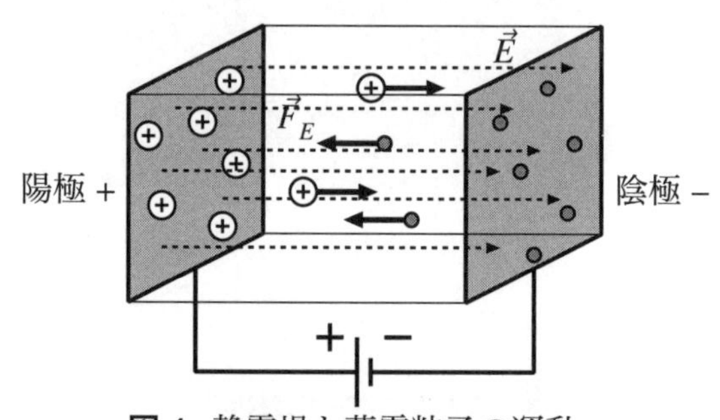

図 4: 静電場と荷電粒子の運動

(2) 電場と電気力線

陽極の正電荷から陰極負電荷に向かって電場 $\vec{E}$ が形成される，図 4 では点線の矢印が電場 $\vec{E}$ で，この矢印点線を電気力線と呼ぶことがある。

(3) クーロン力とローレンツ力

2 枚の陽陰電極中の空間にイオンや電子等の電荷が存在すると，それらは静電気力を受けるが，その説明には次の二通りがある。

・クーロン力による説明

空間正電荷 $(+q)$ と陰極負電荷 $(-q)$ が引き合う。

・ローレンツ力による説明

陰極と陽極の電荷の存在により電極間の空間が変形し，電場という空間を形成する。(場の理論)

この電場により荷電粒子が力を受ける。

(4) 電場と電流

静電場 $\vec{E}$ により荷電粒子は力を受ける。正電荷の場合には電場と同じ向きに，負電荷の場合には電場と逆の向きの力となる。この力により荷電粒子は移動し始め電流が生ずる。荷電粒子により生ずる電流には，正イオンによるイオン電流と，負電荷である電子による電子電流があり，通常電流という場合にはイオン電流と電子電流の和

$$j = j_i + j_e = e(v_i + v_e) \tag{4}$$

をいう。ここで e を電子の電荷（素電荷）とし，正イオンの電荷は e で電子の電荷は $-e$ である。v_i, v_e はイオンと電子の電場中での移動の速さである。ただし，イオン電流の方向と電子の方向とは逆であることに注意せよ。荷電粒子の質量を m，電場の強さを E とすると移動の速さ v は

$$v \propto \sqrt{\frac{qE}{m}} \tag{5}$$

となる。正電荷であるイオンの質量 M と電子 m の質量の比を $m/M \approx 10^{-4}$〜10^{-5} とすると，電子とイオンの移動の速さの比は $v_m/v_M \approx 100$〜300 となり，静電場中の電流はほとんど電子電流が担っていることになる。

5–2 磁場による荷電粒子の運動

移動電荷つまり電流が磁場から受ける力は，ローレンツ力の式 (1) の右辺第 2 項にあたる

$$\vec{F}_B = q\vec{v} \times \vec{B} = \vec{j} \times \vec{B} \tag{6}$$

で表される。磁場 $\vec{B}$ の中を速度 $\vec{v}$ で移動する電荷 q の荷電粒子は磁場から力 $\vec{F}_B$ を受ける。または，フレミングの左手の法則とローレンツ力との対比のために，荷電粒子の速度を電流 $\vec{j} = q\vec{v}$（正確には電流密度と呼ばれるベクトル量）で書き直すと，磁場 $\vec{B}$ の中の電流 $\vec{j}$ は磁場から力 $\vec{F}_B$ を受けると考えることもできる。図 5 のように，電流 $\vec{j}$ がパイプ状の導線中を y 方向の正の向きに流れることを考え，磁場 $\vec{B}$ が z 方向の正の向きに向いているとする。このとき，フレミングの左手の法則によると電流は x 方向の正の向きに力 $\vec{F}_B$ を受けることがわかる。一方，式 (6) のローレンツ力は電流 $\vec{j}$ と磁場 $\vec{B}$ のベクトル積（ベクトルの外積ともいう）で表され，右ネジを $\vec{j}$ から $\vec{B}$ に回転させたときに右ネジが進む方向に力 $\vec{F}_B$ が働くことを表している。ベクトル積で表したローレンツ力は $\vec{j}$ と $\vec{B}$ とのなす角度 θ が任意の角度（垂直とは限らない）の場合でも力 $\vec{F}_B$ の方向を決定できる。力の大きさは

$$|\vec{F}_B| = |\vec{j}||\vec{B}||\sin\theta| \tag{7}$$

で与えられる。

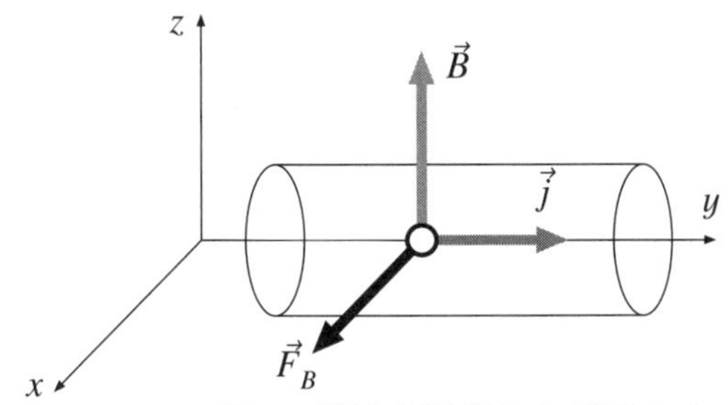

図 5: 電流が磁場から受ける力

6 問題

問題 1. 電流 $\vec{j}$ の流れる方向は電解質中のイオンによって異なる。正（+ 電荷）イオンは負電極方向に電場 $\vec{E}$ による電気力（クーロン力）$\vec{F}$ を受け，負（– 電荷）イオンは正電極方向に電場による電気力を受ける。電場 $\vec{E}$ の方向は，正（+ 電荷）イオンに働く力の方向にとり，電荷を q と表すと電気力 $\vec{F}$ は $\vec{F} = q\vec{E}$ と表せる。【実験 1】【実験 2】の場合に対して，電場の方向を図に記入せよ。

問題 2. 食塩水 (NaCl) 中のどんな物質が電荷となっているのか答えよ。

問題 3. 【実験 1】【実験 2】の食塩水の流れる方向から磁場の方向を決定せよ。

問題 4. ある電極近傍に泡が観測されるが，この泡の正体は何か答えよ。

問題 5. （潮流直接発電）海には電解質にあたる海水が海流や潮として流れている。例えば，大きい海流は日本近海の「黒潮・親潮」で，小さい潮は岬や湾での潮の流れがある。一方，地球には弱いながらも（最大 0.3 ガウス程度）地磁気が存在する。この海流と磁場の作用で，電気が発電できないだろうか。君の「潮流直接発電プラント」の設計図面を描け。ただし，ここで考えている「潮流発電」は，現在実用化試験が行われている「潮汐発電」とは原理と規模が異なる。

付録

付録 1 基礎物理定数（東京天文台編 理科年表 2004 版 pp.358–359 より）

名 称	記 号	数 値	単 位
真空中の光速	c	2.99792458×10^{8}	$\mathrm{m \cdot s^{-1}}$
真空中の透磁率	$\mu_0 = 4\pi \times 10^{-7}$	$1.2566370614 \cdots \times 10^{-6}$	$\mathrm{H \cdot m^{-1}}$
真空中の誘電率	$\varepsilon_0 = (4\pi)^{-1} c^{-2} \times 10^{7}$	$8.854187817 \cdots \times 10^{-12}$	$\mathrm{F \cdot m^{-1}}$
万有引力定数	G	$6.673(10) \times 10^{-11}$	$\mathrm{N \cdot m^{2} \cdot kg^{-2}}$
プランク定数	h	$6.62606876(52) \times 10^{-34}$	$\mathrm{J \cdot s}$
素電荷	e	$1.602176462(63) \times 10^{-19}$	C
電子の質量	m_{e}	$9.10938188(72) \times 10^{-31}$	kg
陽子の質量	m_{p}	$1.67262158(13) \times 10^{-27}$	kg
中性子の質量	m_{n}	$1.67492716(13) \times 10^{-27}$	kg
ボーア半径	$a_0 = h^2/\pi m_{\mathrm{e}} e^2$	$5.291772083(19) \times 10^{-11}$	m
アボガドロ数	N_{A}	$6.02214199(47) \times 10^{23}$	$\mathrm{mol^{-1}}$
ボルツマン定数	κ	$1.3806503(24) \times 10^{-23}$	$\mathrm{J \cdot K^{-1}}$
1 モルの気体定数	$R = N_{\mathrm{A}} \kappa$	$8.314472(15)$	$\mathrm{J \cdot mol^{-1} \cdot K^{-1}}$
理想気体 1 モルの体積	V_{m}	$2.2413996(39) \times 10^{-2}$	$\mathrm{m^{3} \cdot mol^{-1}}$
電子の古典半径	$r_{\mathrm{e}} = e^2/4\pi m_{\mathrm{e}} e^2$	$2.817940285(31) \times 10^{-15}$	m

付録 2 諸定数表

表 1 固体の密度と固体中の音速（東京天文台編 理科年表 2004 年版 p.420 より）

物質	密度 $\times 10^{3}\ \mathrm{kg/m^{3}}$	音速 $\times 10^{3}\ \mathrm{m/s}$	物質	密度 $\times 10^{3}\ \mathrm{kg/m^{3}}$	音速 $\times 10^{3}\ \mathrm{m/s}$
亜鉛	7.18	3.85	マグネシウム	1.54	4.94
アルミニウム	2.69	5.00	ジュラルミン(17S)	2.79	5.15
ウラン	18.7	—	水晶(X 切断)	2.65	5.44
ADP(Z–切断)	1.8	3.50	スズ	7.31	2.73
エボナイト	1.2	1.57	ステンレス鋼(347)	7.91	5.00
黄銅(70Cu, 30Zn)	8.6	3.48	大理石	2.65	3.81
融解水晶	2.2	5.76	タングステン	19.2	4.32
ガラス(窓ガラス)	2.42	—	チタニウム	4.58	—
ガラス(クラウン)	2.4–2.6	4.54	鉄	7.86	5.12
ガラス(フリント)	2.9–5.9	3.72	銅	8.96	3.75
金	19.32	2.03	ナイロン–6,6	1.11	1.80
銀	10.49	2.68	鉛	11.34	1.21
クロム	7.193	5.90	ニッケル	8.9	4.90
ゲルマニウム	5.322	—	白金	21.62	2.80
ゴム(天然)	0.97	210 (1 MHz)	パイレックスガラス(702)	2.32	5.17
ゴム(スチレン–ブタジエン–ゴム)	1	—	ベリリウム	1.82	12.87
氷	0.917	—	ポリエチレン(軟質)	0.9	0.92
シリコン(100 方向)	2.33	—	ポリスチレン	1.056	2.24
ステンレス(SUS304)	7.93	4.91			

表 2 元素の密度（東京天文台編 理科年表 2004 年版 p.369 より）

元素	記号	状態	温度 °C	密度 ρ g/cm^3	元素	記号	状態	温度 °C	密度 ρ g/cm^3
亜鉛	Zn		25	7.13	タンタル	Ta			16.654
アルゴン	Ar	(g)	0	1.7837	チタン	Ti			4.54
アルゴン	Ar	(l)	−183.2	1.374	窒素	N	(g)	0	1.2506
アルゴン	Ar	(s)	−233.2	1.65	窒素	N	(l)	−195.8	0.808
アルミニウム	Al		20	2.6989	窒素	N	(s)	−252	1.026
アンチモン	Sb		20	6.691	ツリウム	Tm		25	9.321
硫黄	S	斜方晶	20	2.07	テクネチウム	Tc			11.50
硫黄	S	単斜晶	20	1.957	鉄	Fe		20	7.874
硫黄	S	アモルファス	20	1.92	テルビウム	Tb			8.229
イッテルビウム	Yb			6.965	テルル	Te		20	6.24
イットリウム	Y		25	4.469	銅	Cu		20	8.96
イリジウム	Ir		17	22.42	トリウム	Th			11.72
インジウム	In		20	7.31	ナトリウム	Na		20	0.971
ウラン	U			18.95	鉛	Pb		20	11.35
エルビウム	Er		25	9.066	ニオブ	Nb		20	8.57
塩素	Cl	(g)	0	3.214	ニッケル	Ni		25	8.902
塩素	Cl	(l)	−33.6	1.56	ネオジウム	Nd			7.007
塩素	Cl	(s)	−273	2.2	ネオン	Ne	(g)	0	0.8999
オスミウム	Os			22.57	ネオン	Ne	(l)	−246	1.207
カドミウム	Cd		20	8.65	ネオン	Ne	(s)	−245.9	1.204
ガドリニウム	Gd		25	7.9004	白金	Pt		20	21.45
カリウム	K		20	0.862	バナジウム	V		18.7	6.11
ガリウム	Ga	(s)	29.6	5.904	ハフニウム	Hf		20	13.31
カルシウム	Ca		20	1.55	パラジウム	Pd		20	12.02
キセノン	Xe	(g)	0	5.887	バリウム	Ba		20	3.51
金	Au		20	19.32	ビスマス	Bi		20	9.747
銀	Ag		20	10.50	ヒ素	As			5.73
クリプトン	Kr	(g)	0	3.733	フッ素	F	(g)	0	1.696
クリプトン	Kr	(l)	−146	2.155	フッ素	F	(l)	−188.1	1.108
クリプトン	Kr	(s)	−273	3.4	フッ素	F	(s)	−273	1.5
クロム	Cr		20	7.20	プラセオジウム	Pr	六方晶	20	6.773
ケイ素	Si		25	2.33	プルトニウム	Pu			19.84
ゲルマニウム	Ge		25	5.323	プロメチウム	Pm		25	7.22
コバルト	Co		20	8.9	ヘリウム	He	(g)	0	0.1785
サマリウム	Sm			7.52	ヘリウム	He	(l)	−268.9	0.125
酸素	O	(g)	0	1.4291	ヘリウム	He	(s)	−273	0.19
酸素	O	(l)	−183	1.144	ベリリウム	Be		20	1.848
酸素	O	(s)	−273	1.568	ホウ素	B			2.34
ジスプロシウム	Dy		25	8.550	ホルミウム	Ho		25	8.795
臭素	Br	(l)	20	3.12	ポロニウム	Po			9.32
臭素	Br	(s)	−273	4.2	マグネシウム	Mg		20	1.738
ジルコニウム	Zr		20	6.506	マンガン	Mn			7.44
水銀	Hg	(l)	20	13.546	モリブデン	Mo		20	10.22
水銀	Hg	(s)	−38.8	14.195	ユウロピウム	Eu		25	5.243
水素	H	(g)	0	0.0899	ヨウ素	I	(s)	20	4.93
水素	H	(l)	−253	0.0708	ラジウム	Ra			5
水素	H	(s)	−260	0.0763	ラドン	Rn		0	9.73
スズ	Sn	白色／正方晶		7.31	ランタン	La		25	6.145
スズ	Sn	灰色／立方晶		5.75	リチウム	Li		20	0.534
スカンジウム	Sc		25	2.989	リン	P	黄		1.82
ストロンチウム	Sr			2.54	リン	P	赤		2.2
セシウム	Cs		20	1.873	リン	P	黒		2.7
セリウム	Ce	立方晶	25	6.757	ルテチウム	Lu		25	9.84
セレン	Se			4.79	ルテニウム	Ru		20	12.41
タリウム	Tl		20	11.85	ルビジウム	Rb		20	1.532
タングステン	W		20	19.3	レニウム	Re		20	21.02
炭素	C	ダイヤモンド	25	3.513	ロジウム	Rh		20	12.41
炭素	C	グラファイト	20	2.25					

表 3 物質の弾性に関する定数（東京天文台編 理科年表 2004 年版 p.377 より）

$1\,Pa = 1\,N/m_2 = 1\,kg \cdot m^{-1} \cdot s^{-2}$

物質	ヤング率 $\times 10^{10}$ Pa	ずれ弾性率 $\times 10^{10}$ Pa	ポアソン比	体積弾性率 $\times 10^{10}$ Pa	圧縮率 $\times 10^{-11}\,Pa^{-1}$
亜鉛	10.84	4.34	0.249	7.2	1.4
アルミニウム	7.03	2.61	0.345	7.55	1.33
インバール==*1	14.4	5.72	0.259	9.94	1
カドミウム	4.99	1.92	0.3	4.16	2.4
ガラス(クラウン)	7.13	2.92	0.22	4.12	2.4
ガラス(フリント)	8.01	3.15	0.27	5.7	1.7
金	7.80	2.70	0.44	21.7	0.461
銀	8.27	3.03	0.367	10.36	0.97
ゴム(弾性ゴム)	$(1.5–5.0) \times 10^{-14}$	$(5–15) \times 10^{-15}$	0.46–0.49	—	—
コンスタンタン	16.24	6.12	0.327	15.64	0.64
黄銅(真鍮)	10.06	3.73	0.35	11.18	0.89
スズ	4.99	1.84	0.357	5.82	1.72
青銅(鋳)	8.08	3.43	0.358	9.52	1.05
石英(溶融)	7.31	3.12	0.17	3.69	2.7
ジュラルミン	7.15	2.67	0.335	—	—
タングステンカーバイド	53.44	21.9	0.22	31.9	0.31
チタン	11.57	4.38	0.321	10.77	0.93
鉄(軟)	21.14	8.16	0.293	16.98	0.59
鉄(鋳)	15.23	6.00	0.27	10.95	0.91
鉄(鋼)	(20.1–21.6)	7.8–8.4	0.28–0.30	16.5–17.0	0.61–0.59
銅	12.98	4.83	0.343	13.78	0.72
ナイロン–6. 6	(0.12–0.29)	—	—	—	—
鉛	1.61	0.559	0.44	4.58	2.2
ニッケル(軟)	19.95	7.60	0.312	17.73	0.564
ニッケル(硬)	21.92	8.39	0.306	18.76	0.533
白金	16.8	6.10	0.377	22.8	0.44
パラジウム(鋳)	11.3	5.11	0.393	17.6	0.57
ビスマス	3.19	1.2	0.33	3.13	3.2
ポリエチレン	0.04–0.13	0.026	0.458	—	—
ポリスチレン	0.27–0.42	0.143	0.34	0.4	25
マンガニン	12.4	4.65	0.329	12.1	0.83
木材(チーク)	1.3	—	—	—	—
洋銀	13.25	4.97	0.333	13.2	0.76
リン青銅	12	4.36	0.38	—	—
SUS304	19.3				

付録 3 抵抗とコンデンサ容量のカラー表示

1. 抵抗のカラーコード表示

色	第 1 色帯	第 2 色帯	第 3 色帯	第 4 色帯	カラーコード（色・数字）の覚え方
	数字	数字	乗数	許容差	
黒	0	0	10^0		黒い礼服
茶	1	1	10^1	±1%	茶を一杯／小林一茶
赤	2	2	10^2	±2%	赤いニンジン／日本赤十字
橙	3	3	10^3		橙色のミカン／第三の男
黄	4	4	10^4		きしめん／正岡子規
緑	5	5	10^5	±0.5%	みどりご（嬰児）／五月みどり
青	6	6	10^6	±0.25%	青二才のろくでなし／青むし
紫	7	7	10^7	±0.1%	紫式（七）部
灰	8	8	10^8		ハイヤー／ヤバイ!
白	9	9	10^9		ホワイト・クリスマス
金	—	—	10^{-1}	±5%	
銀	—	—	10^{-2}	±10%	
無し	—	—	—	±20%	

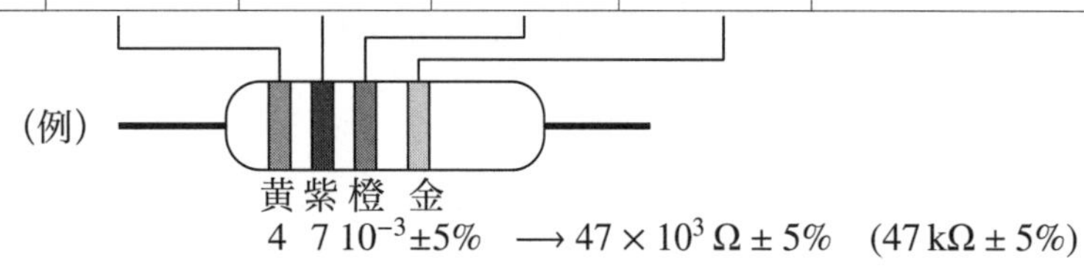

2. コンデンサの表示

数字列表示

○◇△ ⟶ ○◇ × $10^{\triangle}$

数字 乗数

（例）コンデンサの場合

101 ⟶ $10 \times 10^1 = 100\,\mathrm{pF}$

102 ⟶ $10 \times 10^2 = 1000\,\mathrm{pF}$ ($= 0.001\,\mu\mathrm{F}$)

103 ⟶ $10 \times 10^3 = 10000\,\mathrm{pF}$ ($= 0.01\,\mu\mathrm{F}$)

473 ⟶ $47 \times 10^3 = 47000\,\mathrm{pF}$ ($= 0.047\,\mu\mathrm{F}$)

334 ⟶ $33 \times 10^4 = 330000\,\mathrm{pF}$ ($= 0.33\,\mu\mathrm{F}$)

（インダクタンスの場合は pF を μH に置き換える。）

コンデンサの定格電圧の表示

	0	1	2	3
A		10 V	100 V	1 kV
B			125 V	
C		16 V	160 V	
D	2 V	20 V	200 V	2 kV
E		25 V	250 V	
F	3.15 V			3.15 kV
V		35 V	350 V	
G	4 V	40 V	400 V	4 kV
W			450 V	
H	5 V	50 V	500 V	5 kV
J	6.3 V	63 V	630 V	
K		80 V	800 V	8 kV

許容量を示す記号

記号	B	C	D	F	G	J	K	M	N
許容量 %	±0.1	±0.25	±0.5	±1	±2	±5	±10	±20	±30

記号	P	Q	T	U	V	W	X	Y	Z
許容量 %	+100 0	+30 −10	+50 −10	+75 −10	+20 −10	+100 −10	+40 −20	+150 −10	+80 −20

工学基礎実験　2024

2001年4月10日　第1版　第1刷　発行
2017年3月30日　第1版　第17刷　発行
2018年3月30日　第2版　第1刷　発行
2019年3月30日　第2版　第2刷　発行
2020年3月30日　第3版　第1刷　発行
2023年3月30日　第3版　第4刷　発行
2024年3月20日　第4版　第1刷　印刷
2024年3月30日　第4版　第1刷　発行

編　者　日本工業大学
　　　　物理研究室
発行者　発田和子
発行所　株式会社　学術図書出版社

〒113−0033　東京都文京区本郷5丁目4−6
TEL 03−3811−0889　振替 00110−4−28454
印刷　三松堂(株)

定価は表紙に表示してあります.

ISBN978-4-7806-1220-2　C3042

Memo

Memo

Memo

工学基礎実験 報告書

実験テーマ： 密度測定

＿＿＿＿＿＿＿＿学科

学籍番号＿＿＿＿＿＿＿＿　氏名＿＿＿＿＿＿＿＿

＿＿＿＿班　実験台 No.＿＿＿＿

共同実験者（提出者本人を除く）

学籍番号	氏名
学籍番号	氏名
学籍番号	氏名

実験日　　年　　月　　日（　　）

天　候

温度・湿度　　℃　　%

提出日　　年　　月　　日（　）

教員確認印

チェックリスト

* 下記のチェック内容に対して１問１答でなく , 文章中に含まれていれば□にチェックする .

チェック項目	チェック内容	教員チェック欄 初回提出	教員チェック欄 再提出
実験の目的	□ どのような目的でこの実験を行なうか .	□	□
実験の原理（基礎）	□ 直接測定する量 , 間接測定する量は何か . □ 密度をどのように算出するか . □ 測定誤差をどう評価するか .	□	□
実験方法	□ どのような計測器を使用するか . □ 測定に際し何を注意しなければならないか . □ どのような手順で実験を行なうか .	□	□
実験結果	□ 表は完成しているか . （試料の区別 , 種類 , 測定量 , 測定器具など） □ 有効数字は考慮されているか . □ 単位は記載されているか .	□	□
まとめ	□それぞれの試料の密度および誤差は計算できたか . □ 単位は記載されているか .	□	□
考察	□ 規格表（表１）と比較した測定値はどうか . □ 測定した結果は妥当か . □ 目的は達成できたか .	□	□

□　誰が読んでも分かりやすく丁寧に書かれている .

1．実験の目的

2．実験の原理（基礎）

3．実験方法

書ききれない場合は，別紙を添付すること

工学基礎実験 報告書

実験テーマ： 力のつりあい

学科

学籍番号 　　　　　　　　　　氏名

班　実験台 No.

共同実験者（提出者本人を除く）

学籍番号	氏名
学籍番号	氏名
学籍番号	氏名

実験日　　　年　　月　　日（　　）

天　候

温度・湿度　　　℃　　　%

提出日　　　年　　　月　　　日（　）

教員確認印

チェックリスト

* 下記のチェック内容に対して１問１答でなく，文章中に含まれていれば□にチェックする．

チェック項目	チェック内容	教員チェック欄 初回提出	教員チェック欄 再提出
実験の目的	□ どのような目的でこの実験を行なうか．	□	□
実験の原理（基礎）	□ フックの法則とは何か． □ 力がつりあっているとはどういうことか． □ 力のつりあいを記述する数学的表記とは何か．	□	□
実験方法	□ どのような手順で実験を行なうか． □ ばね定数の測定はどのようにするか． □ 力のつり合いをどのように実験で確認するか．	□	□
実験結果	□ 表は完成しているか． □ 有効数字は考慮されているか． □ 単位は記載されているか． □ グラフを作成し，データ点を考慮した適切な直線は引かれているか． □ ベクトルの作図はできたか．（力の大きさと対応したベクトルの長さ，角度などは記載されているかなど）	□	□
まとめ	□ グラフから算出したばね定数は記載されているか． □ 単位は記載されているか．	□	□
考察	□ 目的は達成できたか． □ 作図による結果は予想されたものか． □ 計算により求めた結果は作図と一致しているか．	□	□

□　誰が読んでも分かりやすく丁寧に書かれている．

1．実験の目的

2．実験の原理（基礎）

3．実験方法

書ききれない場合は，別紙を添付すること

工学基礎実験 報告書

実験テーマ： 落体の実験

＿＿＿＿＿＿＿＿学科

学籍番号＿＿＿＿＿＿＿＿　氏名＿＿＿＿＿＿＿＿

＿＿＿＿班　実験台 No.＿＿＿＿

共同実験者（提出者本人を除く）

学籍番号	氏名
学籍番号	氏名
学籍番号	氏名

実験日　　　年　　月　　日（　　）

天　候

温度・湿度　　　℃　　　％

提出日　　　年　　　月　　　日（　　）

教員確認印

チェックリスト

* 下記のチェック内容に対して１問１答でなく , 文章中に含まれていれば□にチェックする .

チェック項目	チェック内容	教員チェック欄 初回提出	再提出
実験の目的	□ どのような目的でこの実験を行なうか .	□	□
実験の原理（基礎）	□ 速度とは何か , どのように定義されているか . □ 加速度とは何か , どのように定義されているか . □ 自由落下運動と等加速度運動との関係は何か .	□	□
実験方法	□ どのような手順で実験を行なうか . □ どのように速度を測るか . □ 測定装置のしくみはどうなっているか .	□	□
実験結果	□ 表は完成しているか . □ 有効数字は考慮されているか . □ 単位は記載されているか . □ グラフは作成したか . (グラフの書き方を守っているか . 理論曲線も記載されているか .)	□	□
まとめ	□それぞれの試料球の結果は整理されているか . □ 単位は記載されているか .	□	□
考察	□ 目的は達成できたか . □ 測定した結果は妥当か . □ 理論値と異なっていた場合の理由は何か .	□	□

□　誰が読んでも分かりやすく丁寧に書かれている .

1．実験の目的

2．実験の原理（基礎）

3．実験方法

書ききれない場合は，別紙を添付すること

工学基礎実験 報告書

実験テーマ：オームの法則

＿＿＿＿＿＿＿＿学科

学籍番号＿＿＿＿＿＿＿＿＿＿ 氏名＿＿＿＿＿＿＿＿＿＿

＿＿＿＿班 実験台No.＿＿＿＿

共同実験者（提出者本人を除く）

学籍番号	氏名
学籍番号	氏名
学籍番号	氏名

実験日　　年　　月　　日（　　）

天　候

温度・湿度　　℃　　％

提出日　　年　　月　　日（　）

教員確認印

チェックリスト

* 下記のチェック内容に対して１問１答でなく , 文章中に含まれていれば□にチェックする .

チェック項目	チェック内容	教員チェック欄 初回提出	教員チェック欄 再提出
実験の目的	□ どのような目的でこの実験を行なうか .	□	□
実験の原理（基礎）	□ オームの法則とは何か . □ 抵抗の直列接続や並列接続とは何か . □ 数式でどのように表されているか .	□	□
実験方法	□ どのような手順で実験を行なうか . □ 実験装置の取り扱い方や注意は理解できたか .	□	□
実験結果	□ 表は完成しているか . □ 有効数字は考慮されているか . □ 単位は記載されているか . □ それぞれのグラフ（直列接続 , 並列接続）を作成し , データ点を考慮した適切な直線は引かれているか . □ グラフの書き方を守っているか .	□	□
まとめ	□ それぞれのグラフから抵抗値を算出したか .	□	□
考察	□ 求められた実験結果はオームの法則を満たしているか □ 合成抵抗との関係は予想を満たしているか .	□	□

□ 誰が読んでも分かりやすく丁寧に書かれている .

1．実験の目的

2．実験の原理（基礎）

3．実験方法

書ききれない場合は，別紙を添付すること

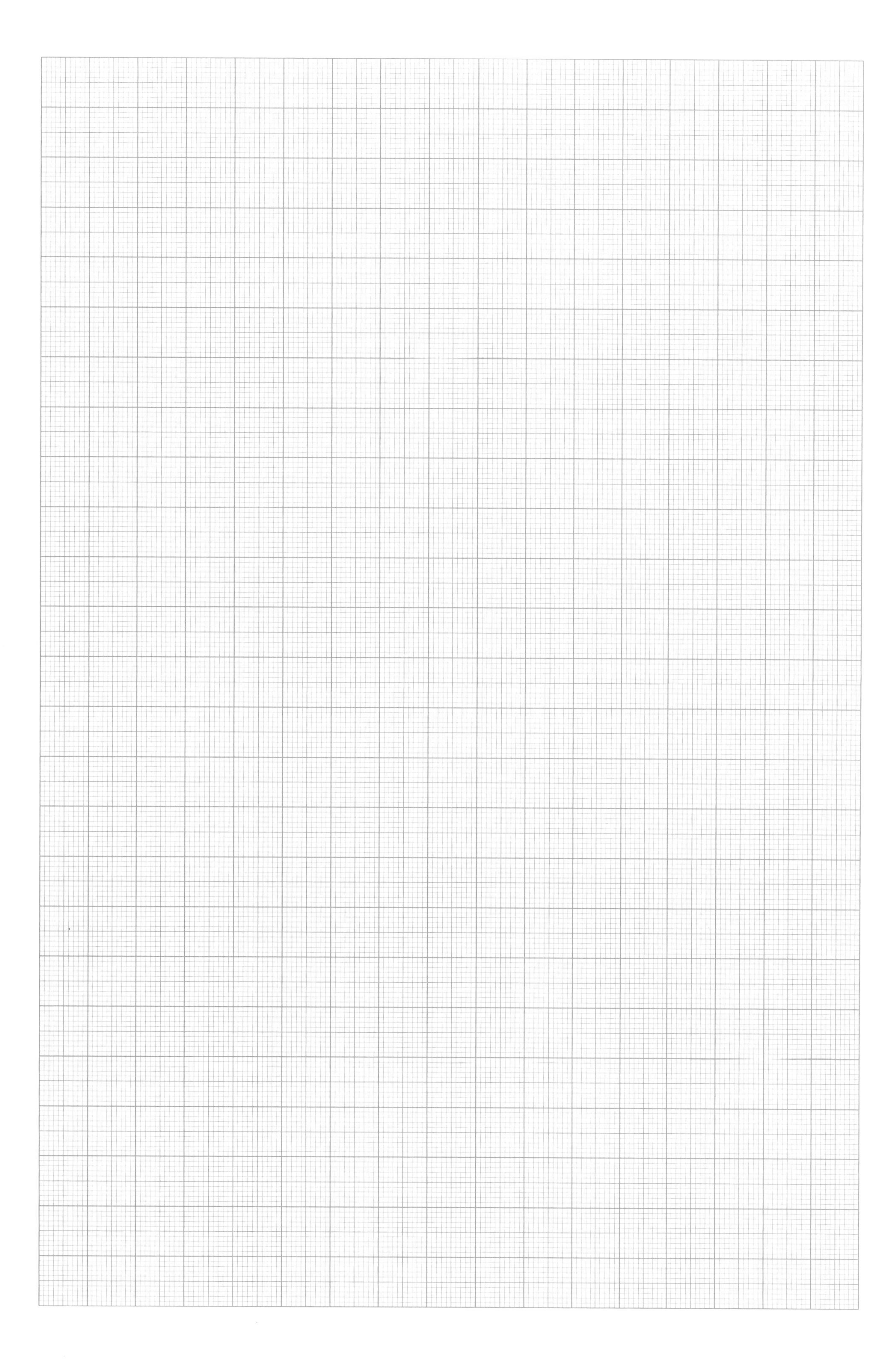

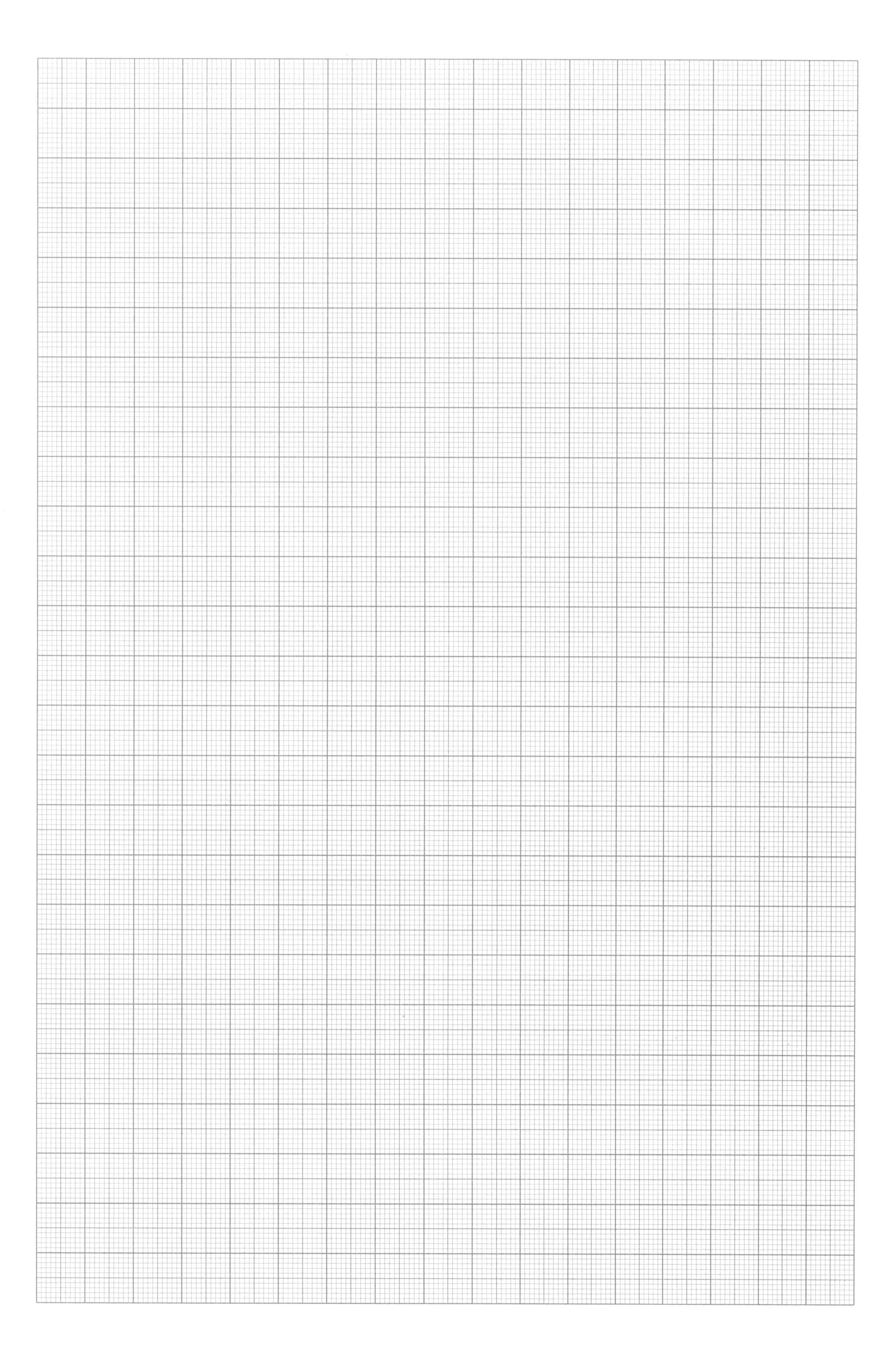

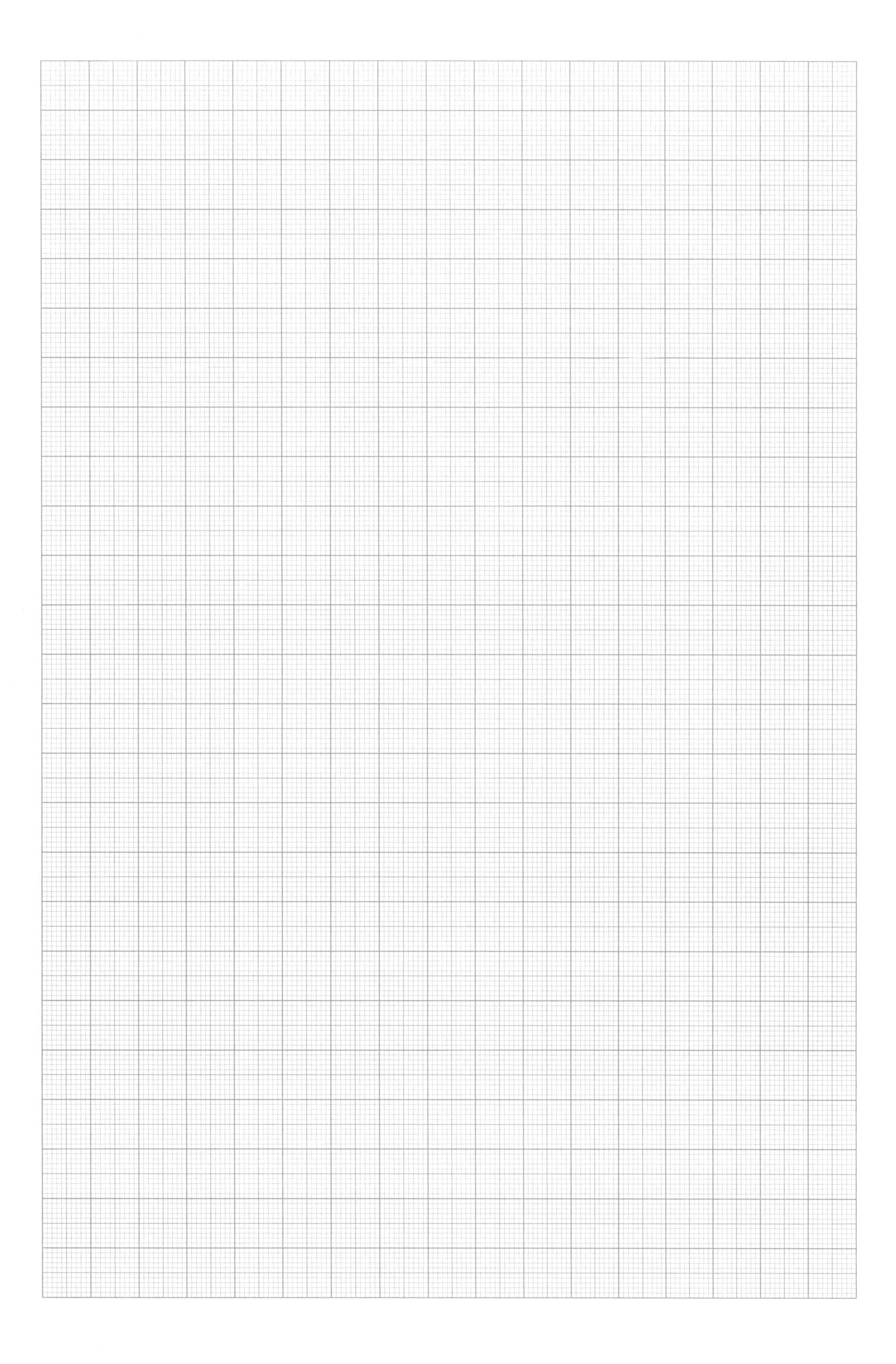

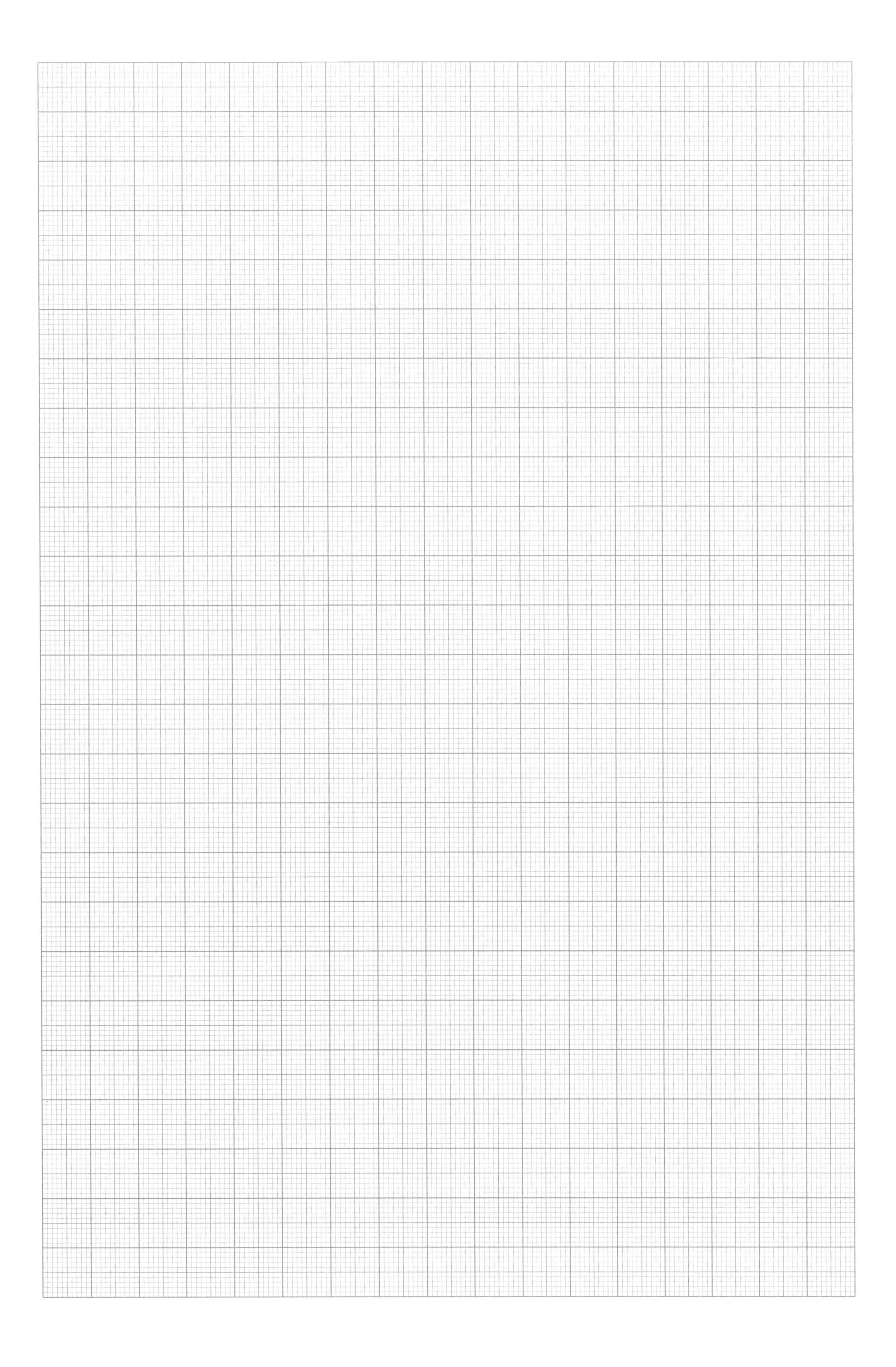

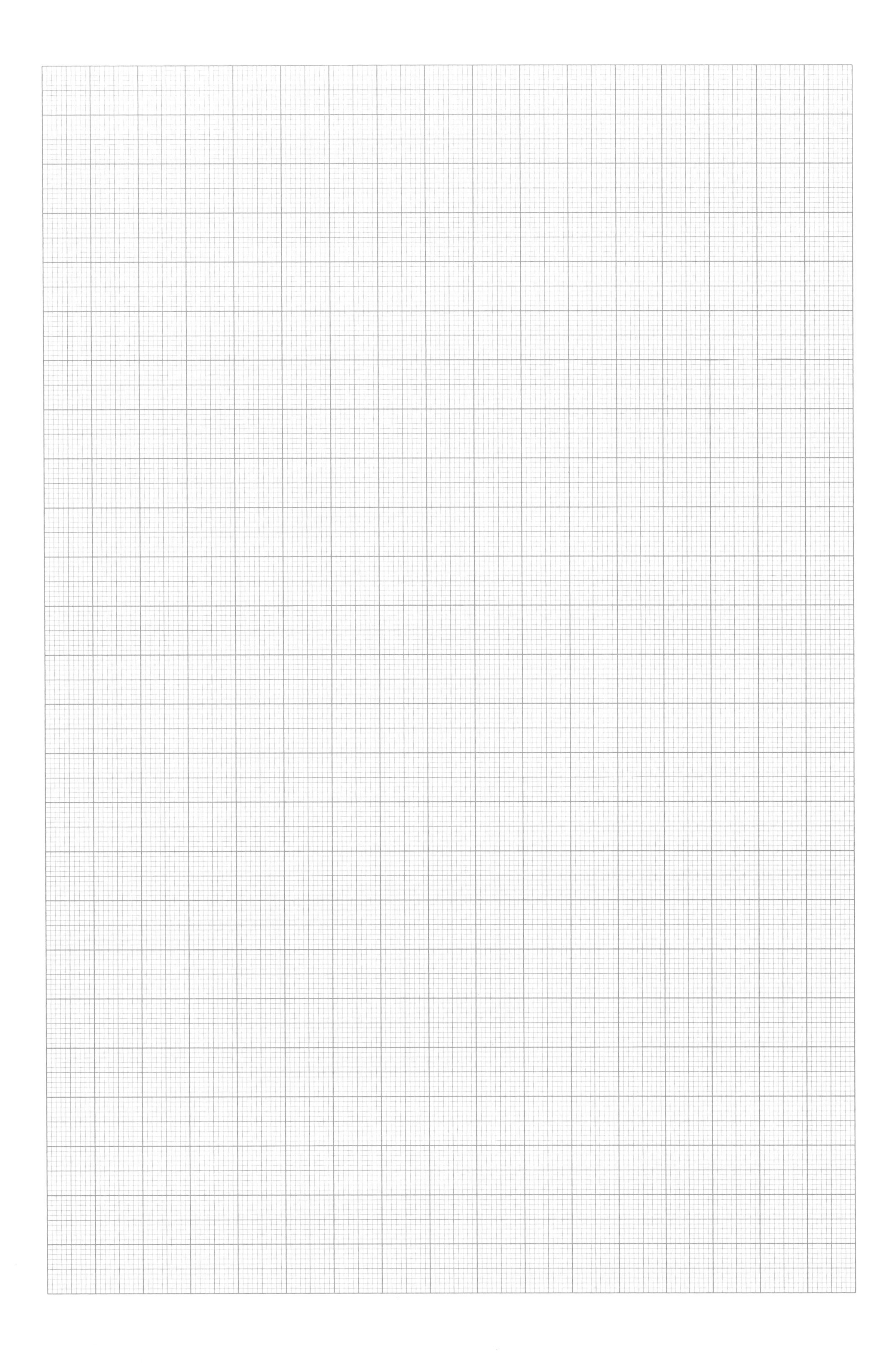

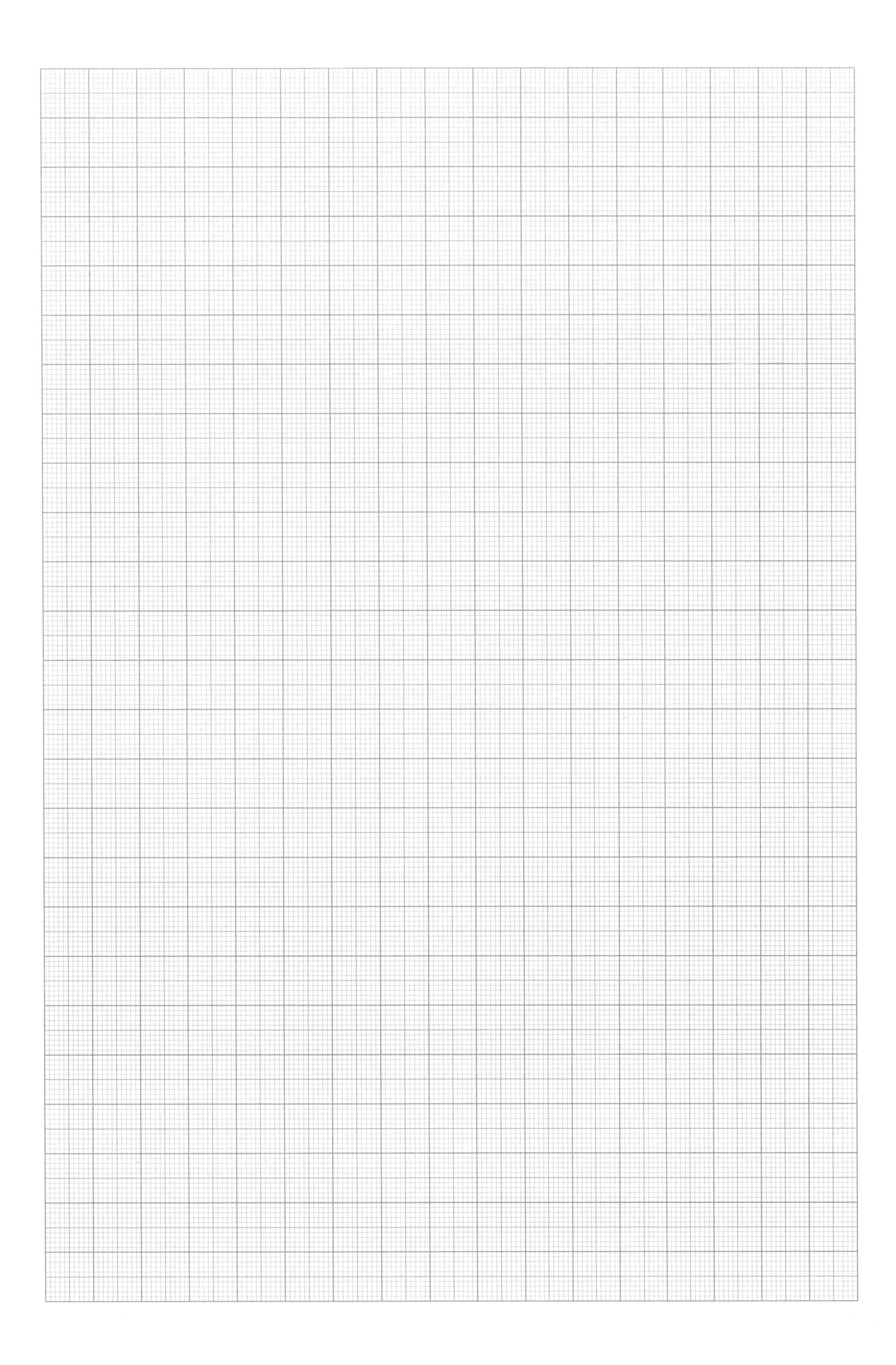

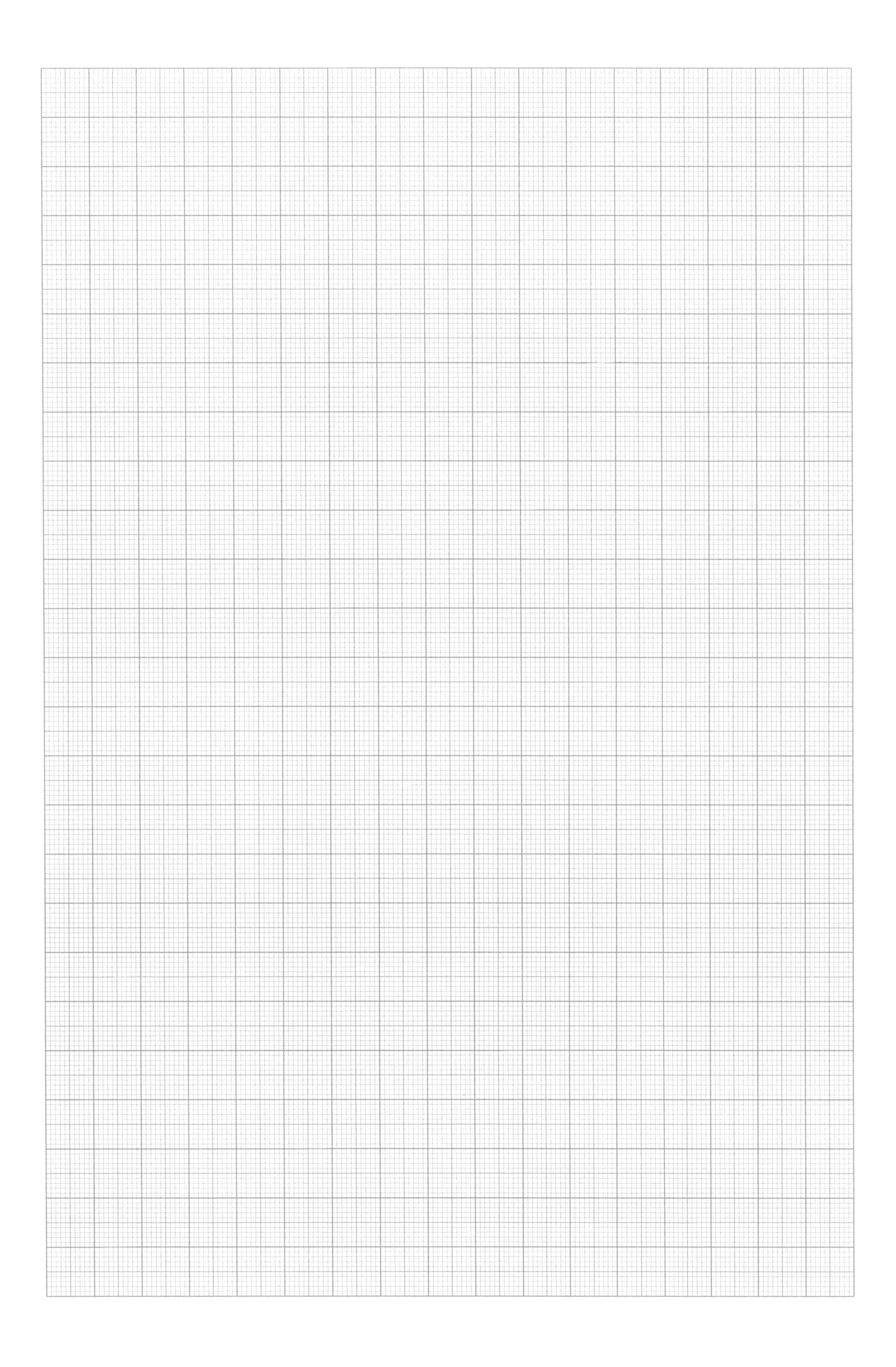

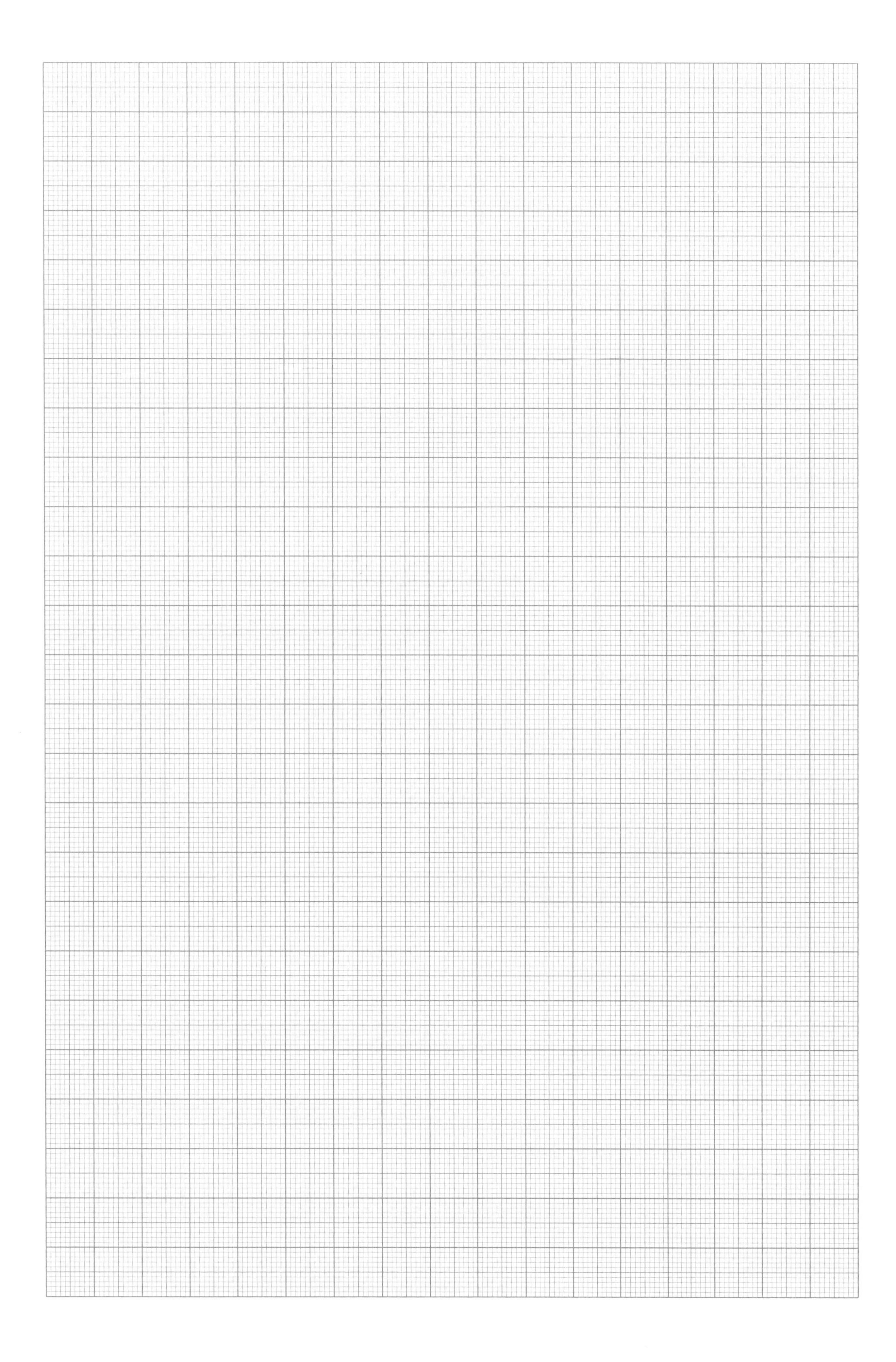

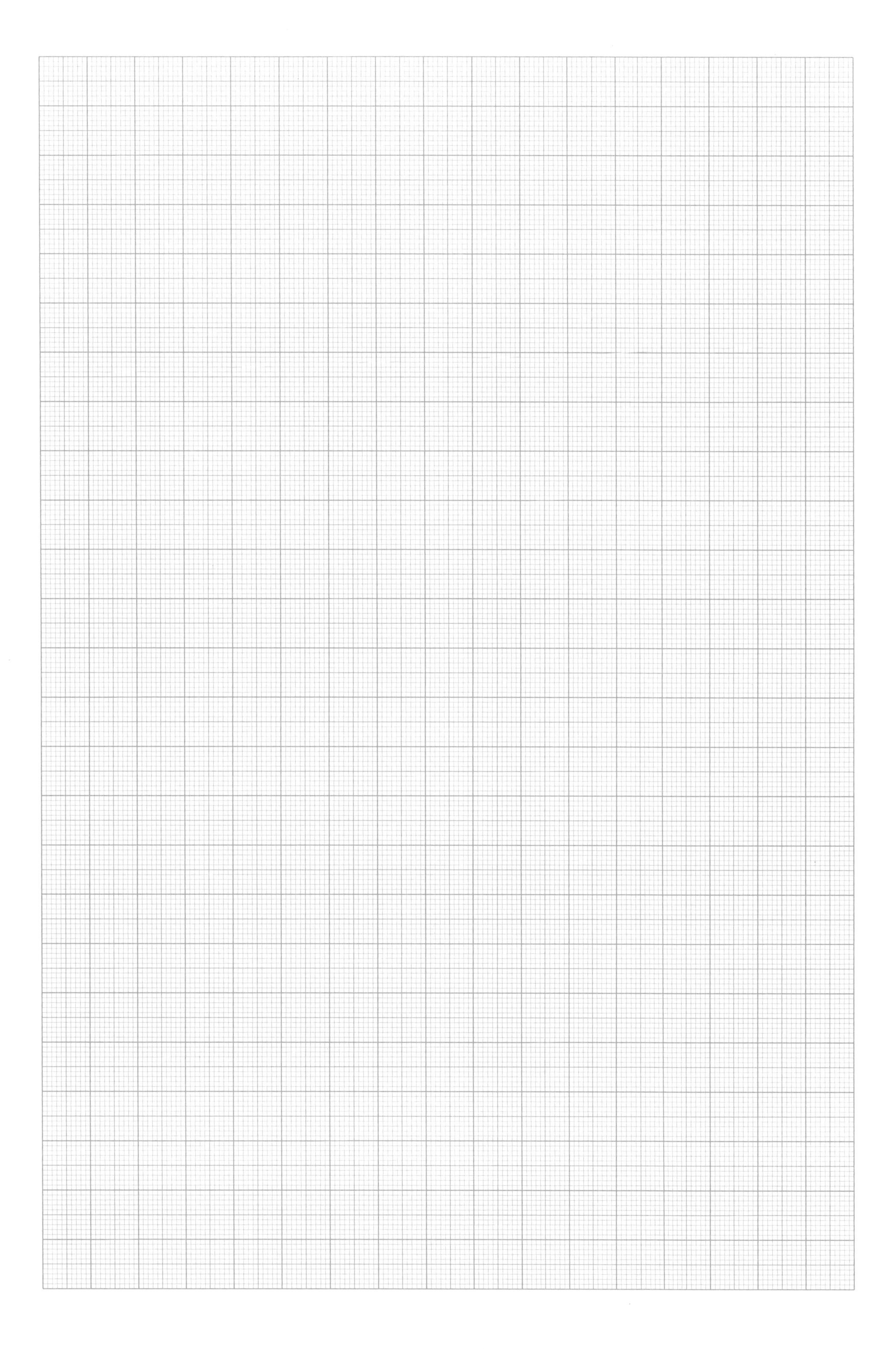

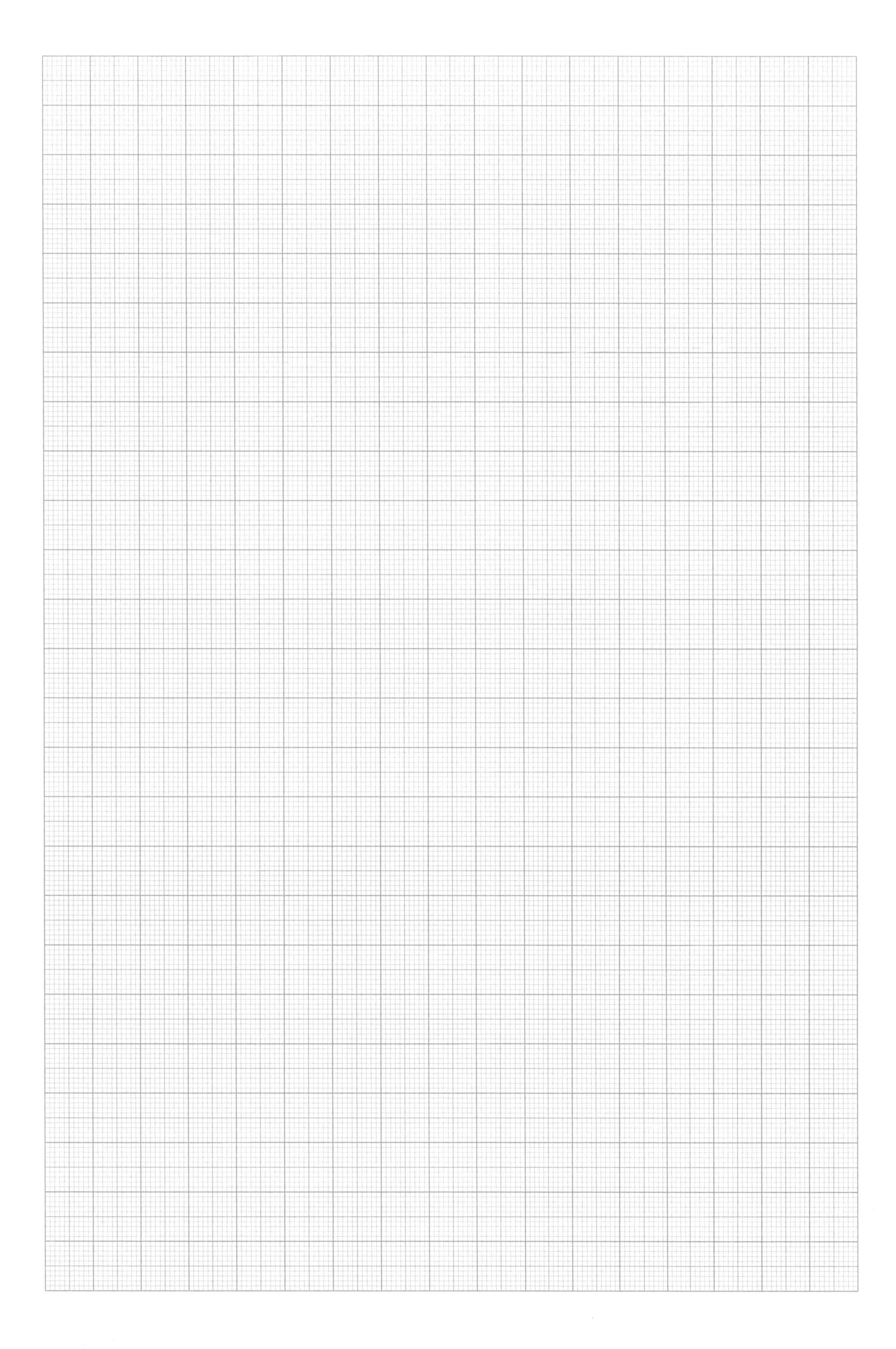

GREYSCALE

BIN TRAVELER FORM

Cut By M. Ovando Qty 36 Date 5-6-25

Scanned By ______ Qty ______ Date ______

Scanned Batch IDs

Notes / Exception